César N. Caviedes

El Niño.
Klima macht Geschichte

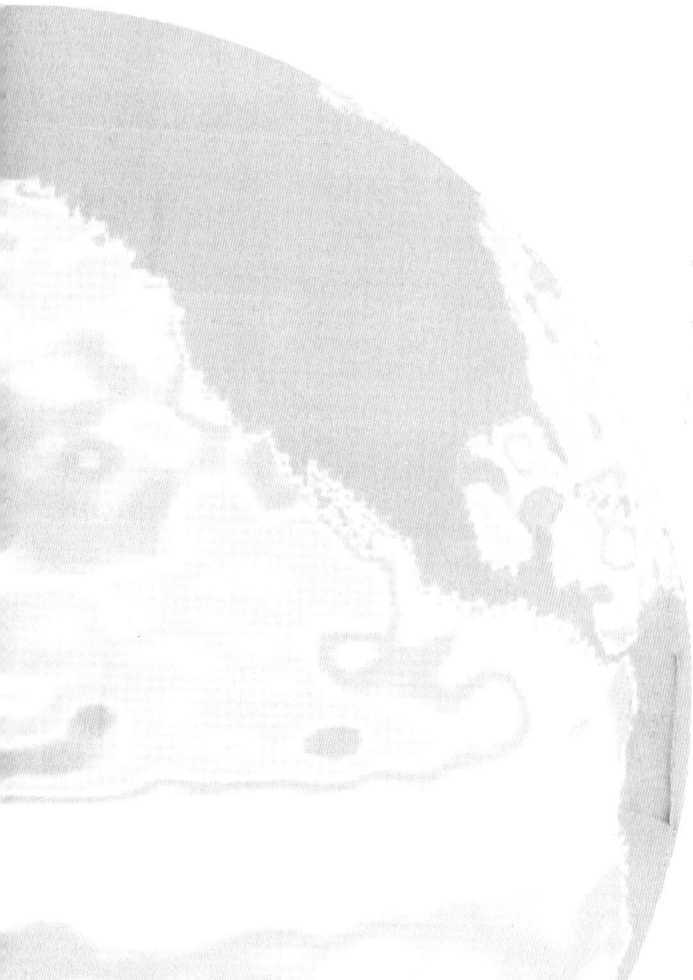

César N. Caviedes

El Niño.
Klima macht Geschichte

Wissenschaftliche Buchgesellschaft

Originalausgabe:
César N. Caviedes, El Niño in History.
Storming Through the Ages,
University Press of Florida: Gainesville 2001

Die Herausgabe des Werkes wurde durch die Vereinsmitglieder
der WBG ermöglicht.
Aus dem Englischen übersetzt von Christiana Donauer-Caviedes
Lektorat: Friederike Vogel
Layout und Prepress: schreiberVIS, Seeheim
Umschlaggestaltung: schreiberVIS, Seeheim
Umschlagfotos: picture-alliance/dpa und NASA
Alle Fotos vom Autor, soweit nicht anders vermerkt
Gedruckt auf säurefreiem und alterungsbeständigem Papier
Printed in Germany

www.wbg-darmstadt.de

ISBN 3-534-17960-9

Inhalt

Vorwort

1: Die Grundlagen 9
Ozeanische und klimatologische Merkmale von El Niño 9
- Die ozeanischen Merkmale 10
- Die klimatologischen Merkmale 12

Die Fernwirkungen: Telekonnektionen 14
Die Natur reagiert auf El Niño 20
- Schäden in maritimen Ökosystemen 21
- Der Zusammenbruch der Fischerei 23

Andere Begleiterscheinungen von El Niño 25

2: Auf der Suche nach El Niño in der Vergangenheit 27
Was die Instrumentenmessungen nicht zeigen 27
Zur Anwendung eines aktualistischen Ansatzes 29
Hatte bei der Eroberung des Inkareichs El Niño seine Hand im Spiel? 30
Überschwemmungen und Elend in den spanischen Kolonien 32
El Niño drückt dem 19. und 20. Jahrhundert seinen Stempel auf 33
Erste Beobachtungen von El-Niño-Auswirkungen 36

3: Die tobenden Meere des El Niño 39
Tropische Zyklonen im Pazifik 39
Stürme auf den Meeren um Neuseeland und Australien 40
Gefürchtete Winterstürme vor der Küste Chiles 41
Außertropische Zyklonen an der Spitze Südafrikas 43
Gefährliche Strömungen vor der Küste Kaliforniens 45
Hoher Seegang in der Nordsee 46

4: Trockenheit in den Tropen 49
Die trockenen Winde von El Niño 49
Das Elend der Hirten im Altiplano 51
Hunger und soziale Umbrüche in Nordostbrasilien 54
Tod und Unruhen im Afrika südlich der Sahara 58
Hungersnöte und unzuverlässige Monsune in Indien 62
Waldbrände in Australasien 70
Missernten in Mexiko 75

5: Übergang von El Niño zu La Niña 79
Plötzlicher Umschwung in den ozeanischen und atmosphärischen Systemen 81
Die Zyklonen der Kapverdischen Inseln 83
Tropische Wirbelstürme in der Vergangenheit 87

6: Spuren von El Niño in der Weltgeschichte 91
Hitlers Kriegsglück wendet sich in Stalingrad 91
Das Scheitern Napoleons bei Moskau 96
Dürren im Sahel und der Sturz Haile Selassies 99
Hoch- und Niedrigwasser am Nil 103
Unwetter während der Kleinen Eiszeit 105
El-Niño-Echos im Fernen Osten 108

7: Der Widerhall von El Niño in Europa 113
Die Nordatlantische und die Arktische Oszillation 113
Katastrophen der Gegenwart: der Schlüssel zur Vergangenheit 119
Extreme Klimaereignisse in Europa und in der übrigen Welt 121

Die Wärmeperiode der Gegenwart ... 122
Das unbeständige 19. Jahrhundert ... 124
Der Klimaumschwung um 1770 ... 125
El Niños während der Kleinen Eiszeit ... 127
Das freundliche 16. Jahrhundert ... 127

8: El Niño im Nebel der Vergangenheit ... 129

Auf der Suche nach Mega-Niños ... 129
Überschwemmungen im Land der Chimú, Peru ... 131
Spuren im Eis und in den Seen der Anden ... 133
Rückschläge im prähistorischen Amazonien ... 136
Die Westwinde und die Besiedelung des Südpazifiks durch die Polynesier ... 138
Die faszinierende Entdeckung von Rapa Nui – dem Nabel der Welt ... 141

9: Offene Fragen ... 147

Literaturverzeichnis ... 151

Register ... 163

Vorwort

El Niño, den wichtigen Kontrollfaktor unseres gegenwärtigen Klimas, braucht man nicht mehr groß vorzustellen. Diese periodisch wiederkehrende Erwärmung im Pazifischen Ozean ist heute fast jedem bekannt, nicht zuletzt wegen ihrer gewaltigen Auswirkungen: Stürme, Platzregen, Überschwemmungen und Erdrutsche in manchen Gebieten, verheerende Dürren und Brände in anderen. Die erhöhten Meerestemperaturen im Tropenbereich vernichten ganze Fischarten und weite Korallenfelder und verursachen riesige Fischwanderungen. Sie brüten tückische Stürme aus, die vor allem in vergangenen Jahrhunderten zu zahlreichen Schiffsunglücken führten und in jüngster Zeit immer mehr Strände zerstören. El Niño auf den Fersen folgt oft La Niña. In diesem Fall kühlt der Pazifik ab und im tropischen Atlantik steigen die Oberflächentemperaturen, was die Entwicklung von häufigen und starken tropischen Zyklonen und Hurrikanen begünstigt.

Die letzten Jahrzehnte haben gezeigt, dass viele Naturkatastrophen im Tropenbereich und in den gemäßigten mittleren Breiten mit El Niño oder La Niña im Zusammenhang stehen. Ich habe mich seit den 1960er Jahren für die Niederschlagsschwankungen entlang der Westküste Südamerikas interessiert, die damit einhergingen. Damals beschäftigte sich nur eine Handvoll von Wissenschaftlern mit dem Thema, wie Hermann Flohn, Jakob Bjerknes, Klaus Wyrtki und Jerome Namias. Ihre Neugier galt ursprünglich der Wechselwirkung zwischen Ozean und Atmosphäre, die zu El Niño führt. Die Großzahl ihrer Erkenntnisse bezüglich der globalen Klimavariationen haben den Test der Zeit bestanden, und viele spätere Arbeiten sind mehr oder weniger die Ausarbeitungen ihrer Theorien.

Im Laufe der Jahre zeigte sich aber, dass deren Bestätigung an der relativ kurzen Zeitspanne scheiterte, für die meteorologische und ozeanographische Daten vorliegen, nämlich erst seit 1850. Man musste also in anderen Quellen nach Hinweisen auf frühere El-Niño- und La-Niña-Bedingungen suchen – in Geschichtswerken, Archiven, bei den Archäologen – und indirekte Daten zu Hilfe nehmen, wie Baumringe, Pollenanalysen, Korallen, Eiskernbohrungen und geologische Ablagerungen. Damit ließen sich El-Niño-Reihen über viele Jahrhunderte hinweg aufstellen und es zeigte sich, dass das Phänomen auch früher schon häufig aufgetreten war.

Das vorliegende Buch untersucht den Einfluss von El Niño auf zahlreiche Ereignisse in der politischen, militärischen, sozialen, wirtschaftlichen und kulturellen Geschichte unseres Planeten. Ausgangspunkt sind die indirekten Hinweise, die ich seit den 1960er Jahren aus verschiedenen internationalen Veröffentlichungen bis zur Erwähnung von El-Niño-„verdächtigen“ Wettergeschehen aus nichtwissenschaftlichen Texten zusammengetragen habe. Damit ist dies die erste umfassende Abhandlung über die Geschichte von El Niño, die sich nicht auf die Erklärung der physikalischen Mechanismen beschränkt, sondern den Blickwinkel auf den vergangenen und gegenwärtigen Einfluss des Phänomens auf die Menschheit ausweitet und neue Perspektiven für die Umweltgeschichte eröffnet.

Die Anregung zu dem Werk erfolgte im Sommer 2002, im Laufe eines Seminars über die Auswirkungen des ENSO-Geschehens auf gegenwärtige Klimaschwankungen, das ich an der Humboldt-Universität zu Berlin gab. Das begeisterte Interesse der Studenten und die tatkräftigen Ermutigungen von Seiten meines Gastgebers, Professor Dr. Wilfried Endlicher, veranlassten mich, mein Buch „El Niño in History. Storming Through the Ages“ ins Deutsche zu übersetzen. Die vielen neuen Erkenntnisse machten eine erhebliche Umarbeitung der einzelnen Kapitel und der meisten Abbildungen notwendig. Ferner wurde ein Extrakapitel hinzugefügt, das speziell für die deutsche Leserschaft den Einfluss von ENSO auf das Klima Europas behandelt.

Mein Dank und meine Anerkennung für die Überarbeitung der verschiedenen Stadien des Manuskripts und für die vorliegende Übersetzungsarbeit gebühren meiner Frau Christiana. Die Institutsmitglieder James Sloan, Andres Guhl und Matthew Marsik haben mir bei der Erstellung und Bearbeitung der verschiedenen Abbildungen mit ihrem technischen Wissen in dankenswerter Weise weitergeholfen.

Die Grundlagen

Obwohl wir unsere Erde als „Blauen Planeten" bezeichnen, bedenken wir nur selten, dass drei Viertel der Erdoberfläche von Wasser bedeckt sind. Die Atmosphäre nimmt jährlich 419 000 Kubikkilometer Wasser aus den Ozeanen auf und 106 000 davon fallen als Niederschlag auf die Landoberflächen. Zudem sind die Ozeane die Hauptspeicher von Kohlendioxid, dem wichtigsten Treibhausgas. Die Bedeutung der gewaltigen Wassermassen für das Leben und das Wetter auf unserem Planeten lässt sich unter anderem daran ermessen, dass ein Viertel der von ihnen abgegebenen Feuchtigkeit unsere Flüsse, Seen, Schnee- und Eisfelder erneuert.

Die Meere haben außerdem die Fähigkeit, Sonnenstrahlung aufzunehmen und in Wärmeenergie umzuwandeln, die dann über den gesamten Erdball verteilt wird. Der Golfstrom, zum Beispiel, exportiert die Wärme, die er im Golf von Mexiko und in der Karibik aufgenommen hat, bis nach Westeuropa. Umgekehrt verteilen kalte Strömungen wie der Kalifornienstrom oder der Humboldtstrom vor Peru kalte Wassermassen aus subpolaren Regionen in niedrigere Breiten, wo sie die Lufttemperaturen wesentlich absenken. Somit erfüllen die Ozeane auch die wichtige Aufgabe des globalen Temperaturausgleichs.

Sehr entscheidend für das Klima der Erde ist ferner, dass Wassermassen wesentlich länger brauchen als Landmassen, um Sonnenenergie aufzunehmen, und sie erst später und langsamer abgeben. Dies bedeutet, dass sich Gebiete am Rande eines Ozeans im Sommer kühlerer und im Winter wärmerer Temperaturen erfreuen als im Inneren eines Kontinents, wo die Erwärmung im Sommer und dann die Abkühlung im Herbst schneller vonstatten gehen. Die Meteorologen sprechen im Falle der Meere von einem langen, bei Landmassen von einem kurzen „thermischen Gedächtnis".

Der Pazifische Ozean ist von allen Weltmeeren der unbestrittene Gigant: Er beherbergt drei Fünftel aller Wassermassen! Dies allein genügt schon, um seinen enormen Einfluss nicht nur auf die angrenzenden Kontinente – Nordamerika, Asien, Australien und Südamerika – zu erklären, sondern auch auf entferntere Regionen. An der weitesten Stelle (vom Golf von Panama zur Celebes-See) erstreckt er sich über 17 000 km oder 42% des Erdumfangs, während der Atlantik zwischen Georgia und Marokko „nur" 6700 km breit ist. Dazu fällt der Pazifik an seiner weitesten Stelle in etwa mit dem Äquator zusammen, was bedeutet, dass er weitaus mehr Sonnenenergie aufnimmt und viel mehr Feuchtigkeit und Wärme an die Atmosphäre abgibt als alle anderen Meere zusammen. Die Temperaturen an der Wasseroberfläche, welche die Sonneneinstrahlung und andere weniger regelmäßige *Variabilitäten* (Abweichungen von der auf statistischer Basis errechneten Norm) des Klimas in ihrem „Gedächtnis" gespeichert haben, sind für das Wettergeschehen in anderen Teilen der Welt ausschlaggebend. Eine dieser weniger regelmäßig auftretenden Variabilitäten ist El Niño, der wohl wichtigste Schrittmacher des globalen Klimas in unserer Zeit.

Ozeanische und klimatologische Merkmale von El Niño

Die Küstenbewohner von Nordperu waren in ihrer Lebensweise seit jeher stark vom Meer abhängig. Landwirtschaft kann in diesem regenarmen oder *ariden* Gebiet nur in einigen Flussoasen betrieben werden, während die Eiweißversorgung hauptsächlich durch die reichen Fischerträge aus dem kalten Humboldtstrom gedeckt wird. Kaltwasserfische unterscheiden sich von Warmwasserfischen durch ihre Körperform – sie sind schlank, länglich und von festem Fleisch – und leben in Schwärmen. Warmwasserfische dagegen haben rundere Formen, ihr Fleisch ist weicher und heller, und sie halten wenig vom geselligen Leben.

Den Fischern in Nordperu werden diese Unterschiede jedes Jahr aufs Neue deutlich vor Augen geführt: Schon in vorkolonialen Zeiten fiel ihnen auf, dass sich am Jahresende – Sommeranfang auf der Südhalbkugel – das Fischangebot veränderte und die Wassertemperaturen im Humboldtstrom zwischen dem Golf von Guayaquil und Pariñas Point anstiegen. Die Anzahl der normalerweise vorhandenen Kaltwasserfische ging drastisch zurück und stattdessen füllten sich die Netze mit tropischen Arten. Ferner war ein Anstieg in der Luftfeuchtigkeit zu beobachten, der in der ariden Küstenlandschaft zu häufigen Sommerschauern führte. Da diese Veränderungen um die Weihnachtszeit einzutreten pflegten, nannten die Fischerleute das Geschehen *El Niño*, das Christkind.

Der deutsche Meeresbiologe Erwin Schweigger (1959), der seit den 1920er Jahren in Peru arbeitete, stellte dort wichtige Beobachtungen an. Ihm fiel auf, dass das jährlich wiederkehrende El-Niño-Ereignis, das durch einen Vorstoß von warmem Wasser aus dem Golf von Guayaquil zustande kommt, manchmal durch ein massives Vordringen von warmem Wasser aus den äquatorialen Breiten des Pazifiks ersetzt wird, das viel weiter nach Süden reicht und den ganzen Sommer über andauert. Um dieses Ereignis von dem „alten" oder „eigentlichen" El Niño – wie er ihn nannte – zu unterscheiden, bezeichnete er es als „neuen" oder „heutigen" El Niño, und die ungewöhnlichen Begleiterscheinungen – dichte Wolkenbildung, hohe Luftfeuchtigkeit, Gewitter und Starkregen – deutete er als die Folgen einer großräumigen Veränderung in der tropischen Wasser- und Luftmassenzirkulation.

Es dauerte noch lange, bis der überregionale El Niño die Aufmerksamkeit der Öffentlichkeit erregte, obwohl mehrere dramatische El Niños – nämlich in den Jahren 1911, 1925 und 1953 – Schlagzeilen gemacht hatten. Erst El Niño 1957, der in das Internationale Geophysikalische Jahr fiel, machte die Geowissenschaftler neugierig auf diese merkwürdigen Geschehnisse am Ostrand des Pazifiks.

In den 1960er Jahren beauftragte Prof. Hermann Flohn von der Universität Bonn seine Doktoranden Rolf Doberitz und Karin Schütte mit einer Untersuchung der Regen- und Windvariabilitäten auf den Inseln des äquatorialen Pazifiks, um festzustellen, ob es einen Zusammenhang mit dem Wettergeschehen auf den Galápagos-Inseln und in den Küstenstrichen von Ecuador und Peru gab (Doberitz et al. 1967). Um etwa die gleiche Zeit untersuchte Prof. Jacob Bjerknes, University of California in Los Angeles, ob die Temperaturschwankungen im äquatorialen Pazifik für die Trocken- und Feuchtphasen auf verschiedenen Inseln im tropischen Pazifik verantwortlich seien. Unabhängig voneinander befanden die Wissenschaftler El Niño als den Hauptantrieb für die klimatischen Schwankungen im Pazifik und im westlichen Südamerika. Ein weiterer Wissenschaftler im Bund derer, die die Grundlagen für unser heutiges Verständnis des El-Niño-Phänomens legten, war Prof. Klaus Wyrtki von der University of Hawaii. Bei seinen Studien über den Pazifik (Wyrtki 1974) stieß auch er auf El Niño und verbrachte einen guten Teil seines Lebens mit der Untersuchung der ozeanischen Dynamik während dessen Auftreten.

Schon diese frühen systematischen Forschungen zeigten, dass das El-Niño-Phänomen ozeanische und klimatologische Merkmale besitzt. Erstere haben mit dem mehr oder weniger zyklischen Verhalten der Meerestemperaturen im tropischen Pazifik zu tun, die anderen mit den großräumigen Schwankungen in der Atmosphäre darüber und deren Verbindungen mit anderen großräumigen Zirkulationszellen.

Die ozeanischen Merkmale

Das Klima an der Westküste Südamerikas wird von dem kalten Humboldtstrom beeinflusst. Seine Ausläufer drehen im äquatorialen Pazifik vor der Küste Perus und Ecuadors nach Westen ab, so dass sich auf den Felsen der Galápagos-Inseln der Galápagos-Pinguin (*Sphoenicus mendiculus*) und sogar Seelöwen fast heimisch fühlen. Unter dem Einfluss der äquatorialen Sonneneinstrahlung steigen gegen Westen hin dann die Wassertemperaturen langsam an und erreichen bei der Linie des Datumswechsels die ihrer Breite entsprechenden Werte. Bis dahin kommt es bei den stabilen Luftverhältnissen über der relativ kühlen Wasseroberfläche nur zu leichter Verdunstung, so dass die Inseln am Äquator Christmas, Fanning, Palmira, Jarvis und Malden so trocken sind, dass sich dort lediglich Seevögel und Krebse wohl fühlen.

Am Äquator schieben die ständig wehenden Ostwinde das Oberflächenwasser des Pazifiks vor sich her bis nach Neuguinea und den Philippinen, wo sich dieser Wasserüberschuss in zwei warme Ströme spaltet: den Ostaustralienstrom – der vor der Ostküste Australiens nach Süden fließt – und den Kuro-Shio, welcher vor den Küsten von China und Japan nach Norden abfließt. Die Ozeanographen erkannten schon früh, dass wegen dieses winderzeugten Wasserstaus die obere Schicht des Ozeans, die direkt von den Sonnenstrahlen erwärmt wird, auf der Westseite des äquatorialen Pazifiks viel weiter nach unten reicht als auf der Ostseite. Die Dicke dieser warmen Meereswasserschicht wird durch die Temperatursprungschicht oder *Thermokline* bestimmt, der Untergrenze dieser von den Sonnenstrahlen erwärmten Wasserschicht, die bei 20 °C Wassertemperatur festgelegt ist. In normalen Jahren verläuft die Thermokline zwischen Peru und den Galápagos-Inseln in etwa 40 m Tiefe, während sie auf der asiatischen Seite bis zu einer Tiefe von 120 m abtauchen kann.

Um den Einfluss des ozeanischen El Niño auf die Küstengewässer von Ecuador und Peru zu ermessen, muss man wissen, dass die Meerestemperatur dort normalerweise 18° bis 22 °C beträgt. In El-Niño-Jahren aber steigt sie auf 25° bis 29 °C an. Ferner lässt der westwärts gerichtete Fluss des kalten Wassers deutlich nach oder hört ganz auf, da die Ostwinde stark geschwächt sind. Die Thermokline sinkt bis in 80 m Wassertiefe. In der Oberschicht des tropischen Pazifiks dringt von Westen her warmes Wasser ein, und zwar in Form sukzessiver großräumiger Wellen, der *Kelvinwellen*. Bis Mitte des 20. Jahrhunderts wurden diese als ein massiver Ausfluss angesehen und als El-Niño-Strom bezeichnet. Inzwischen versteht man das Eindringen des warmen Wassers aus dem Westpazifik eher wie die Ausbreitung eines Ölteppichs nach einem Tankerunglück.

Im Falle eines El-Niño-Ereignisses beginnen diese Vorgänge zu Anfang des südhemisphärischen Frühlings, das heißt im September/Oktober. Manchmal setzt das Vordringen des warmen Wassers schon früher ein – im Jahr 1997 zum Beispiel im Mai – oder aber es stagniert in der Mitte des Pazifiks und erreicht die Galápagos-Inseln gar nicht: Man spricht dann von einem „abortierten" El Niño (wir hatten einen solchen im Jahr 1976). Im Regelfall jedoch breitet sich das warme Wasser im Laufe der Monate nach Osten aus und erreicht im Dezember die Region zwischen den Galápagos-Inseln (Länge 90° W) und der Küste von Ecuador und Peru (Länge 80° W).

Das Vordringen der Wassermassen entlang des Äquators nach Westen (in normalen Jahren) oder nach Osten (in El-Niño-Jahren) lässt sich anhand von Abb. 1.1 besser verstehen. Die monatliche Zeitskala verläuft vertikal und der Wasservorstoß von Ost nach West, oder umgekehrt, ist auf der Horizontalen dargestellt. Man sieht, dass nach einem schwachen Warmwassereinbruch im südlichen Spätsommer 1995 kühleres Wasser in den beiden Sommern von 1996 und 1997 von Ost nach West vordrang. Ab April 1997 ging es dann mit dem Warmwasservorstoß nach Osten zügig weiter, so dass im Juni schon fast die südamerikanische Küste erreicht war (Abb. 1.2). In Südecuador

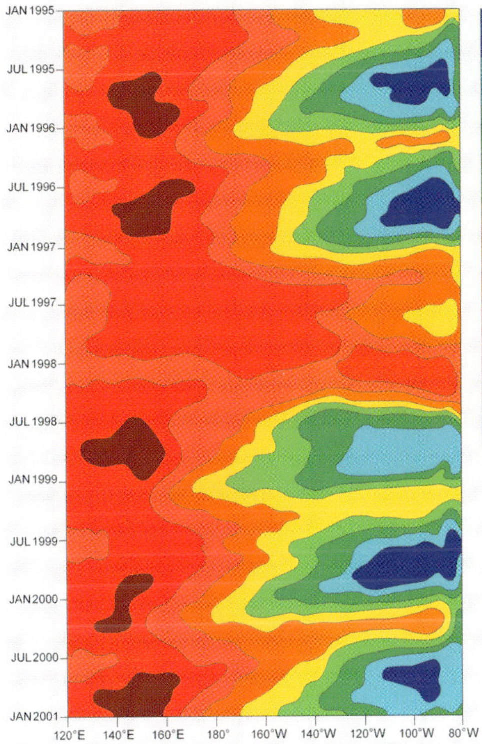

1.1 *Warm- und Kaltwasservorstöße entlang des Äquators, 1995–2001. Dunkelrote Flächen entsprechen El-Niño-, blaue und grüne Flächen La-Niña-Vorkommen.*

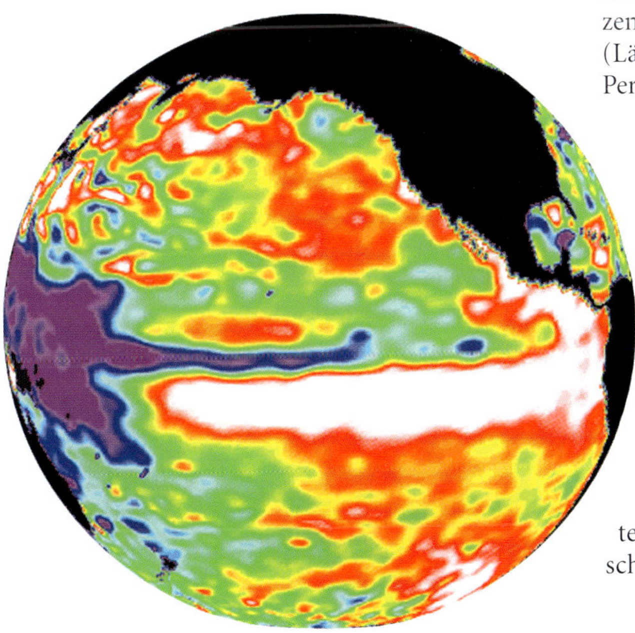

1.2 *Erwärmung des tropischen Pazifiks während El Niño 1997. Ein breites Band zieht sich entlang des Äquators bis zur Küste Südamerikas (ganz rechts im Bild). Der Westpazifik bleibt kühler (Satellitenaufnahme: NOAA/NASA).*

und Nordperu kam das warme Wasser dann aber erst im Dezember an. Wassertemperaturen von 29 °C wurden bis 130° W gemessen. Anfang 1998 waren die hohen Temperaturen auch vor der Küste Perus angelangt. Im Mai 1998 endete schließlich diese intensive ozeanische El-Niño-Episode und im Juli waren die Temperaturen im östlichen und zentralen Pazifik schon wieder deutlich gesunken. Anschließend drangen dann die kühleren Wassermassen, wie schon während früherer La-Niña-Episoden, mit großer Geschwindigkeit nach Westen vor.

Die klimatologischen Merkmale

Die Wissenschaft erklärt das El-Niño-Phänomen mit Hilfe der Rückkopplung (*feedback*) zwischen dem maritimen und dem meteorologischen System: Wenn bei dem einen Veränderungen eintreten, dann dauert es nicht lange, bis das andere System darauf reagiert. So herrscht eine wechselseitige Abhängigkeit zwischen Meeresströmungen, Winden und Lufttemperatur.

Die gesamte Zirkulation im Südpazifik, der Wiege des El Niño, wird von dem Südpazifischen Hoch (*Antizyklone*) regiert, dessen Zentrum über der Osterinsel liegt. Sein Gegenstück, die Nordpazifische Antizyklone, ist nördlich von Hawaii stationiert. Aus beiden strömen die Passatwinde in Richtung einer Reihe von Tiefs, die zu beiden Seiten des Äquators in der Innertropischen Konvergenzzone (ITCZ) aufgereiht sind. Auf der südlichen Halbkugel wehen die Passate aus südöstlicher Richtung, auf der nördlichen Halbkugel aus dem Nordosten. In der Nähe des Äquators geraten die Passate unter den Einfluss der *Corioliskraft* (der durch die Erdrotation bedingte Ablenkungseffekt) und verwandeln sich in „äquatoriale Ostwinde". Die Passatwinde, die äquatorialen Ostwinde und die Meeresströmung in westlicher Richtung erfahren alle einen Verstärkungseffekt, wenn die beiden Hochdruckzentren kräftig sind. In solchen Jahren sind dann die Wassertemperaturen im Ostpazifik eher kühl und die Thermokline verläuft nahe an der Wasseroberfläche.

Verliert allerdings das Südpazifische Hoch – aus bisher noch wenig erforschten Gründen – an Stärke, dann kommt es zum Zusammenbruch des gesamten Windsystems. Die Passate werden schwach oder bleiben vollends aus, die Thermokline im tropischen Ostpazifik taucht in die Tiefe und die äquatorialen Ostwinde werden durch Westwinde ersetzt. Gleichzeitig ändert das zuvor beschriebene Vordringen von warmen Wassermassen seine Richtung nach Osten und – was noch wichtiger und im äquatorialen Pazifik ganz ungewöhnlich ist – feuchtwarme Luftmassen gleiten über die warme Meeresoberfläche und überraschen zunächst die trockenen Inseln am Äquator und später die ariden Küstenstriche von Ecuador und Nordperu mit heftigen Regengüssen.

Diese auffälligen Veränderungen über dem Ozean und in der Atmosphäre im ostpazifischen Raum während eines El-Niño-Ereignisses sind Anzeichen einer großräumigen klimatischen Schwankung. Schon 1923–24 beobachtete Gilbert Walker bei seiner Arbeit für den Meteorologischen Dienst in Indien eine ausgleichende Tendenz zwischen dem Tief über Djakarta (Indonesien) und dem Hoch über Tahiti (Polynesien). Im Hinblick auf die Entfernung zwischen den beiden Messstellen war Walkers Beobachtung erstaunlich. Dreißig Jahre später bezeichnete der holländische Klimatologe Berlage (1957) diesen Druckausgleichseffekt in den südlichen Tropen als *Südliche Oszillation.* Damit ist speziell der Unterschied zwischen dem Hoch im Südpazifik und dem Tief über Indonesien gemeint. Den Unterschied zwischen den beiden drücken die Meteorologen anhand eines Indexes aus. Ein hoher *Südlicher Oszillationsindex* (SOI) bedeutet, dass im Pazifik Ostwinde und kühlere Wassertemperaturen vorherrschen. Ein niedriger oder negativer SOI entspricht einem Zustand, bei dem die Ostwinde geschwächt oder gänzlich abwesend sind, die tropische Atmosphäre hohe Luftfeuchtigkeit aufweist und die Wassertemperaturen im Pazifik wärmer als üblich sind. Walker und Berlage erkannten als Erste das Wechselspiel zwischen den beiden Luftdruckgebieten: Wenn das Hoch im Südpazifik schwach ist,

Tabelle 1.1: Warmwasser- (El Niño) und Kaltwasserepisoden (La Niña) im Pazifik, seit 1800.

** Basiert auf extrem trockenen Jahren an der Westküste Südamerikas. Alle anderen basieren auf niedrigen Meeresoberflächentemperaturen im tropischen Ostpazifik.*

La Niña	1802* 1816* 1822* 1825* 1832* 1857* 1863* 1869 1872 1873 1875 1876 1886 1887 1890 1893 1898 1903
El Niño	1803 1804 1812 1814 1817 1819 1828 1844 1845 1850 1864 1871 1877 1878 1884 1891 1897 1900

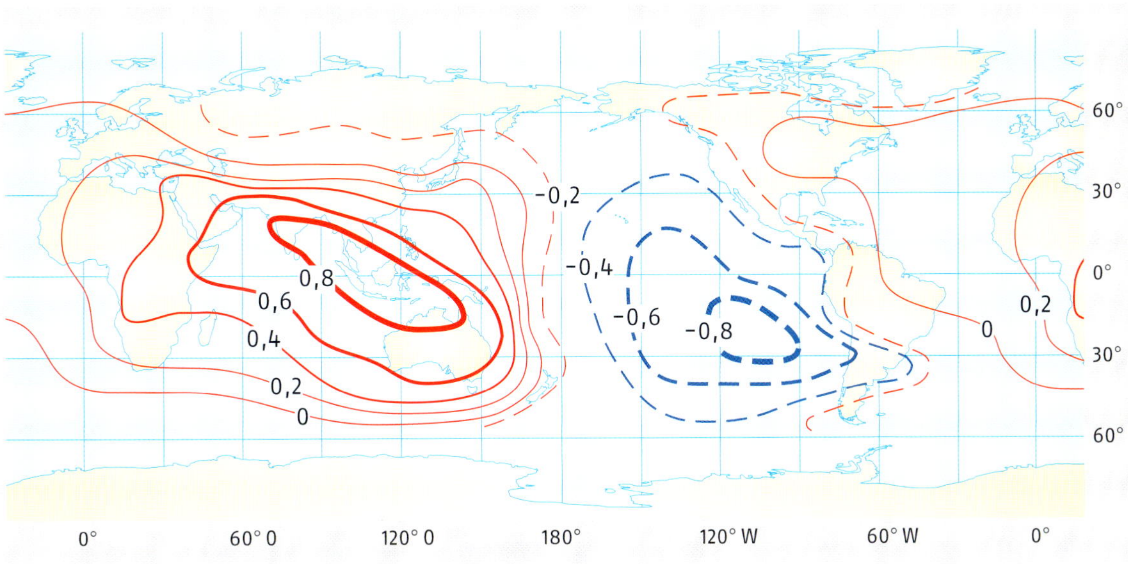

1.3 *Die beiden Hemisphären der Südlichen Oszillation in einem El-Niño-Jahr. Blaue Linien entsprechen dem Hochdruckzentrum über Tahiti (westliche Hemisphäre), rote Linien dem Tiefdruckzentrum über Darwin (östliche Hemisphäre). Die Zahlen sind Korrelationswerte.*

dann ist das Tief über Indonesien stark – und das bringt, wie wir inzwischen wissen, die Entwicklung eines El Niño in Gang.

Der SOI ist heute der Pegel für die meisten Klimaschwankungen in den Tropen und den mittleren Breiten. Die richtige Interpretation der Werte erlaubt eine Vorhersage über die zu erwartenden weltweiten Auswirkungen eines sich in der Entwicklungsphase befindlichen El Niño. Im Falle eines größeren Ereignisses, wenn der gesamte Tropengürtel von der Anomalie erfasst wird, dehnt sich der Einflussbereich der Südlichen Oszillation so weit aus, dass man ihn in zwei Hemisphären aufteilt (Abb. 1.3): Eine westliche, die das Pazifikbecken, das westliche Südamerika, Mittelamerika und das westliche Nordamerika umfasst; hier herrschen niedrige Luftdruckwerte und warme Wassertemperaturen in Küstennähe verbunden mit ungewöhnlich heftigem Regen. Und eine östliche Hemisphäre, deren Zentrum über Indonesien liegt und die Südostasien, Australien, Indien, Afrika, das Atlantikbecken und Nordostbrasilien umfasst, ist durch hohe Luftdruckwerte und kühlere Wassertemperaturen charakterisiert, was in bestimmten Regionen zu Trockenheit führt.

Dem Leser leuchtet jetzt ein, warum – wenn die Rede ist von Unwettern in Kalifornien und Peru oder auf den Inseln im Südpazifik – man dann auch von Waldbränden in Indonesien, Viehsterben in Australien und Südafrika, Dürren, Ernteausfällen und Massensterben in Afrika südlich der Sahara sowie – zwar weniger häufig als früher – Hungersnöten in Indien und Nordostbrasilien hört: Dies sind die Fernwirkungen des El Niño, zu denen später noch Näheres gesagt wird.

Wenn man sich mit **El Niño** und der **S**üdlichen **O**szillation – ENSO – beschäftigt, sollte man eine Vorstellung von der Häufigkeit dieses Ereignisses haben. Tabelle 1.1 listet die El-Niño-Vorkommen seit Beginn des 19. Jahrhunderts und die La-Niña-Vorkommen seit 1870 auf. Von der Zeit davor existieren keine systematischen, vergleichbaren Messungen von Luft- und Wassertemperaturen, Luftdruck und Niederschlag. Die frühen sporadischen Messungen aus der Neuen Welt eignen sich nicht zum Vergleich mit den zuverlässigen Reihen aus der Alten Welt.

4 1908 1910 1917 1924 1928 1933 1938 1939 1945 1950 1955 1960 1964 1968 1974 1984 1988 1994 1999 2000

1911 1912 1919 1925 1926 1932 1940 1941 1953 1957 1958 1965 1972 1973 1976 1982 1983 1986 1992 1993 1997 1998

Immerhin sah es so aus, als ob ENSO-Ereignisse in Abständen von etwa 11 Jahren auftraten, was den Gedanken aufkommen ließ, die Wärme- und Feuchtigkeitsanomalien im Pazifik könnten mit der Sonnenfleckenaktivität im Zusammenhang stehen, die ebenfalls einem 11-Jahres-Zyklus unterworfen zu sein scheint. Diese Theorie musste aber aufgegeben werden, da El Niños auch in Jahren gemäßigter Sonnenfleckenaktivität auftraten und ihre Häufigkeit in den letzten 30 Jahren stark zugenommen hat. Heute kann man eher etwa alle dreieinhalb Jahre mit ihnen rechnen, und die großen Ereignisse kehren etwa im Abstand von sechs Jahren wieder. Die Frage, welche Prozesse für diese Intervalle verantwortlich sind, wird zur Zeit noch von den Wissenschaftlern debattiert.

Die Fernwirkungen: Telekonnektionen

Nur selten kommt uns der Gedanke, dass das Wetter, das wir lokal erleben, in anderen Regionen der Welt seinen Ausgang genommen haben könnte. In Europa und Nordamerika ist man daran gewöhnt, dass die meisten Wettersysteme von Westen heranziehen. Der Grund dafür ist die Drehung der Erde von West nach Ost und die Tatsache, dass die Luftmassen über Meeresoberflächen ziehen. Die Auswirkungen dieser physikalischen Gegebenheiten muss man jedoch erst begreifen, will man das Prinzip der Telekonnektionen zwischen dem ENSO-Geschehen im Pazifik und Klimaereignissen in anderen Regionen der Welt verstehen.

Seit dem Einsatz von Satelliten ist es viel einfacher geworden, solche Prozesse zu veranschaulichen. Wir brauchen uns nicht mehr mit statischen Wetterkarten zu plagen, sondern können im Fernseher der aktuellen Entwicklung von Wolken, Stürmen und Fronten zuschauen und verfolgen, wie sich diese Formationen vom Ozean aufs Festland hin bewegen, wo sie den Ablauf unseres Wetters bestimmen.

Für die Klimatologen in der frühen El-Niño-Forschung existierten diese Hilfsmittel natürlich noch nicht. Es war schwierig, den Leuten klar zu machen, dass die Wassertemperaturen der Meere die Niederschlagsmengen auf benachbarten Landmassen regulieren. Im Laufe der Zeit akzeptierte man schließlich doch, dass Temperaturschwankungen im Südpazifik sogar das Wetter in Indien, Afrika und Europa beeinflussen. Diese Beziehungen zwischen dem Verhalten von ENSO und dem lokalen Wettergeschehen in weit entfernten Regionen bezeichnet man als Fernwirkung oder *Telekonnektion*.

Speziell in der El-Niño-Forschung ist damit die Beziehung zwischen den Schwankungen der globalen Zirkulation, den Temperaturen, dem Niederschlag und den Zyklonen in den tropischen und in den außertropischen Regionen gemeint. Dabei wirkt sich die Telekonnektion in den betroffenen Regionen unterschiedlich aus: in starken Niederschlägen oder in Trockenheit, in Hitze oder in Kälte.

Der Mechanismus der Telekonnektion ist leichter verständlich, wenn man sich erst mit den Vorgängen innerhalb bestimmter großräumiger Zirkulationen vertraut macht, die die Luftmassen um den gesamten Erdball in Bewegung setzen. Die wichtigste ist die *Hadley-Zirkulation*, worunter man den Aufstieg der warmen Luft in äquatorialen Breiten und ihr Absinken – nach Abkühlung in der Höhe – in den subtropischen Breiten versteht (Abb. 1.4). Die Äquatorzone gibt ihre überschüssige Wärme ständig an die höheren Breiten ab und speist die subtropischen Hochdruckzellen, die die Passatwinde entsenden. Weiterhin sorgt die *Walker-Zirkulation* vorwiegend entlang des Äquators für den effektiven, wenn auch weniger dramatischen Austausch zwischen warmen und kühlen Luftmassen in zonaler Richtung (Abb. 1.5). Aufsteigende Äste entstehen über besonders warmen Wasseroberflächen und überhitzten Kontinenten, wie dem Amazonas- und Kongobecken; absteigende Äste bilden sich über kühlen Wassermassen und den trockenen Rändern von Kontinenten, zum Beispiel den Küstenregionen von Peru und Chile oder von Angola.

Der Ausgleich der Luftmassen in der Nähe des Äquators in *meridionaler* (Nord-Süd und umgekehrt) und in *zonaler* (Ost-West und umgekehrt) Richtung ist außerdem einem 50-Tage-Takt unterworfen. Dieser bewirkt, dass in vielen tropischen Regionen im Abstand von etwa sieben Wochen erst mächtige Wolkenfelder von West nach Ost ziehen, denen dann eine Reihe von klaren, trockenen Tagen folgt. Diese *Madden-Julian-Oszillation* schiebt Wolken und Stürme zwischen dem mittleren tropischen Pazifik und dem Indischen Ozean hin und her. Während El-Niño-Episoden wird

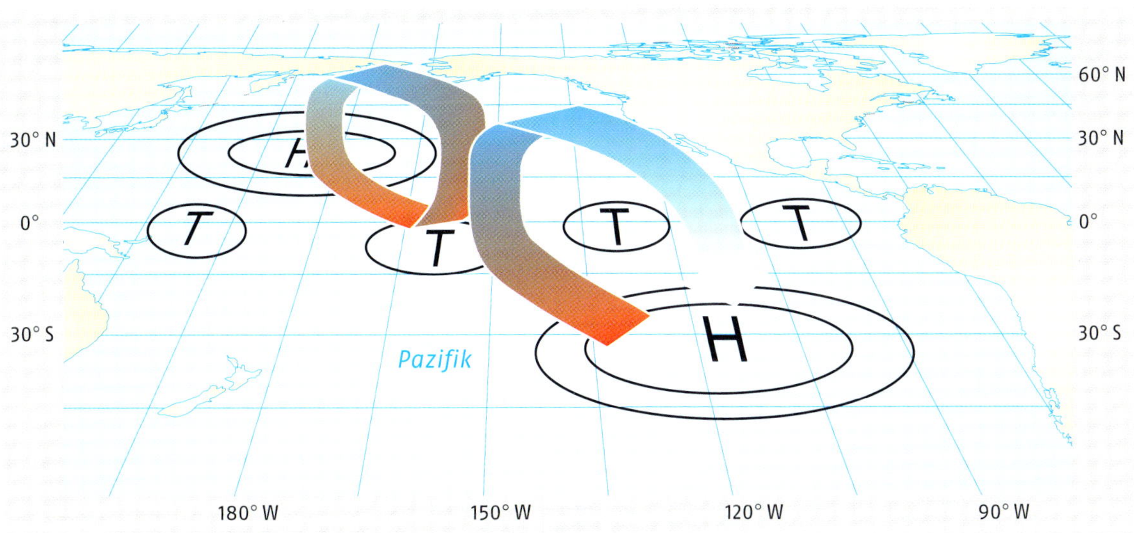

1.4 *Die Hadley-Zirkulation. Winde aus den subtropischen Hochdruckgebieten konvergieren in der äquatorialen Tiefdruckrinne, wo sie sich erwärmen und aufsteigen.*

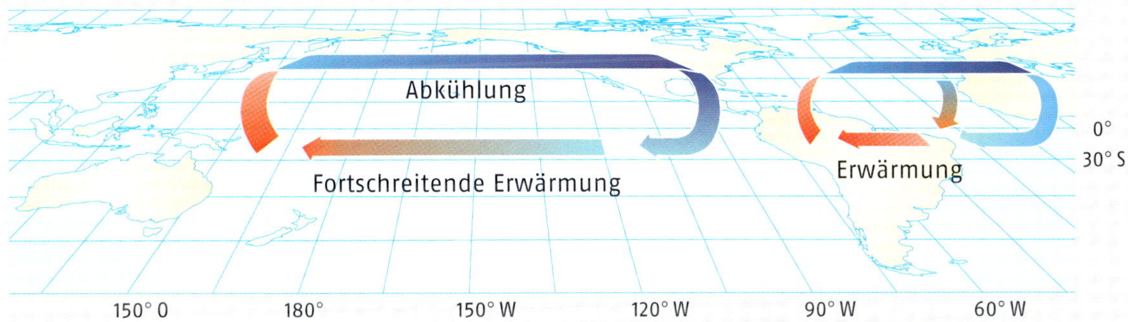

1.5 *Die Walker-Zirkulation in normalen Jahren. Die Windzirkulation erfolgt entlang des Äquators von Ost nach West, die Rückkehr in der Höhe von West nach Ost.*

somit die überschüssige Hitze und Feuchtigkeit des Pazifiks nach Osten abgegeben (Madden und Julian 1994).

Der dominierende Schrittmacher im Pazifikbecken ist aber die *Südliche Oszillation* (SO). Ihr Pulsieren beeinflusst andere Schaltkreise über dem Nordpazifik, über Nordamerika und über dem Atlantik. Die Anregungen, die sich aus dem Auf und Ab der Südlichen Oszillation ergeben, werden von den *Rossby-Wellen* (mäandrierende Wellen innerhalb des Jetstreams) auf andere Schaltkreise in der nördlichen und südlichen Hemisphäre übermittelt. Im Laufe des Textes wird noch von weiteren Schaltkreisen die Rede sein, die die Impulse aus den tropischen und subtropischen Meeren in die mittleren und höheren Breiten senden. Zu diesen Subsystemen der Telekonnektionen (Abb. 1.6) gehören:

- Die Pazifisch-Nordamerikanische (PNA) Telekonnektion, welche einen Pol über dem Aleutentief und den anderen über Nordamerika hat.
- Die Südostasien-Oszillation (SEO), welche die Luftdruckunterschiede zwischen dem Indonesientief und der Antizyklone über dem Nordpazifik darstellt.
- Die Arktische Oszillation (AO), welche die Luftdruckunterschiede zwischen dem Hoch über dem Nordpol und Druckgebilden über Alaska und Mitteleuropa ausdrückt.
- Die Nord-Atlantische Oszillation (NAO), welche die Luftdruckunterschiede zwischen Islandtief und Azorenhoch ausdrückt.
- Die West-Pazifische (WP) Telekonnektion, welche die zonalen Verschiebungen des Jetstreams über dem Pazifik ausdrückt.
- Die Pazifisch-Süd-Amerikanische (PSA) Telekonnektion, welche die Verbindung zwischen Luftdruckschwankungen im Südpazifik und Niederschlägen in Südamerika ausdrückt.

Die ständigen Wechselwirkungen zwischen diesen Schaltkreisen lassen sich vergleichen mit der

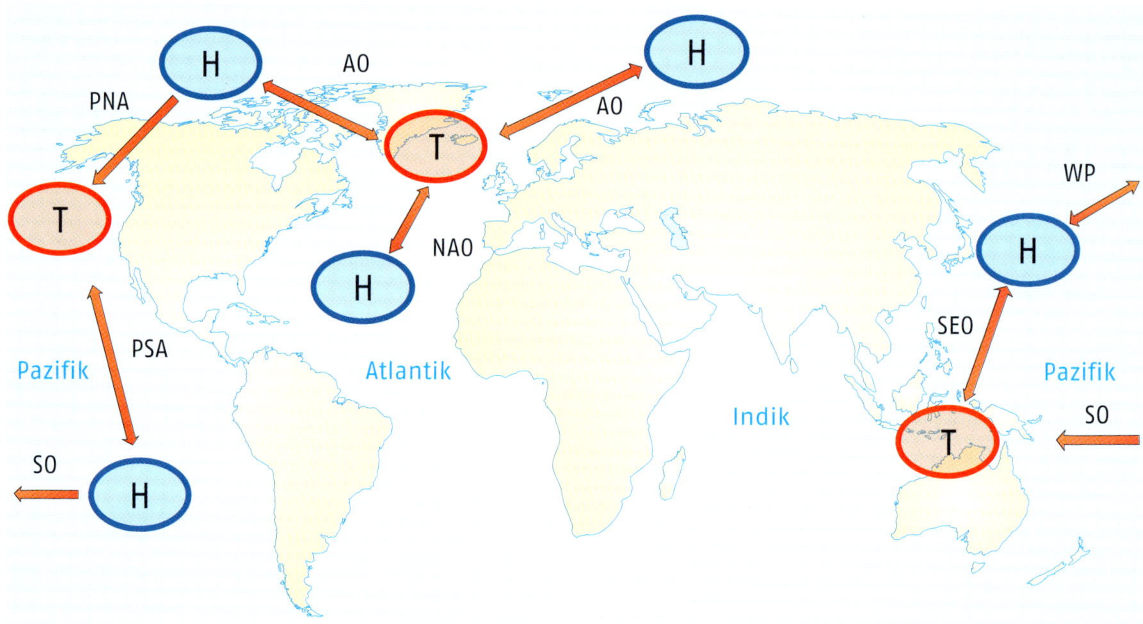

1.6 *Die Hauptschaltkreise der Erde. NAO: Nordatlantische Oszillation; AO: Arktische Oszillation; PNA: Pazifik-Nordamerika-Oszillation; SO: Südliche Oszillation; PSA: Pazifik-Südamerika-Oszillation; WP: Westpazifische Oszillation; SEO: Südostasien-Oszillation.*

Kommunikation zwischen Computerknoten, die verschiedene Reaktionen hervorrufen, je nachdem, welche Systeme zwischengeschaltet sind: die warmen oder kalten Ozeane, die aufsteigenden oder absteigenden Äste der Schaltkreise, trockene oder feuchte Luftmassen, warme Kontinente oder kühlere Festlandsränder. All diese Zirkulationsprozesse können durch El Niño bzw. La Niña stark gestört werden. Hinzu kommt selbstverständlich die unterschiedliche natürliche Sonneneinstrahlung an den verschiedenen Standorten der Erde.

Die Wärmeanomalien, die den Beginn eines El-Niño-Ereignisses ankündigen, machen sich als Erstes im Westen des äquatorialen Pazifiks bemerkbar, und zwar üblicherweise zu Beginn des südhemisphärischen Frühlings (September/Oktober). Von diesem Zeitpunkt an dauert es zwei bis drei Monate, bis das warme Oberflächenwasser den östlichen Pazifik zwischen den Galápagos-Inseln und der Nordküste von Peru erreicht. Das warme Wasser, das sich bei Ostwind im äquatorialen Westpazifik aufgestaut hat, wird bei Nachlassen der Ostwinde von den Kelvinwellen nach Osten verfrachtet, die den Meeresspiegel an den Inseln entlang des Äquators bis zu 70 cm heben können (Abb. 1.7). Beim Auftreffen auf die südamerikanische Küste fließt ein Teil dieser großräumigen Wellen nach Norden (entlang der ecuadorianisch-kolumbianischen Küste) und der andere nach Süden (entlang der peruanischen Küste). Damit sind die Warmwasserbedingungen geschaffen, die in El-Niño-Jahren für den Pazifik vor der Westküste Südamerikas so typisch sind.

Auf der warmen Wasseroberfläche – man möchte fast sagen – „reiten" äquatoriale Luftmassen, die sich ihrer Feuchtigkeit in schweren Regengüssen entlang des Äquators entledigen. Natürlich erfährt die Atmosphäre über der erwärmten Meeresoberfläche eine Stimulierung, doch die Wirkung wird erst weiter östlich und mit einer gewissen Verzögerung spürbar. Man spricht von einer Verzögerung um 0 (wenn die hohen Lufttemperaturen und Regengüsse im selben Monat wie die hohen Wassertemperaturen auftreten), um 1 (einen Monat später), 2, 3 usw.

Nach jahrzehntelangem Erforschen des thermischen Verhaltens des tropischen Pazifiks sowie der damit verbundenen Temperatur- und Niederschlagsbedingungen in entfernteren Regionen haben die Ozeanographen ein Schema in den El-Niño-Manifestierungen erkannt, nach dem sie den tropischen Pazifik in vier Quadranten oder Regionen einteilen (Abb. 1.8). El-Niño-Region 1 umfasst die Küstengewässer vor Peru, in denen die Temperaturen nur dann ansteigen, wenn sich der gesamte äquatoriale Pazifik erwärmt. Dies führt dann zu gewaltigen Regengüssen an der sonst ariden Küste von Peru und Ecuador und zu Dürren sowohl in

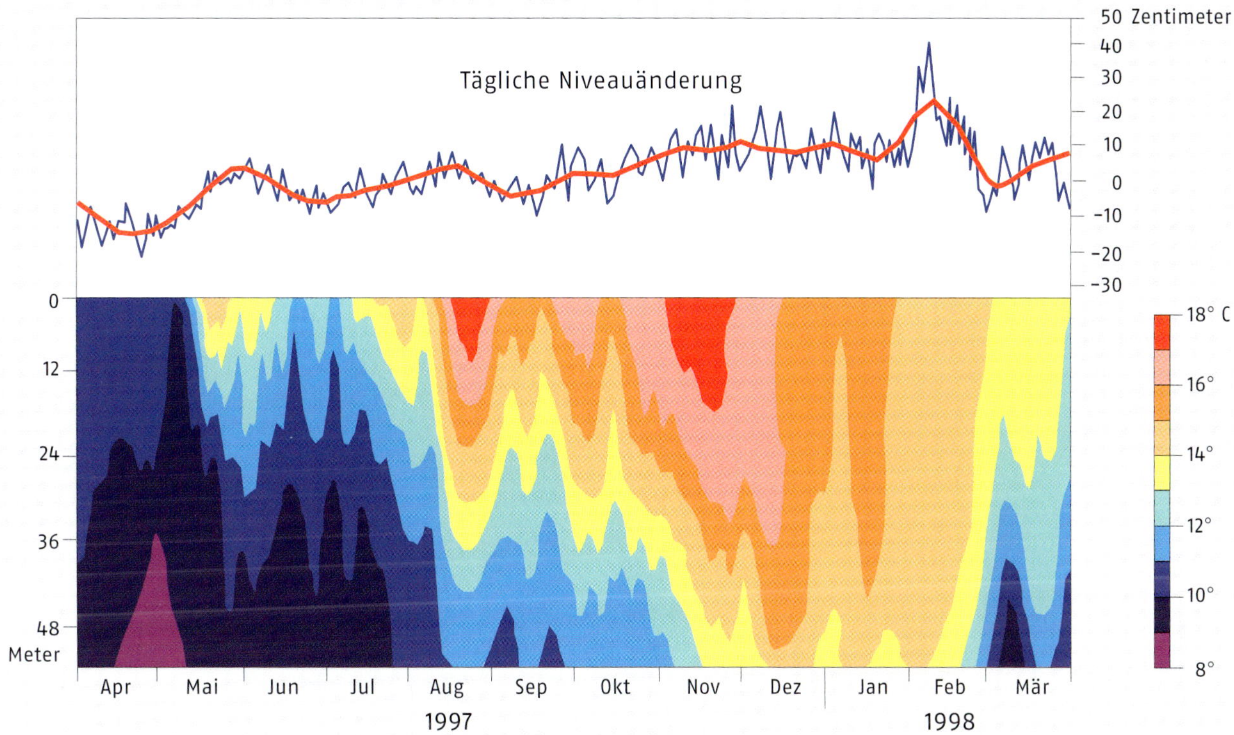

1.7 *Verbreitung der Kelvinwellen und die Meereshöhe an der Westküste Nordamerikas. Die obere Kurve zeigt den Anstieg des Meeresspiegels beim Eintreffen der Kelvinwellen an der Westküste Nordamerikas (Monterey und San Francisco), die untere illustriert die Tiefenausdehnung der Warmwasserinvasion.*

den peruanischen Anden als auch im Altiplano von Bolivien. Auf der anderen Seite des Kontinents treten die gefürchteten *secas* (Dürren) in Nordostbrasilien auf.

Dehnt sich das warme Wasser nur bis El-Niño-Region 2 aus – zwischen den Galápagos-Inseln und der Küste von Ecuador –, dann steigen die Niederschläge in den Küstenebenen am Pazifik und in den Anden von Ecuador, während sie im Inneren des Amazonasbeckens abnehmen. Erwärmt sich der Ozean im dritten Quadranten (zwischen den Längen 90° und 150° W), dann sind erhöhte Niederschläge in Mittelchile und im Río-de-la-Plata-Becken (Südbrasilien, Paraguay, Uruguay und Mittelargentinien) mit einer Verzögerung von etwa 3 Monaten zu erwarten. Auch die Küste Kaliforniens ist betroffen. Der größte Teil von Westmexiko und die pazifische Seite von Mittelamerika hingegen leiden unter Regendefizit.

Bleibt das erwärmte Wasser stationär im vierten Quadranten (zwischen den Längen 150° W und 160° O), so ist mit milden, aber feuchten Wintern im nördlichen Kalifornien, in Oregon, Washington, British Columbia und der kanadischen Prärie zu rechnen. Die Mehrzahl der Antillen sowie die karibischen Küstenstriche von Kolumbien und Venezuela reagieren auf eine Meereserwärmung im vierten Quadranten mit weniger Regen.

An dieser Stelle ist der Hinweis notwendig, dass früher nur die Meereserwärmungen in den Quadranten 1 und 2 als El-Niño-Ereignisse bezeichnet wurden (Schweigger 1959), während heute bereits die Erwärmung in den Quadranten 3 und 4 als solche gelten, das heißt also, wenn die Wassertemperaturen nur westlich der Galápagos-Inseln ansteigen. Dies erschwert natürlich den Versuch, Listen von El-Niño-Ereignissen aufzustellen. William Quinn hat in seiner Klassifizierung jedenfalls nur die Meereserwärmungen vor der Küste von Peru und Ecuador als echte El Niños gelten lassen (Quinn et al. 1987).

Die Veränderungen der Wassertemperaturen im tropischen Pazifik werden durch atmosphärische Kräfte ausgelöst. Das heißt, sie hängen von Luftdruckveränderungen und Luftbewegungen in

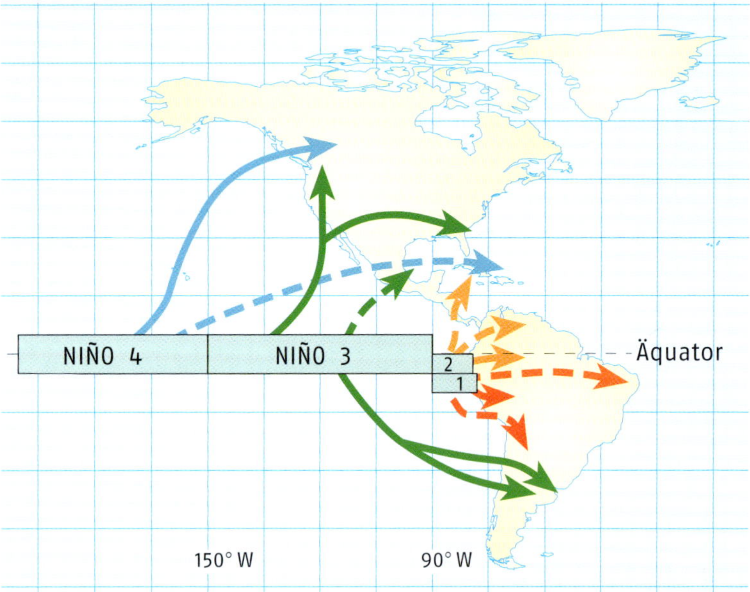

1.8 *Die vier El-Niño-Quadranten im äquatorialen Ostpazifik. Durchgehende Pfeile zeigen die Niederschlagszunahme und den Temperaturanstieg bei Erwärmung im entsprechenden Meeresquadranten. Unterbrochene Pfeile zeigen den Niederschlagsrückgang bei einem Temperaturanstieg im entsprechenden Meeresquadranten.*

der südlichen Hemisphäre ab. Man kann ruhig sagen, dass die daraus resultierenden Niederschlags- und Temperaturanomalien auch mit der Südlichen Oszillation verbunden sind, deren Index die atmosphärischen Schwankungen, die die Zirkulation über den tropischen Ozeanen bestimmen, exakt wiedergibt. Kein Wunder also, dass die meisten Studien über Telekonnektionen mit ENSO-bedingten Anomalien den SOI als Maßstab nehmen.

Hält man sich die Rolle der Südlichen Oszillation vor Augen, so ist leicht zu verstehen, dass während El-Niño-Ereignissen, wenn die westliche Hemisphäre der SO heftige Niederschläge und überdurchschnittlich hohe Temperaturen aufweist, die östliche Hemisphäre Trockenheit erlebt. Starken Regenfällen über dem Pazifik, Platzregen und Überschwemmungen in Ecuador und Peru, Niederschlagsanstieg und Winterstürmen an der Pazifikküste von Nordamerika stehen auf der anderen Seite Trockenzeiten in Indonesien, China, Australien und Indien sowie in Afrika südlich der Sahara gegenüber, natürlich mit den oben erwähnten zeitlichen Verzögerungen.

Schließlich bleibt noch die Frage zu klären: Welches ist das „Förderband", das die Anregungen aus dem warmen Pazifik in andere Regionen transportiert? Es ist dies der tropische *Jetstream*, ein Band von Höhenwinden, das sich an der Übergangszone zwischen warmer äquatorialer Luft und kühlerer subtropischer Luft bildet. In 12 bis 15 km Höhe, in der oberen *Troposphäre*, strömen hier die Winde mit bis zu 200 km/Stunde in östlicher Richtung über Meere und Kontinente (Abb. 1.9). Vor allem im Sommer steigen die Winde über den Kontinenten und Gebirgen und sinken über den Ozeanen, wo sie die Feuchtigkeit aufnehmen, die sie später wieder abgeben. Einen Eindruck von der Macht des Jetstreams vermittelt folgende Nachricht: Im März 1999 gelang es dem Briten Brian Jones und dem Schweizer Bertrand Piccard durch geschickte Nutzung dieser Höhenwinde, innerhalb von nur 19 Tagen mit einem Ballon um die Welt zu reisen.

Der Einblick in die Luftströmungen der Troposphäre hilft auch verstehen, warum man in El-Niño-Jahren die Anregungen aus dem fernen tropischen Pazifik für ungewöhnlich milde Winter im westlichen Kanada, regnerische Frühjahre im Südosten der Vereinigten Staaten und schneereiche Winter in Westeuropa verantwortlich machen kann. Die Zusammenhänge zwischen dem Jetstream, der *Innertropischen Konvergenzzone* (ITCZ), den wechselnden Druckgebilden und der Erwärmung von

1.9 *Normaler Verlauf der Jetstreams über dem tropischen Pazifik.*

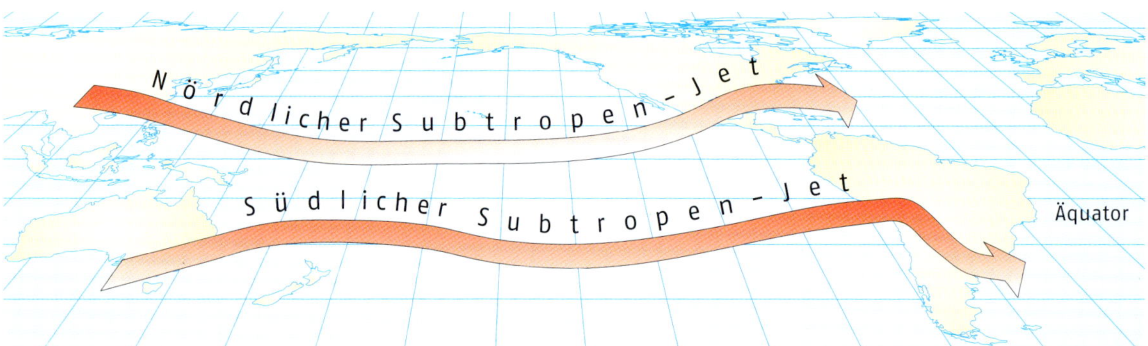

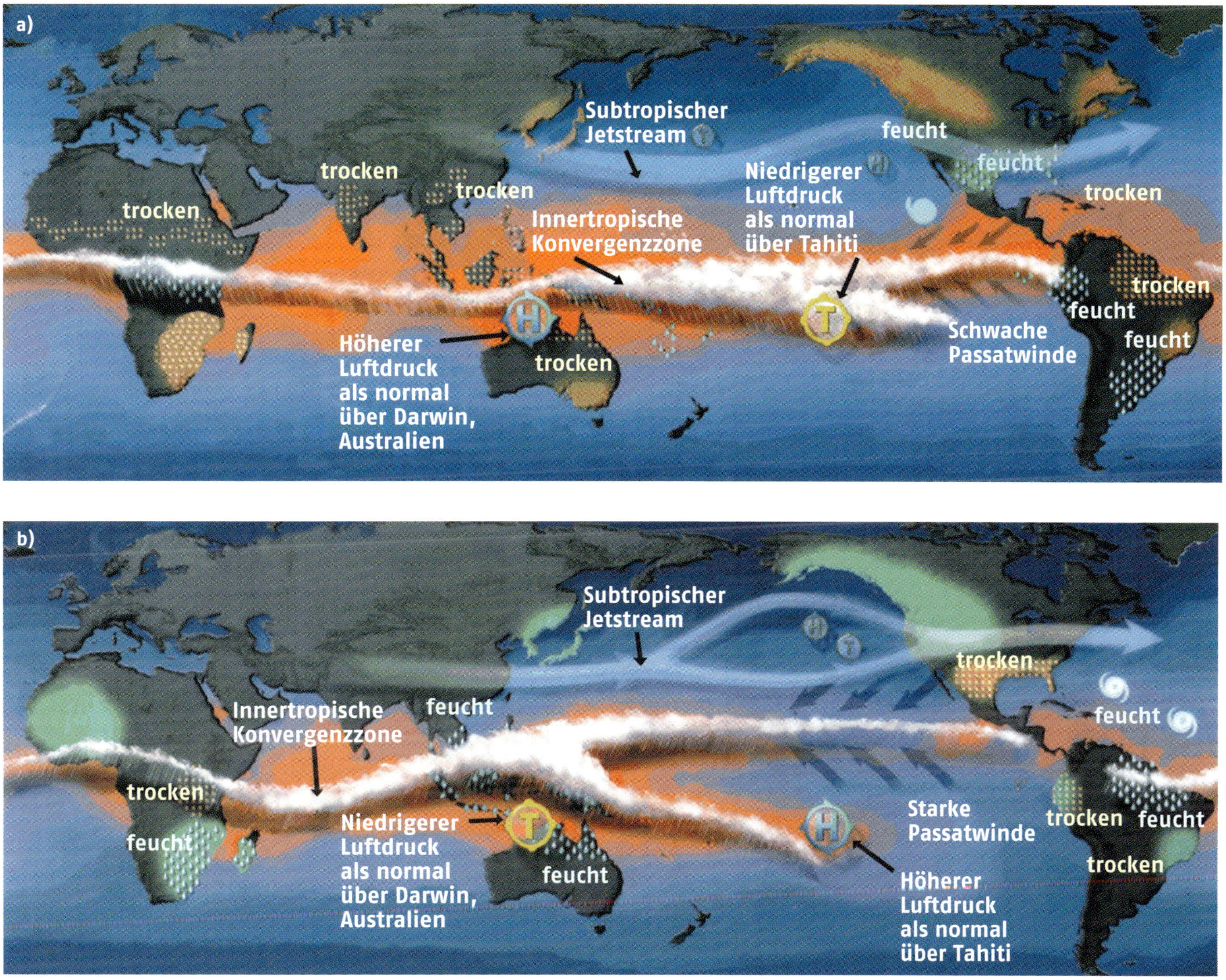

1.10 *Regionale Klimaeinflüsse von (a) El Niño; (b) La Niña. Mit Genehmigung des International Research Institute, Climate Prediction Center und NOAA.*

Pazifik und Atlantik werden in Abbildung 1.10a während einer typischen El-Niño-Situation und in Abbildung 1.10b während einer typischen La-Niña-Situation dargestellt. In Abbildung 1.10a erkennt man auch, dass die frühesten Auswirkungen eines ozeanisch-klimatologischen El Niño die Inseln entlang des Äquators mit starken Regenfällen treffen, denn der aufsteigende Ast der Walker-Zirkulation hat sich über dem Zentrum des Pazifischen Ozeans festgesetzt, so dass dort ein vorübergehendes Tief entstanden ist. Im Bereich des absteigenden Astes über Südostasien und Nordaustralien herrschen zu dieser Zeit trockene Bedingungen. Wenn sich das warme Wasser in Richtung Südamerika ausbreitet, werden die Galápagos-Inseln und die Küstenbereiche von Ecuador und Nordperu von starken Regenfällen überrascht. Im Gleichtakt mit den Schleifen des subtropischen Jetstreams über dem Nordpazifik und Nordamerika kommt es im Südwesten von Nordamerika und in Louisiana und Florida im Südosten der USA zu starken Regenfällen. Dagegen ist es im mittleren Kanada und entlang der Küste von British Columbia und Alaska für die Jahreszeit recht warm. Da der Ostpazifik nördlich des Äquators auch verhältnismäßig warm ist, entwickeln sich Hurrikane vor den Küsten von Nordmexiko und Hawaii. Mit Fortschreiten des südlichen Sommers (Januar bis

März) kommt es auch in den Río-de-La-Plata-Tiefländern zu Starkregen, während es in Nordostbrasilien sowie auch im Amazonasbecken trocken ist. In der östlichen Hemisphäre der Südlichen Oszillation herrscht Hochdruck mit anhaltenden Dürren, doch auf den japanischen Inseln sowie an der Küste von China regnet es bei milden Temperaturen. In Westeuropa entspricht diesen Verhältnissen feucht-mildes Wetter.

Wenn man nun die kalte Phase der Südlichen Oszillation, das heißt *La Niña*, betrachtet (Abb. 1.10b), so sieht es ganz anders aus. Diesmal herrschen im Südpazifik Hochdruckverhältnisse, die auf den Inseln am Äquator sowie an der Westküste Südamerikas zu noch ausgeprägterer Trockenheit als sonst führen. Auch im Nordpazifik dominieren antizyklonale Einflüsse und spalten den Jetstream in zwei Strömungen auf: Der eine verfolgt eine nördlichere Bahn und bringt kalte und feuchte Luft an die nordamerikanische Pazifikküste. Der andere verläuft weiter südlich und bringt kalte und trockene Luft nach Mexiko. Im tropischen Atlantik dagegen ist das Wasser ungewöhnlich warm, es bilden sich mächtige Hurrikane und die Nordostküste von Südamerika, welche in El-Niño-Jahren ausgesprochen trocken ist, kriegt viel Regen ab. In der östlichen Hemisphäre der Südlichen Oszillation führen die in dem aufsteigenden Ast der Walker-Zirkulation vorhandenen Tiefdruckzellen zu starken Regen über Australien, Südostasien, Indien und Afrika. In China und Japan herrschen kühle Temperaturen und geringere Niederschläge. Im Nordatlantik und in Westeuropa entspricht diesen Verhältnissen kaltes Wetter.

Die Natur reagiert auf El Niño

Die Störungen, die El Niño und auch La Niña in den atmosphärischen und ozeanischen Systemen hervorrufen, sind eine ungeheure Umweltbelastung. So bringt ein plötzlicher Regenüberschuss in ariden Gegenden die schlummernde Vegetation zum Aufwachen und verursacht eine wahre Bevölkerungsexplosion unter Insekten, Reptilien und kleinen Säugern. Regenmangel in anderen Gegenden lässt die Vegetation vertrocknen und die Tierwelt verhungern.

Vor diesem Hintergrund erklärt die moderne Wissenschaft heute viele historische Katastrophen als das Resultat der Verflechtung periodisch auftretender Klimaanomalien mit Umweltkrisen und menschlichen Grenzsituationen, wie sich aus Abbildung 1.11 ersehen lässt. Besonders deutlich sind die Manifestierungen von El Niño im ozeanischen und im klimatischen Bereich. In den Ozeanen stört El Niño das thermische und biologische Gleichgewicht. Der Anstieg der Temperaturen und der Rückgang des Sauerstoff- und Kohlenstoffgehalts im Meereswasser wirken sich negativ auf die Reproduktionsfähigkeit der Mikroorganismen aus und können zum Zusammenbruch der gesamten maritimen Nahrungskette führen. Die wirtschaftlichen Auswirkungen für Peru und Chile sind infolge des Schwindens der normalen Kaltwasserfische vor der Küste in allen schweren El-Niño-Jahren mehr oder weniger katastrophal. Die Kadaver von Meeressäugern – wie Robbe, Wal und Otter –, denen die Nahrung ausgegangen ist, werden an die Strände gespült. Schließlich leiden auch die Seevögel an Futtermangel, besonders in den riesigen Vogelkolonien auf den Küstenfelsen und den kleinen vorgelagerten Inseln.

Zu El Niños klimatischem Einfluss gehört die Schwächung der Hochdruckzellen und das episodische Auftreten von Westwinden im Bereich vorherrschender Ostwinde. Während die Ostwinde normalerweise trocken und beständig sind, bringen die Westwinde meist warme, feuchte und stürmische Luftmassen mit. Wenn solche ozeanischen und klimatischen Störungen über den Pazifik ziehen, werden die Feuchtigkeits- und Wärmeanomalien durch die globale Zirkulation im gesamten Tropenbereich verteilt. Während der Feuchtigkeitsüberschuss aus dem überhitzten Ozean vor allem in der westlichen Hemisphäre der Südlichen Oszillation zu heftigen Regengüssen führt, kommt es in der östlichen Hemisphäre der Südlichen Oszillation zu merklichem Niederschlagsrückgang oder ausgesprochener Trockenheit. Außerhalb der Tropen fallen die Winter in El-Niño-Jahren eher mild, aber umso feuchter aus. Die ozeanischen und meteorologischen Anomalien, die sich zu Anfang einer El-Niño-Episode im Pazifischen Becken bemerkbar machen, werden von den Höhenwinden in der Troposphäre in weite Ferne verfrachtet. So wirken sich die Anomalien im Meer aufs Klima aus, und diese hinwieder auf die biologischen, ökonomischen und sozialen Systeme des angrenzenden Festlandes. Dieses Schema trifft vornehmlich auf die Länder am

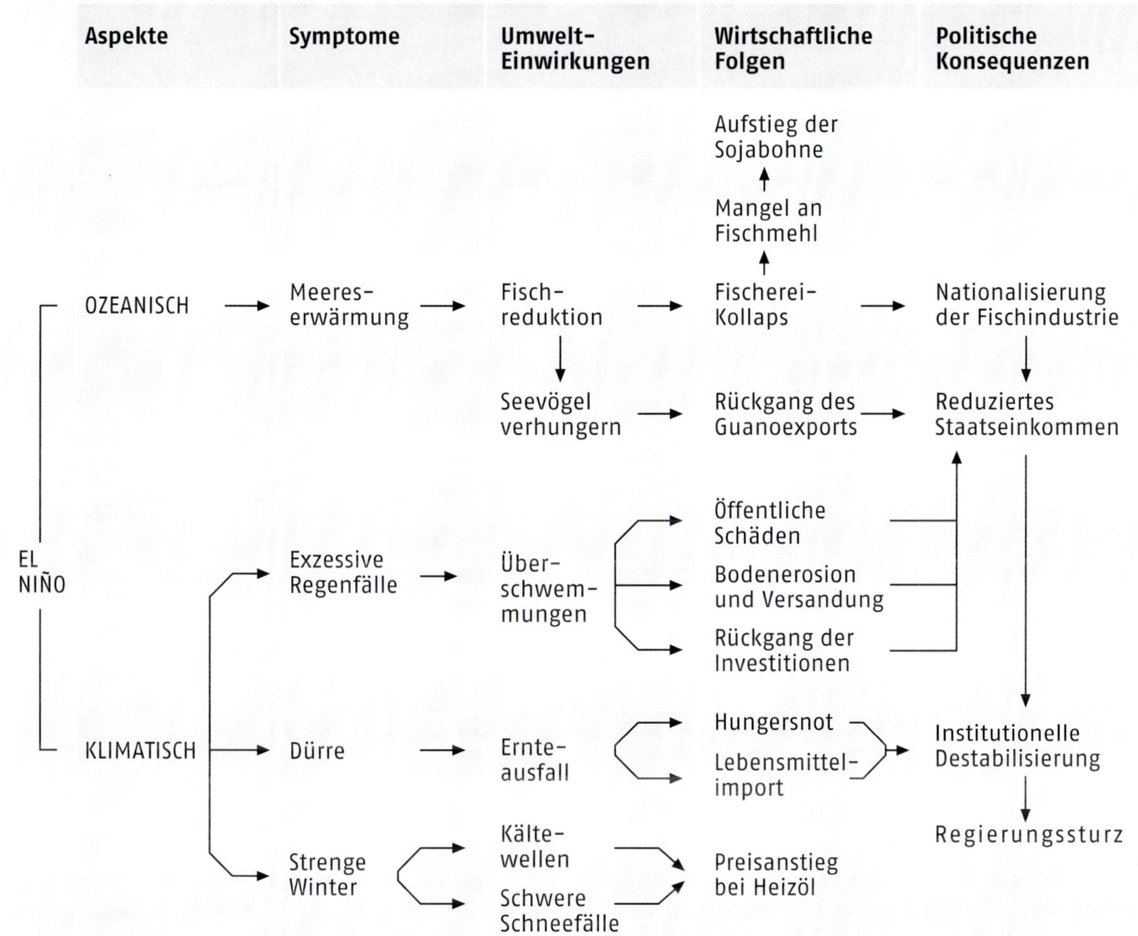

1.11 *Systematische Darstellung der Auswirkungen von El Niño. Die Verflechtungen zwischen den verschiedenen Bereichen lassen sich horizontal verfolgen.*

Ostrand des Pazifiks zu und kann nicht ohne Weiteres auf Asien, Afrika oder Europa übertragen werden. Überall jedoch wird mit jeder Veränderung nicht nur die Umwelt, sondern auch der Mensch in Mitleidenschaft gezogen. Es ist ferner zu berücksichtigen, dass nicht bei jedem El-Niño-Ereignis alle im Schema aufgeführten Bereiche betroffen werden oder dass manche besonders stark und andere kaum merklich beeinflusst werden können.

Schäden in maritimen Ökosystemen

Der Umstand, dass El Niño im Grunde ein ozeanisches Phänomen ist, hat natürlich besonders drastische Auswirkungen auf die Nahrungskette der Meere. Dort verursacht die Erwärmung des Wassers einen Anstieg des Salzgehaltes und eine Reduzierung des Sauerstoff- und Kohlenstoffgehalts - eine lebensbedrohliche Störung für die Hauptnahrung der Fische, das Plankton. In der Folge leiden nicht nur die Fische, sondern auch die Seevögel und die Meeres-Säugetiere und gehen in ihrem Bestand stark zurück.

Diese Entwicklungen wurden 1982–83 mit dem Vormarsch des ozeanischen El Niño nach Osten mit Hilfe von ozeanographischen und meteorologischen Messungen ab Beginn des südhemisphärischen Frühlings genau verfolgt. Ebenso wurden die Verwüstungen, die dieser El Niño anrichtete, dokumentiert: Im Oktober/November spülten Starkregen auf den normalerweise trockenen Äquatorinseln Jarvis, Christmas und Malden die Nester der Seevögel ins Meer, und im Dezember 1982 war man auf den Galápagos-Inseln wegen der hohen Sterblichkeit bei den Seevögeln, Iguanas und Schildkröten alarmiert.

Nicht weniger dramatisch sind die Veränderungen im maritimen Ökosystem. Das ungewöhnlich warme Wasser, das entlang der Küste vordringt,

1.12 *Tropischer Kugelfisch, gefangen in einem El-Niño-Jahr in Paita, Peru.*

1.13 *Trocknen der Gitarrenfische.*

bringt überraschenden Besuch mit sich: Verschiedene Haiarten, Thunfische, Albacore und andere exotische Warmwasserfische, darunter vor allem der stachelige Kugelfisch (Abb. 1.12), der großschuppige Butterfisch und der Höckerfisch, nehmen in El-Niño-Jahren deutlich zu. Besonders beliebt bei den peruanischen Fischern sind der Dorado (*Coryphaena hippurus*) wegen seines festen weißen Fleisches und der Gitarrenfisch, der gerne sonnengetrocknet gegessen wird (Abb. 1.13). Andere Fischarten, die normalerweise nur in der Übergangszone zwischen dem kalten Humboldtstrom und den tropischen Gewässern vorkommen, wie der Mero (ein tropischer Hecht) und der Springfisch, ziehen gen Süden in kühlere Gefilde.

Weiterhin lässt sich eine ungewöhnliche Südwärtsausbreitung von Mollusken und Krustentieren beobachten. Die begehrten Pilgermuscheln (*ostión*), die normalerweise nur in geschützten Buchten zu finden sind, vermehren sich in El-Niño-Jahren explosionsartig und übersäen die Strände Perus (Arntz und Fahrbach 1991). Das Gleiche gilt für bestimmte Krebsarten und Garnelen in Ecuador und Kolumbien. Im Anschluss an die beiden El-Niño-Ereignisse von 1972–73 und 1982–83 entstand in den seichten Meeresbuchten von Ecuador eine neue Industrie: In riesigen Becken begann man Garnelen für den Export nach Nordamerika und Europa zu züchten (Abb. 1.14). Anfangs protestierten allerdings die kleinen Garnelenfischer und die Verschmutzung der Küstengewässer mit künstlichem Futter brachte die Umweltschützer auf den Plan – schließlich wurde die industrielle Produktion auf ein erträgliches Maß zurückgefahren.

Nicht nur vor der Pazifikküste von Südamerika, auch zwischen San Diego und San Francisco und bis hoch nach Cape Mendocino wird das maritime Ökosystem durch ein El-Niño-Ereignis verändert. Während der Episoden von 1982–83 und 1997–98 gingen den kommerziellen Fischern Warmwasserfische wie der exotische Gelbflossenthun, Mahi-Mahi, Springfisch, Marlin und Albacore ins Netz. Bei den Queen-Charlotte-Inseln nördlich von Vancouver (53° N) wurden Schwarze Drückerfische und ähnliche Arten gesichtet. Kalifornische Eidechsenfische und Zungenfische tauchten weit nördlich von ihren warmen Heimatgewässern auf. Andererseits gingen zwischen Nordkalifornien und British Columbia die Lachse deutlich zurück.

Großen Schaden richtet El Niño ferner bei den Korallenkolonien im Pazifik, im tropischen Atlantik und im Indischen Ozean an. Diese wirbellosen Organismen sind sehr empfindlich, was klares Wasser und Temperaturen angeht. Der Anstieg der Wassertemperaturen im Zusammenhang mit El Niño führt zunächst zu einem Ausbleichen (verursacht durch das Absterben der symbiotischen Grünalge Zooxanthella) und im nächsten Stadium zum Massensterben. Dazu nehmen die Hauptfeinde der jungen Korallen überhand – Meeresschnecken und Seeigel –, da das warme Wasser auch die Krustentiere dezimiert, die sich von ihnen ernähren. Die schlimmsten Folgen hat jedoch die Wassertrübung durch die erdreichen Ausschwemmungen bei den Platzregen entlang der Küsten- und Inselränder, denn sie reduziert die Sonneneinstrahlung im Wasser ganz erheblich. Die Zerstörung von Korallenkolonien durch die ENSO-Ereignisse von 1982–83 auf den Galápagos-Inseln wurde auf fast 95 % und an der Pazifikküste von Costa Rica, Panama, Kolumbien und Ecuador auf 70 % bis 95 % geschätzt (Glyn und Colgan 1992).

Der Zusammenbruch der Fischerei

Erst mit dem El-Niño-Ereignis von 1972–73 horchte die industrialisierte Welt auf und richtete den Blick aufs ferne Südamerika: Peru, die damals größte Fischereination der Welt (knapp vor Japan und der Sowjetunion), war in eine ernste Fischereikrise geraten. Seine Hauptanlandungen bestanden aus den etwa 20 cm langen Sardellen (*Engraulis ringens*), die den planktonreichen Humboldtstrom in riesigen Schwärmen durchziehen. In den frühen Jahren des industriell betriebenen Fischfangs verarbeiteten die Fischmehlfabriken an der Küste Perus Tonnen von Fischen innerhalb weniger Stunden. Die Sardellen wurden in riesige Boiler gepumpt und aufgekocht; dann wurde die Masse getrocknet, zu Fischmehl zermahlen und in Plastiksäcke abgefüllt. In den Exporthäfen warteten die Frachtschiffe zum Weitertransport nach Europa, Südafrika und Nordamerika. Im Jahr 1970 betrugen Perus Anlandungen fast 10 Millionen Tonnen. Die Warnungen der Meeresbiologen vor Überfischung wurden nicht beachtet, denn die Gewinne aus dem Fischöl- und vor allem Fischmehlexport füllten die Staatskassen (Instituto del Mar del Perú 1981).

Dann kam El Niño 1972–73. Obwohl dies nicht das größte Ereignis des Jahrhunderts war, so erwies sich seine Wirkung auf die Küstengewässer von Peru als besonders gravierend. Im Jahr zuvor hatten die Sardellenfänge die Rekordmenge von 12 Millionen Tonnen erreicht, und als nun die durch jahrelange Überfischung geschwächten Bestände auch noch den El-Niño-bedingten warmen Wassertemperaturen ausgesetzt wurden, waren sie plötzlich verschwunden. Fischerboote kehrten unverrichteter Dinge in die Häfen zurück, die Seevögel und die Meeressäuger an der Küste verhungerten. Im Jahr 1973 habe ich persönlich das Elend gesehen: Die Fischmehlfabriken standen still, die Schiffe lagen müßig vor Anker und die Strände waren übersät mit toten Vögeln und Robben.

1.14 *Garnelen zum Verkauf am Kai von Paita.*

Von den für 1970 auf 27,5 Millionen geschätzten Seevögeln überlebten nur etwa 1,8 Millionen die Katastrophe. Zehn Jahre später schätzte man die Vogelpopulation wieder auf 8 Millionen, doch im Laufe des nächsten Jahrzehnts überstieg sie die 10-Millionen-Grenze nicht mehr. Von besonderer Bedeutung sind die Kormorane (*guanay*) auf den kleinen Felseninseln vor der Küste. Sie sind die Produzenten des begehrten Guano-Düngers, der Mitte des 19. Jahrhunderts eines der wichtigsten Exportgüter von Peru war.

Neben dem Aussterben der Sachalin-Sardinen in den 1920er Jahren und dem Kollaps der pazifischen Sardinenfischerei von Kalifornien in den 1940er Jahren war die Katastrophe in Peru eine der schlimmsten in der Geschichte der Weltfischerei. Das Ausmaß zeigt sich in folgenden Zahlen: 1973 betrugen Perus Anlandungen nicht mehr als 2,3 Millionen Tonnen, die von Chile sogar nur 668 000 Tonnen (Abb. 1.15).

Während sich Perus jährliche Fischfänge in den Jahren zwischen den beiden El-Niño-Ereignissen von 1973 und 1983 weiterhin im 2-Millionen-Tonnen-Bereich bewegten, ging Chile einen anderen Weg. Nach anfänglichem Berufsverbot schwenkten die Fischer auf die größere Makrele und auf Sardinen um. Diese beiden Arten sind in den kalten Ge-

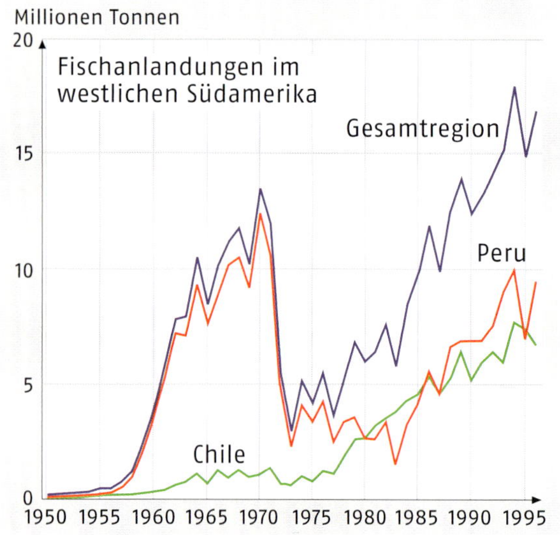

1.15 *Jährliche Fischanlandungen im westlichen Südamerika, 1950 – 1996.*

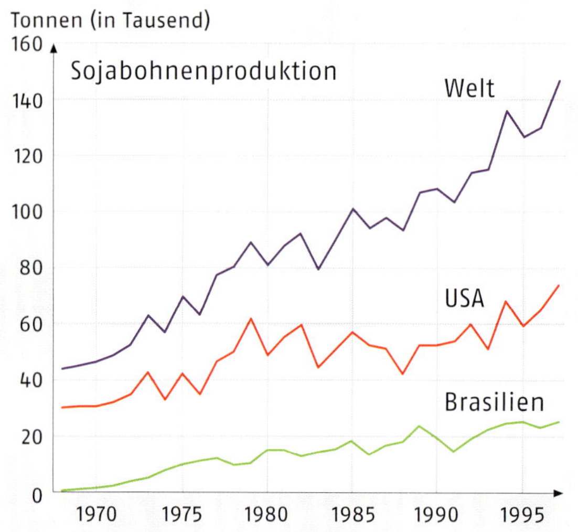

1.16 *Sojabohnenerträge der Hauptproduzenten der Welt.*

wässern der subtropischen Breiten von Südamerika reichlich vorhanden und bald hatte Chile die Peruaner, die 1983 auf ihr absolutes Minimum abgesunken waren, überholt. Mit Peru ging es erst wieder aufwärts, als man sich ebenfalls auf Makrelen und Sardinen konzentrierte.

Zu Beginn der 1990er Jahre hatte sich der Sardellenbestand so weit erholt, dass das Fischereiverbot für die kommerziellen Unternehmen aufgehoben werden konnte. Im Laufe dieses Jahrzehnts fanden einige interessante Entwicklungen in der Weltfischerei statt, als deren Auslöser man El Niño betrachten kann. Nachdem die wiederholten Warmwasserepisoden im tropischen Pazifik während der 1980er Jahre die Anlandungen deutlich gedrückt hatten, näherten sich 1990 die gesamten Jahresfänge der Hauptbetroffenen, Peru, Chile und Ecuador, dem Rekordwert von 14 Millionen Tonnen. 1994 wurden aus den kühlen Wassern des Humboldtstroms sogar insgesamt 18 Millionen Tonnen Fische gezogen, ein Volumen, das zwanzig Jahre vorher undenkbar gewesen wäre. Peru kletterte wieder zurück in die führende Position, die es in den 1960er Jahren innegehabt hatte, und Chile sicherte sich den dritten Platz unter den Fischereinationen der Welt. Der neueste Stand zeigt China an zweiter Stelle und Japan hinter Chile. In diesem Zusammenhang sollte man sich allerdings vergegenwärtigen, dass – während Chile und Peru ihre Aktivitäten auf die eigenen Küstengewässer beschränken – sich die Chinesen und Japaner weit außerhalb ihrer territorialen Gewässer an den Ressourcen der Allgemeinheit vergreifen.

Das wechselhafte Schicksal der Fischerei an der Westküste Südamerikas ist ein deutliches Beispiel für die verstärkende Wirkung einer natürlichen Katastrophe, wie El Niño, wenn sie mit menschlicher Gier und Mangel an Voraussicht, in diesem Falle der Überfischung, zusammentrifft.

Der Zusammenbruch der Sardellenfischerei an der Westküste von Südamerika hatte eine unerwartete Nebenwirkung für die globale Landwirtschaft. Als plötzlich das eiweißhaltige und relativ billige Fischmehl nicht mehr als Viehfutter auf die Weltmärkte kam, musste dringend Ersatz gefunden werden – und das war die Sojabohne. 1974 schnellte die Nachfrage nach dieser damals relativ seltenen Hülsenfrucht so in die Höhe, dass ein Rekordpreis von $ 275 pro Tonne gezahlt wurde. Doch es dauerte nur wenige Jahre, bis die Produktion angekurbelt und der Markt gesättigt war, was natürlich den Preis senkte. Hatten bis 1973 die Vereinigten Staaten zwei Drittel der Sojabohnen produziert, so sind inzwischen weitere Agrarländer in die Bresche gesprungen, unter ihnen Brasilien, das heute an zweiter Stelle steht (Abb. 1.16). Nachdem sich die Fischereiindustrie im westlichen Südamerika inzwischen erholt hat, ist die Sojabohne heute als Ersatz für tierisches Eiweiß auch in der menschlichen Nahrung immer mehr gefragt. Ihr Anbau ist besonders in Brasilien, Australien und Kanada in die Höhe geschnellt und nimmt jetzt auf dem Weltmarkt die vierte Stelle hinter Weizen, Reis und Mais ein. Die geschilderte Entwicklung zeigt, wie eine von El

Niño verursachte ökologische Krise zu einer globalen Verschiebung von Schwerpunkten in der Agrarwirtschaft geführt hat.

Andere Begleiterscheinungen von El Niño

Zu den klimatischen Folgen von El Niño zählen der heftige Regen sowohl in Peru, Ecuador und Chile als auch die Unwetter vor der Küste von Kalifornien, Oregon und Washington sowie in Louisiana und Nordflorida. Dass die dadurch ausgelösten Überschwemmungen vor allem in Südamerika schnell zur Verseuchung des Trinkwassers führen, ist kaum zu verwundern, ebenso dass 1972–73, 1982–83 und 1997–98 in den Flussoasen von Nordperu Typhus, Ruhr, Hepatitis sowie Magen- und Darminfektionen grassierten. Im ariden Nordperu wurden Mais- und Bohnenfelder, Baumwoll- und Zuckerplantagen praktisch weggeschwemmt oder unter Flussschlamm begraben (Abb. 1.17). Normalerweise unbedeutende Rinnsale schwollen zu reißenden Strömen an und zerstörten Häuser, Brücken, Straßen und Trinkwasseranlagen. Blockierte Abwasserkanäle entleerten sich in Bäche und Flüsse und verseuchten Brunnen; in den dicht bevölkerten Flussoasen von Südecuador und Nordperu brachen Cholera und Typhus aus. Schädlinge aus den tropischen Tiefländern am Golf von Guayaquil und aus dem Regenwald im Osten drangen in die Küstenregionen von Nordperu vor. Besonders gefürchtet waren der *latigazo* („Peitschenhieb"), ein sonst seltener Tausendfüßler, der schmerzhafte Hautwunden zufügt, und die *Leishmaniase*, eine gefährliche Hautinfektion, die von Sandfliegen hervorgerufen wird. Auf dem Höhepunkt des El Niño 1983 tummelten sich Ochsenfrösche aus den feuchten Niederungen von Ecuador und Ostperu in den überschwemmten Straßen und Parks von Nordperu. Nach dem Nachlassen des Regens sind sie dann elend eingegangen. Während der El-Niño-Ereignisse von 1972–73, 1982–83 und 1997–98 tauchten Reiher in Sümpfen und Seen auf, die sich über Nacht in sonst öden Landstrichen gebildet hatten.

Die Regenexzesse führen auch zu Bodenerosion und Verschlammung von landwirtschaftlich genutztem Land, wenn mit Sedimenten überladene Flüsse über die Ufer treten. In der Küstenregion von Peru verschwinden ganze Zuckerrohr-, Baumwoll- und Maisfelder im Schlamm und es dauert Jahre, bis der Boden wieder nutzbar ist.

1.17 *Unter Flussschlamm verschüttetes Ackerland bei Lambayeque, Peru.*

Eine weitere Folgeerscheinung sind Erdrutsche (in Peru *huaicos* genannt), die Straßen zerstören und somit die betroffenen Gemeinden von ihrer oftmals einzigen Verbindung zur Außenwelt abschneiden. Während El Niño 1997–98 wurden im Westen Ecuadors und in Nord- und Mittelperu die Verbindungsstraßen zwischen dem Küstenflachland und dem dicht bevölkerten Hinterland weggespült. Es dauerte Wochen, bis Hilfe über improvisierte Umwege zu den Betroffenen gelangen konnte.

Der Regenüberschuss in El-Niño-Jahren hat aber auch sein Gutes: In den Flussoasen von Peru und Nordchile, deren Wasserversorgung aus den Schneefeldern in den hohen Anden kommt, füllt der El-Niño-Regen die chronisch knappen Vorräte auf. Die direkte Wirkung des Regens zeigt sich in einer vorübergehenden Ausdehnung der natürlichen Grasflächen, was der Viehwirtschaft zugute kommt, die normalerweise auf bewässerte Weiden beschränkt ist.

Was die globale Zirkulation anbelangt, so erstreckt sich der Einfluss von El Niño über viele Längen- und Breitengrade hinweg und sorgt für einen Ausgleich zwischen den verschiedenen Luftdruckgebieten in der Atmosphäre: Wird in einer Region ein Überschuss an Wärme und Feuchtigkeit erzeugt, dann reagieren andere Regionen mit kühlerem und trockenerem Wetter.

Diese Zusammenhänge wurden erst Anfang der 1970er Jahre entdeckt, als den Wissenschaftlern auffiel, dass die immer wiederkehrenden Dürren in gewissen Regionen außerhalb des pazifischen Raumes in auffälliger Weise mit El-Niño-Ereignissen im Pazifik zusammenfielen. Zu den periodisch von Hungersnöten geplagten Regionen gehören die Hochplateaus von Südperu und Bolivien (*altiplano*), der trockene „Höcker“ von Südamerika (*noreste*), das Innere Australiens, die indonesischen Inseln, Indien, Äthiopien, der Sudan und Tschad sowie Südafrika. Dort tritt der Wassermangel vor allem im nordhemisphärischen Frühjahr und Sommer nach einem El Niño auf, so dass die Saat gar nicht erst aufgeht oder kümmerlich ausfällt. Die Viehwirtschaft in diesen Gebieten erleidet solch dramatische Verluste, dass oftmals das Überleben der Gemeinden in Frage gestellt ist. In den 1960er und 1970er Jahren sahen sich die Sowjets durch das El-Niño-bedingte Ausbleiben des Sommerregens gezwungen, Weizen aus westlichen Ländern wie Kanada, den Vereinigten Staaten und Argentinien einzuführen. Im Sahel löste die verheerende Dürre von 1973–75 die Flucht von Tausenden von Hirten-Nomaden über die durchlässigen Grenzen in die Nachbarländer aus, wo sie von skrupellosen Kriegsherren um Lösegeld erpresst oder als Sklaven an andere kriegerische Stämme verkauft wurden. In Äthiopien wurde Kaiser Haile Selassie von dem kommunistischen Militär unter dem Vorwand der Befreiung gestürzt. Anhand solcher politischer Folgeerscheinungen lässt sich der enorme Einfluss eines El Niño auf die Menschen ermessen.

Ganz andere erstaunliche Begleiterscheinungen von El Niño hat der deutsche Zoologe Arnim Addis am Amazonas beobachtet. Dort in den weiten Niederungen, wo die Nebenflüsse und Querkanäle in der Hauptregenzeit (März bis August) massiv über die Ufer treten, haben die Spinnen und Käfer einen Spürsinn für Feuchtigkeitsschwankungen entwickelt: Schon vor Eintreffen des Regens klettern diese Tiere an den Baumstämmen hoch, um sich in Sicherheit zu bringen. In El-Niño-Jahren geht der Niederschlag im mittleren Amazonasbecken zurück und die Regenzeit, wenn sie nicht überhaupt ausbleibt, dauert nur von April bis Juni. Addis stellte fest, dass in solchen Jahren die Insekten später als sonst mit ihrer Kletterei nach oben anfangen und dass sie nicht so hoch klettern, womit er einen erstaunlichen Zusammenhang zwischen diesem instinktiven Verhalten und ENSO aufgedeckt hat (Addis und Latif 1996).

Im Jahr 1993 wurde man auf eine andere biologische Verbindung mit El Niño aufmerksam. In der Hanta Navajo Reservation im „Vierstaateneck“ der USA (New Mexico, Colorado, Arizona und Utah) und später auch in anderen ariden Südweststaaten kam es zu Todesfällen durch einen aggressiven Virus. Dieser *Hanta-Virus*, der sich in den ausgetrockneten Exkrementen der Rotwildmäuse oft in leer stehenden Gebäuden findet, dringt in die Atemwege ein und führt innerhalb weniger Tage zum Tod. Im Anschluss an die ungewohnten El-Niño-Regenfälle in dem sonst ariden Südwesten der USA im Winter 1992–93 war es bei den Nagetieren, die sich von Gräsern und Sukkulenten ernähren, zu einer wahren Bevölkerungsexplosion gekommen. Im Zuge von El Niño 1997–98 trat der Hanta-Virus auch in Nordchile, den südbolivianischen Hochländern und in Nordwestargentinien auf, alles aride Gegenden, in denen sich infolge der heftigen El-Niño-Regen die Nager ebenfalls stark vermehrt hatten. Der Virus, der ausschließlich von Mäusen übertragen wird, ist auch aus Osteuropa und den kalten Steppen Asiens schon seit dem Mittelalter bekannt. Doch beim Hanta-Virus, der nun an verschiedenen, weit voneinander entfernten Orten in der Neuen Welt aufgetaucht ist, scheint es sich um eine durch El Niño ausgelöste Abart zu handeln. Auf alle Fälle ist nicht zu bestreiten, dass El Niño auch biologische Auswirkungen hat, ein Gedanke, auf den man früher nie gekommen wäre.

Auf der Suche nach El Niño in der Vergangenheit

Der Mensch ist äußerst anpassungsfähig und einfallsreich. Neue Erfindungen sind im Nu in den Alltag übernommen und wir werden der Neuheiten nicht müde, mit der die moderne Technik voraneilt. So haben wir uns auch daran gewöhnt, das Wettergeschehen am Bildschirm zu verfolgen, und Begriffe wie Temperatur, Luftfeuchtigkeit, Taupunkt, Niederschlag, Windgeschwindigkeit oder Luftdruck sind heute einfach notwendige Informationen, die wir für die Planung unserer Aktivitäten brauchen.

Die verschiedenen Wetterwerte werden in regelmäßigen Abständen mit meteorologischen Instrumenten gemessen und dann Durchschnittswerte für Wochen, Monate oder Jahre ermittelt. Diese *instrumentalen Zeitreihen*, die positive oder negative Trends aufweisen, sind allerdings relativ neuen Datums. Zwar hatten die Wissenschaftler des 18. Jahrhunderts ihre Notwendigkeit schon erkannt, doch zunächst erfolgten die Messungen noch nach unterschiedlichen Methoden und Maßstäben. Miteinander vergleichbare Werte gibt es erst seit Anfang des 19. Jahrhunderts, das heißt, die längsten instrumentalen Reihen umspannen kaum zwei Jahrhunderte und das auch nur in den fortschrittlichen Ländern Europas. Natürlich hat es überall in der Welt schon immer Menschen gegeben, die – vom Wetter fasziniert – ihrer Nachwelt viele nützliche Wetterbeobachtungen hinterlassen haben.

Dieses Kapitel gibt einen Überblick über die verschiedenen Möglichkeiten, wie Klima und Klimaschwankungen erfasst und beschrieben wurden, und erforscht Alternativen, mit denen indirekte Informationen über Wetter in der Vergangenheit gewonnen und zur Ergänzung der Klimareihen verwendet werden können. Durch eine Kombination von historischen Quellen und Instrumentenmessdaten lässt sich zurückverfolgen, wann und unter welcher Form *Klimakrisen* auftraten und welches ihre Auswirkungen auf die Menschheit waren.

An dieser Stelle soll auf den Unterschied zwischen „Klimakrise“ und „Klimakatastrophe“ hingewiesen werden. Bei „Krise“ handelt es sich um extreme Bedingungen, die die Grenzen der Belastbarkeit eines Natursystems testen: Wenn zum Beispiel Gebiete, die nicht an viel Regen gewöhnt sind, von starken El-Niño-Regen heimgesucht werden, dann leiden Mensch und Natur. Von „Katastrophe“ spricht man, wenn die Belastbarkeitsgrenze eines Natursystems überschritten wird. „Klimaschwankungen“ schließlich sind Variabilitäten, die über längere Zeit von der Norm abweichen.

Was die Instrumentenmessungen nicht zeigen

Im ersten Kapitel wurden die Veränderungen in den Meeren und in der Atmosphäre während El-Niño- und La-Niña-Episoden erörtert, welche sich anhand von verlässlichen Messungen der Niederschläge, des Luftdrucks und der Luft- und Meereswassertemperaturen nachweisen lassen. Mit diesem Vorgehen ist man jedoch zeitlich sehr eingeengt, da präzise und kontinuierliche Messungen von Lufttemperaturen und Regenfällen in Peru, Ecuador und Chile selten mehr als 150 Jahre zurückreichen. Dazu ist La Niña an der Westküste von Südamerika besonders schwer zu erkennen, da sich die damit verbundenen kühl-trockenen Bedingungen kaum von den gewöhnlichen trockenen Verhältnissen in den ariden und semiariden Küstenstrichen von Nordchile, Peru und Südecuador unterscheiden. Ein La-Niña-Vorkommen kann deshalb eigentlich nur im Falle eines Zusammentreffens von trockenen Jahren und kalten Meeresoberflächentemperaturen einigermaßen zuverlässig nachgewiesen werden, und dafür sind die vorhandenen Datenreihen einfach zu kurz.

Damit stellt sich die Frage: Wie steht es um das Ausmaß und die Genauigkeit der Messungen der Meeresoberflächentemperaturen an der Westküste Südamerikas? Die ersten Spanier, die nach Mittelperu kamen, waren erstaunt, dass der Ozean in diesen tropischen Breiten so kalt war. Der Jesuitenpater Joseph de Acosta (1582), einer der frühesten kritischen Beobachter der Neuen Welt, berichtete, dass in der Bucht von Callao – das ist der Hafen von Lima – die Seeleute ihre Weinflaschen zur Abkühlung ins Wasser hängten! Alexander von Humboldt, der die Gegend um 1802–03 bereiste, war auch erstaunt, wie kühl das Wasser in diesen äquatorialen Breiten war. Er führte seine eigenen Messungen vor der Küste von Peru durch und versuchte, die Ausdehnung dieses kalten Stroms festzustellen. Danach hat der Humboldt- oder Perustrom noch viele Generationen von Naturforschern und Wissenschaftlern fasziniert, doch deren sporadische Messungen sind nicht besonders dienlich.

Kontinuierliche Messungen der Oberflächentemperaturen des Meeres gibt es erst seit Ende der 1920er Jahre, als Messstationen in Puerto Chicama und Callao in Peru, in Valparaíso und Iquique in Chile sowie in La Libertad in Ecuador eingerichtet wurden. Draußen im offenen Meer unternahmen ozeanographische Expeditionen, wie die der *Carnegie* (Svendrup 1931) und der *William Scoresby* (Gunther 1936), Luft- und Wassermessungen, doch das war nur von 1928 bis 1931.

Im Hinblick auf so kurze Messreihen – im klimatischen Bereich für knapp 150 und im ozeanischen Bereich für kaum 80 Jahre – musste nach Ersatzdaten (*Proxydaten*) gesucht werden, in unserem Fall in historischen und anekdotischen Werken oder in Archiven, die ähnlich ungewöhnliche klimatische und ozeanographische Bedingungen erwähnen wie sie uns aus den gegenwärtigen El-Niño- und La-Niña-Episoden bekannt sind. Damit kann man die durch Instrumentenmessreihen auferlegten zeitlichen Beschränkungen umgehen und nach Anzeichen für Umweltkrisen in der Vergangenheit forschen. In den alten Dokumenten aus der Kolonialzeit ist oft das menschliche Leid festgehalten, das damals aus den Unwettern, Überschwemmungen oder Dürrezeiten resultierte. Auch die Aufzeichnungen von Ernteausfällen, dem Verlust von Hab und Gut, von Ungezieferbefall, von Bränden und Epidemien können als Hinweise auf ein El-Niño- oder La-Niña-Vorkommen aus der Zeit gewertet werden, als es noch keine zuverlässigen Messungen gab.

Wie gesagt, die exakten wissenschaftlichen Beobachtungen und Messungen über die weltweiten Auswirkungen der veränderten ozeanischen und atmosphärischen Verhältnisse, über die wir verfügen, sind nicht sehr alt. Es ist deshalb notwendig, so viel indirektes Beweismaterial wie möglich zusammenzutragen und damit Reihen aufzustellen, die lang genug sind, um Aussagen über Ausmaß und Häufigkeit der unnormalen Episoden machen und sie mit ähnlichen Besonderheiten in anderen Teilen der Welt vergleichen zu können.

In der ersten Hälfte des 16. Jahrhunderts wussten die Europäer noch sehr wenig über die Pazifikküste von Nord- und Südamerika. Die spanischen Niederlassungen lagen weit voneinander entfernt und genügten kaum den primitivsten Ansprüchen: An wissenschaftlichen Beobachtungen hatte die ums Überleben kämpfende Pioniergesellschaft kein Interesse. Nur ein paar „Chronisten der Indies“ – wie sie sich nannten – brachten ihre Beobachtungen in dieser fremden Neuen Welt zu Papier. Natürlich fielen darunter vor allem die Furcht erregenden, episodisch auftretenden Stürme, Platzregen, Überschwemmungen und Bergrutsche, die wir heute El Niño zuschreiben. In dem Maße, in dem die Pazifikküste im Laufe der Zeit stärker besiedelt wurde und die einzelnen Orte an Struktur und Funktion gewannen, wurde auch mehr Beobachtungsmaterial gesammelt, welches heute ein wertvolles Zeugnis für das Auftreten von früheren El-Niño- und La-Niña-Ereignissen darstellt.

Es ist nicht genau bekannt, seit wann die Fischer in Peru die Erwärmung ihrer Küstengewässer zu Anfang des Sommers und die sie begleitenden heftigen Regengüsse als *El Niño* zu bezeichnen begannen. Ich selbst habe mehrere peruanische Historiker befragt, doch keiner von ihnen wusste, ob der Begriff schon zu kolonialen Zeiten im Umlauf war. Zum ersten Mal schriftlich festgehalten ist *El Niño* in Berichten über die katastrophalen Auswirkungen des besonders starken Ereignisses im Jahr 1891 in den halbwegs wissenschaftlichen Arbeiten der Peruaner Luis Carranza (1891), Víctor Eguigurén (1894) und Camilo Carrillo (1892).

Als ersichtlich wurde, dass die normalerweise trockene Gegend von Nordperu in gewissen Abständen von extremen El Niños heimgesucht wird, die dort die Temperaturen der Küstengewässer in die Höhe treiben, haben sich Naturwissenschaftler seit 1980 bemüht, einen Zeitplan für vergangene El Niños aufzustellen. Sie durchkämmten historische Quellen und Archive nach Hinweisen auf Umweltveränderungen, die mit den Anzeichen heutiger El-Niño-Vorkommen übereinstimmen wie Regengüsse, Überschwemmungen, Ernteverluste sowie die Zerstörung von Wohnstätten, Straßen, Brücken und Bewässerungskanälen. Ein solcher Hinweis waren zum Beispiel Anträge von Kleinbauern auf Beihilfe und von Plantagenbesitzern (Zucker, Baumwolle oder Kakao) auf Steuernachlass bei den Autoritäten in Lima wegen Missernten. Obwohl das Wort *El Niño* damals nicht auftaucht, kann man einigermaßen sicher sein, dass es sich bei vielen der als Grund für die schlechten Ernten angeführten Wetterkatastrophen um El-Niño-Manifestierungen gehandelt haben dürfte, und ihr Auftreten lässt sich somit im Nachhinein aufs Jahr genau bestimmen.

Basierend auf der Auswertung der gesamten Literatur über Naturkatastrophen stellte William H. Quinn, Ozeanograph an der Oregon State University, zusammen mit Victor T. Neal und dem peruanischen Historiker Santiago E. Antúnez de Mayolo eine Liste der El-Niño-Ereignisse von 1541 bis 1983 auf (Quinn et al. 1987). Die Liste stützt sich auf direkte oder indirekte Hinweise zu ungewöhnlich regenreichen Jahren, die in Nord- und auch Zentralperu zu Überschwemmungen führten, wie sie in Abhandlungen der zuvor genannten „Chronisten der Indies" oder in Reiseberichten zu finden sind. Berücksichtigt wird hauptsächlich die Primärregion des El-Niño-Phänomens, das heißt Nordperu, weshalb keinesfalls der Versuch gemacht werden darf, diese Liste mit Klimakatastrophen aus anderen Regionen zu vermischen oder vervollständigen zu wollen. Die Quinn-Chronologie gilt als der Maßstab für die vergangenen El Niños im Pazifikraum und auch deren Auswirkungen auf anderen Kontinenten.

Im Hinblick darauf, dass der ozeanische El Niño und besonders die weiter verbreiteten ENSO-Erscheinungen Schwankungen im Pazifischen Ozean sind, soll man die primären und relevantesten Auswirkungen natürlich in den pazifischen Randgebieten suchen, bevor man in die Ferne schweift. Da allerdings die heutigen El Niños zweifellos starke Auswirkungen auf die „östliche Hemisphäre" der Südlichen Oszillation (Asien, Australasien und Indien) haben, war man bemüht, Proxyreihen zu untersuchen und herauszufinden, ob die Variationen zu diesen Zeiten im Zusammenhang mit den El-Niño-Episoden in der „westlichen Hemisphäre" (Südamerika) der Südlichen Oszillation standen.

Den bis heute erfolgreichsten Versuch stellt die Arbeit der Australier Whetton und Rutherford (1994) dar, die sich auf die Fluthöhen des Nils, einen Niederschlagsindex aus dem Norden Chinas, eine Chronologie der Dürren und Hungersnöte aus Indien und auf die Auswertung von Teakholz-Baumringen auf Java stützt. Dabei reichen einige dieser Reihen zurück bis 1525, während andere doch recht lückenhaft sind. Immerhin verdeutlichen die unnormalen Witterungsgeschehen, die die beiden ausfindig gemacht haben, das Bild von dem, was auf der anderen Seite des Pazifiks passierte, wenn die Küste Südamerikas von El Niños heimgesucht wurde, und sind somit der früheste Beweis für ENSO-Auswirkungen in Gebieten, die nicht zu den Primärregionen von El-Niño-Manifestierungen gehören.

In den folgenden Kapiteln werden Klimaanomalien in vielen Teilen der Welt auf ihren Zusammenhang mit El-Niño-Episoden untersucht. Als Datengrundlage verwende ich die Quinn-Chronologie und andere Listen, darunter diejenige, die ich im Jahr 1991 zusammen mit Peter Waylen aufgestellt habe und die auch extreme Dürrejahre im Küstenbereich von Peru und in Mittelchile enthält und in denen, wie wir heute wissen, La-Niña-Ereignisse stattfanden.

Zur Anwendung eines aktualistischen Ansatzes

In Anbetracht der Umweltschäden, die die heutigen El-Niño- und La-Niña-Ereignisse nicht nur in den Tropen, sondern auch in weiten Teilen der restlichen Welt anrichten, fragt man sich, wie die Menschen früher mit solchen Krisen fertig wurden, als es noch keine systematischen Beobachtungen, Frühwarnungen oder Vorbeugungsmaßnahmen gab. Damals waren die Menschen der Willkür des Wetters in weit größerem Maße ausgeliefert.

Projiziert man unsere heutigen Erfahrungen in die Vergangenheit, so gelangt man zu dem Schluss, dass Naturkatastrophen ähnlicher Art wie die, die wir heute auf El Niño zurückführen, damals auch von ähnlichen atmosphärischen und ozeanischen Prozessen hervorgerufen wurden. Dieser *aktualistische Ansatz*, in dem die Beziehung zwischen Ursache und Wirkung verstanden und in die Vergangenheit projiziert wird, erlaubt eine akzeptable Interpretation früherer Umweltkatastrophen.

Unter *Klima* versteht man den durchschnittlichen Zustand der Atmosphäre, der allerdings Jahr für Jahr gewissen Veränderungen (*interannualen Variationen*) unterliegt. Dabei ist – im Hinblick auf die zum Überleben notwendige Lebensmittelproduktion – reichlich Niederschlag guten Jahren gleichzusetzen, während Niederschlagsmangel, extreme Hitze oder unzeitgemäße Fröste magere Jahren erwarten lassen. Wenn solche Abweichungen von der Norm mehrere Jahre hintereinander vorkommen oder sich als Vorläufer einer grundsätzlichen Klimaschwankung häufen, spricht man von *interdekadalen Variationen*.

Die durch solche Abweichungen von der Norm hervorgerufenen Umweltkatastrophen erleben wir in letzter Zeit vor allem in dicht besiedelten Flusstälern und an den Meeresküsten der Nordhalbkugel, aber noch vernichtender in den tropischen Gebieten der Dritten Welt und auf der Südhalbkugel.

Im Vergleich mit der zuverlässig dokumentierten europäischen Klimageschichte ist die historische Umweltforschung im speziellen Bereich der El-Niño-Einflüsse dürftig und zusammenhangslos. Das vorliegende Buch trägt Informationen aus aller Welt über klimatische Umweltkrisen der Vergangenheit zusammen, die durch El Niños bedingt gewesen zu sein scheinen. Der Autor hofft, dass der Leser angeregt wird, auch bei seiner eigenen Lektüre auf versteckte Hinweise auf solche El-Niño-Anzeichen zu achten.

Die nächsten Abschnitte befassen sich mit frühen Berichten über extreme Wettergeschehen, die unseren Erfahrungen mit den heutigen El-Niño-Ereignissen an der Küste Südamerikas entsprechen, um den Nachweis der Kontinuität eines Phänomens zu erbringen, das im östlichen Pazifikbereich so markant ist.

Hatte bei der Eroberung des Inkareichs El Niño seine Hand im Spiel?

In der Eroberungsgeschichte der Neuen Welt stechen zwei Ereignisse besonders hervor: die Eroberung des Aztekenreichs in Mexiko durch Hernán Cortez im Jahr 1519 und die Unterwerfung der Inkas in Peru durch Francisco Pizarro im Jahr 1532. Ohne Cortez' „Verdienst" zu schmälern kann man sagen, dass im Hinblick auf die natürlichen Hindernisse, die es zu überwinden galt, und auf die klimatischen Unbilden, denen er und seine Männer trotzten, Pizarros „Erfolg" der erstaunlichere war. Erst beim dritten Versuch im Jahr 1532 erreichte der Eroberer das legendäre Land *Birú*, von dessen Gold- und Silberschätzen die Indianer erzählten. Die beiden ersten Versuche 1524 und 1525–26 waren an den äquatorialen Stürmen, starken Gegenwinden und der unerträglich feuchten Hitze vor der Küste von Kolumbien und Ecuador gescheitert.

In hitzigen Debatten wird bis heute diskutiert, ob Pizarros Vorstoß ins Inkareich bei ausnahmsweise feuchtem Wetter in einem normalerweise sehr trockenen Gebiet stattfand oder ob es sich bei den heftigen Regengüssen und angeschwollenen Flüssen, von denen Francisco de Jerez, einer von Pizarros Leuten, berichtet, um einen Irrtum handelt, denn dieser hatte seinen Bericht erst Jahre später verfasst.

Vor über hundert Jahren sah sich der amerikanische Geologe Sears (1895) die Auswirkungen des El Niño 1891 in Peru genauer an. Dabei gelangte er zu der Vermutung, Pizarros zweiter Vorstoß bis nach Tumbes im Jahr 1525–26 und der erfolgreiche dritte im Jahr 1531–32 seien wahrscheinlich durch Wetterverhältnisse begünstigt worden, wie sie heute von einem El Niño ausgelöst werden.

Beim ersten Versuch, das sagenumwobene Birú zu finden, stach Pizarro im Jahr 1524 in See, kehrte aber Monate später unverrichteter Dinge zurück. Wegen der starken Gegenwinde aus Südost, die im äquatorialen Pazifik vor der Küste Südamerikas wehen, war er nur bis zum Río San Juan in Kolumbien (6° N) gekommen (Abb. 2.1). Der zweite Versuch im Jahr 1525–26 war schon erfolgreicher: Die Schiffe passierten den Golf von San Mateo im Norden Ecuadors und den Golf von Guayaquil und erreichten die indianische Stadt Tumbes in Nordperu. Dieser Vorstoß bis 4° südlicher Breite lässt vermuten, dass die Schiffe diesmal den Wind im Rücken hatten. Tatsächlich werden in El-Niño-Jahren von den Tiefs, die sich dann über dem warmen äquatorialen Pazifik bilden, Nordwinde aus dem subtropischen Atlantik angesaugt.

Die dritte Expedition verließ Panama im Sommer 1531. Diesmal hielten sich die Schiffe auf offenem Meer fernab von der Küste und legten die 500 Meilen bis zum Golf von San Mateo in nur 18 Tagen zurück. Auch in diesem Jahr müssen sie den Wind im Rücken gehabt haben und wieder müssen ungewöhnliche Wetterbedingungen im äquatorialen Pazifik geherrscht haben. In der Bucht von San Mateo wechselte die Expedition aufs Land über und erreichte den Golf von Guayaquil Anfang 1532. Die Männer hatten sich durch ein von Extremregen unpassierbar gewordenes Gelände vo-

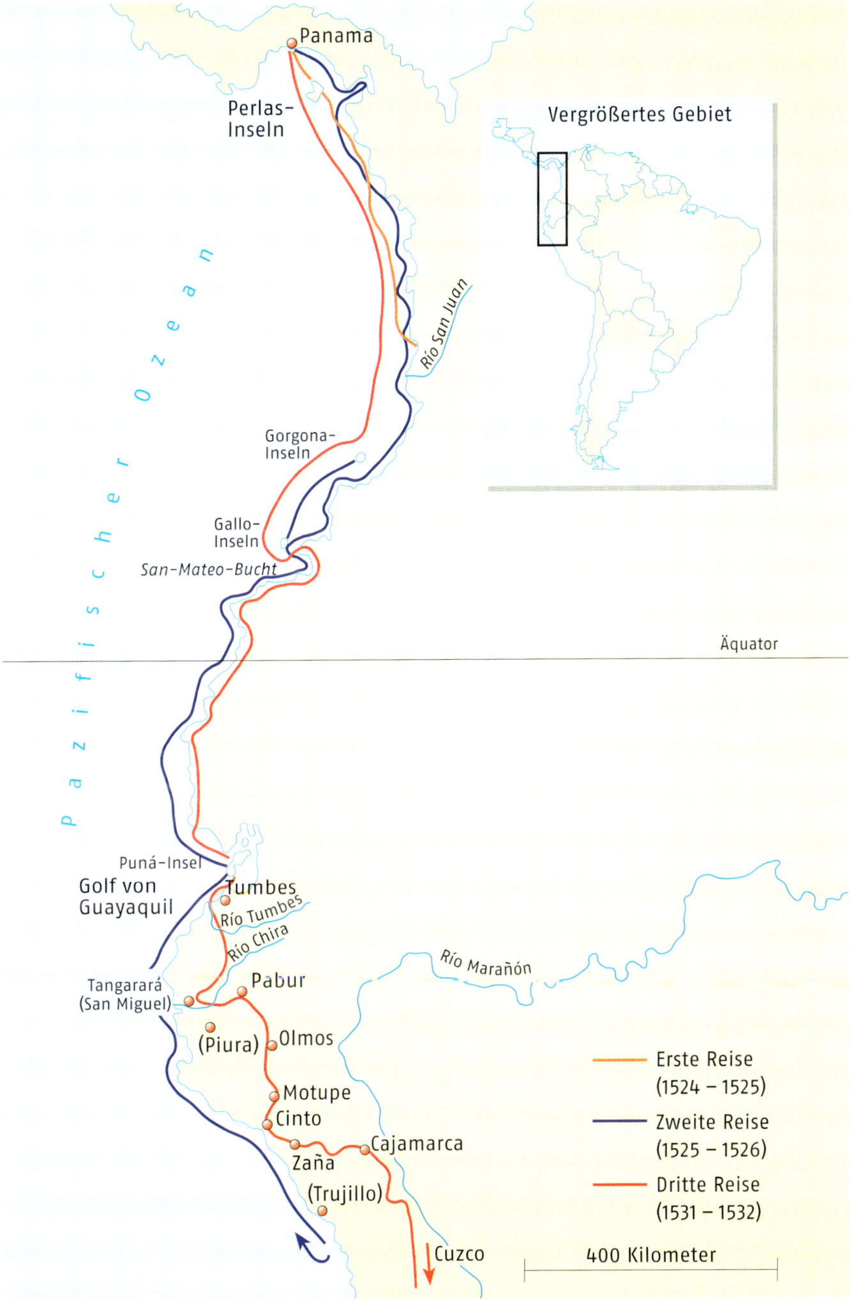

2.1 *Francisco Pizarros Expeditionen von Panama nach Peru. Nach einem Original von Hocquenhem und Ortlieb (1990)*

rangekämpft und waren so erschöpft, dass auf der Insel Puná eine Ruhepause eingelegt und um Nachschub aus Panama gesandt werden musste. Angeschwollene Flüsse erschwerten die Überlandroute, und die Überquerung des sonst seichten Tumbes war nur mit Hilfe von Flößen zu bewerkstelligen. Vom Tumbes ging es am Fuß der Anden entlang und im September 1532 war die Indianerstadt Tangarará am Chira erreicht. Nun lag nur noch die Sechura-Wüste zwischen ihnen und Cajamarca, der nördlichen Residenz des Inkahäuptlings Atahualpa.

An dieser Stelle wird Jerez' Bericht wichtig für den Nachweis, dass die dritte Expedition unter ungewöhnlich feuchten Bedingungen stattfand. Der Chronist berichtet von dermaßen angeschwollenen Flüssen, dass sie nur schwimmend oder mit Flößen zu bezwingen waren. Dies ist interessant, weil die Flüsse in Nordperu normalerweise den höchsten Wasserstand von Dezember bis April haben, die Expedition aber in den üblicherweise trockenen Monaten Oktober und November unterwegs war, wenn die Wasserstände der Flüsse eigentlich am niedrigsten sein sollten. Sowohl diese Tatsache als auch die oben erwähnte Notwendigkeit, eine Erholungspause auf der Insel Puná einzulegen, sprechen dafür, dass der Vorstoß der Spanier durch Südecuador und Nordperu in einem außergewöhnlich nassen Jahr stattfand.

In Tangarará hatten die Eroberer eine schwierige Entscheidung zu treffen: Sollten sie die direkte Route nach Süden wählen oder am Fuß der Anden weiterziehen? Die direkte Route verlief durch die Sechura-Wüste und war in einem feuchten Jahr vielleicht nicht ganz so schwierig. Die Inlandroute wurde von den Truppen und Kurieren der Inkas bevorzugt, denn obwohl mehrere Vorgebirge überquert werden mussten, so war sie – im Gegensatz zur Wüstenroute – mit indianischen Siedlungen und Haltestationen gespickt.

Die französische Historikerin Anne-Marie Hocquenghem (1994) hat diesen Teil Perus unter dem Gesichtspunkt bereist, welche Route Pizarro nach Cajamarca gewählt haben mochte: Sie kam zu dem Schluss, dass er die Inlandroute gewählt hatte, von Tangarará das grüne Piuratal hinauf über einen Andenausläufer in das fruchtbare Motupetal. Danach erleichterten indianische Siedlungen und ausgedehnte Graslandschaften mit reichlich Wasservorräten für Mensch und Tier das Vorankommen. Schwierigkeiten gab es trotzdem: Die Flüsse in dem semiariden Gebiet zwischen dem Motupetal und dem Zañatal, die von den Anden gespeist werden, schwellen in El-Niño-Jahren stark an und im Sommer kommt es zu Überschwemmungen. So gibt es einen Fluss namens *La Leche* (die Milch), womit die Anwohner veranschaulichen, dass in El-Niño-Sommern das Wasser hier über die Ufer tritt wie kochende Milch über den Topfrand.

Jerez hat damals genau die Bedingungen geschildert – heftige Regengüsse, reißende Flüsse, Überschwemmungen und unerträgliche Feuchtigkeit –, die heute einen El-Niño-Sommer in Nordperu kennzeichnen. Außerdem wird um diese Zeit auch aus anderen Teilen der Welt von klimatischen Anomalien berichtet. In einer Liste von Stürmen über den Meeren Westeuropas zitiert Hubert Lamb (1991)1530 und 1532 als sehr stürmische Jahre für die Britischen Inseln und das europäische Festland von den Niederlanden bis Dänemark. Auch europäische Klimatologen beschreiben die Sommer der 1530er Jahre – in Übereinstimmung mit einer Klimaschwankung größeren Ausmaßes in diesem Jahrzehnt – als sehr unberechenbar. Ähnlich ungewöhnliche Wetterbedingungen wie die von Jerez beschriebenen waren im Anschluss an die El Niños von 1972–73, 1982–83 und 1992–94 zu beobachten – nicht zuletzt von mir persönlich. Warum sollte es sich also bei den ungewöhnlich nassen Bedingungen, die Pizarro und seine Leute in Nordperu antrafen, nicht um die Anzeichen einer Klimakrise (El Niño) handeln, die schon lange vor Ankunft der Spanier in den natürlichen Klimarhythmus des Pazifikraums eingebettet war?

Überschwemmungen und Elend in den spanischen Kolonien

Das Hauptziel der spanischen Eroberer und ihrer Nachfolger bestand nicht darin, das neu entdeckte Land zu kolonisieren, sondern so schnell wie möglich Reichtum und persönlichen Ruhm zu erwerben. Der Reichtum war in den Gold- und Silberbergwerken im Süden Perus zu finden, weshalb die ersten Vorstöße direkt nach Lima, Cuzco und Alto Peru (dem heutigen Bolivien) erfolgten. Der nördliche Teil von Peru, den Pizarro auf seiner dritten Reise durchquert hatte, blieb noch lange lediglich ein Durchgangsgebiet. Während der Kolonialzeit fristeten die Bewohner der Flussoasen ein kärgliches Dasein, indem sie die frühen spanischen Siedlungen und die indianischen Dörfer mit Mais, Zucker, Kartoffeln und Gemüse versorgten. Die größten Siedlungen der Gegend, Trujillo und San Miguel de Piura, wurden von Repräsentanten des Vizekönigs von Peru in Lima oder der Kirche regiert.

Das spanische Reich in der Neuen Welt stand unter streng bürokratischer Verwaltung und alle politischen oder militärischen Ereignisse sowie jegliche Naturkatastrophe, sei es Erdbeben, Vulkanausbrüche, Flutwellen, Wirbelstürme, Überschwemmungen oder Dürren, wurden sorgfältig Jahr für Jahr notiert. In diesem Schatz an Informationen kann man heute Hinweise auf El-Niño-Episoden während der Kolonialzeit finden. Vergleichsweise gibt es für die Ostküste Nordamerikas während desselben Zeitraums nur vereinzelte Hinweise von britischen Behörden auf besonders regenreiche oder regenarme Jahre und von der Pazifikküste Nordamerikas hat man erst seit 1849, dem Beginn des Goldrauschs in Kalifornien, zuverlässige Angaben.

Wie zuvor bemerkt sind die Küstengebiete von Mittelperu und dem größten Teil Nordperus das ganze Jahr über trocken. Nur im Spätsommer kommt es hin und wieder zu einem Regenguss, wenn äquatorialen Winden der Durchbruch durch die Barriere des kalten Humboldtstroms und der darüber lagernden stabilen Luftmassen gelingt. Berichte von starken Regen und Überschwemmungen in den kolonialen Archiven können deshalb als Hinweise auf damalige El-Niño-Ereignisse interpretiert werden.

Für das Jahr 1552, kurz nach der spanischen Eroberung, berichten die Archive über die Zerstörung von Straßen und Siedlungen durch heftige Regengüsse, was sehr nach einem El-Niño-Ereignis aussieht. Auf der anderen Seite des südamerikanischen Kontinents klagten die Portugiesen, die dabei waren, ihre ersten Siedlungen anzulegen, über Trockenheit in den Jahren 1552 und 1553. Diese zeitliche Übereinstimmung ist sehr interessant, denn die Zusammenhänge zwischen Dürren in Nordostbrasilien und El Niño im tropischen Pazifik wurden erst in den 1970er Jahren langsam klar und die globalen Zusammenhänge noch später.

Im Jahr 1578 richteten schwere Regenfälle Schäden in Nordperu an und zerstörten das im Entstehen begriffene Santiago de Miraflores an dem Fluss Zaña, der schon 1532 den Eroberern zu schaffen gemacht hatte. Die letzte Klimaanomalie des 16. Jahrhunderts fand 1591–92 statt: Nicht nur Peru wurde von starken Niederschlägen heimgesucht, auch Dänemark erlebte heftige Stürme, und die Portugiesen berichteten von Überschwemmungen im normalerweise trockenen Mali in Westafrika (Lamb 1995).

Im Jahr 1607 kam es in Nordperu und Mittelchile zu Starkregen und Überschwemmungen, während Nordostbrasilien extrem trocken war. Dieser sowie auch der folgende Winter waren besonders kalt in Maine (Nordamerika) und schwere See brandete gegen die Britischen Inseln. In den Flussoasen von Nordperu verzeichnete man Platzregen in den El-Niño-Jahren 1624, 1634, 1686 und 1696, was die vorherrschende Meinung vom 17. Jahrhundert als einer besonders kalten und nassen Zeit in der westlichen Hemisphäre unterstützt und die Erschließung des neu entdeckten amerikanischen Kontinents erschwerte.

Während des 18. Jahrhunderts dauerten die kühlen Bedingungen an und die Weltmeere erwärmten sich nur selten. Immerhin erhielt das westliche Südamerika weiterhin reichlich Niederschlag, während in Europa und Nordamerika schlechtes Wetter das Bild bestimmte. In diesem Jahrhundert wurden auch die offiziellen Berichte über Wetterunbilden und menschliches Elend häufiger und zuverlässiger, was unsere Aufgabe erleichterte. Eines der schlimmsten Jahre war 1720, als die ungünstig gelegene Stadt Santiago de Miraflores am Zañafluss schon wieder weggespült wurde. Damals hat man sie an die heutige Stelle verlegt. 1728 wurde das Zentrum Trujillo vollkommen zerstört und 1791 wurden mehrere Flussoasen in Nordperu überschwemmt. Fast alle diese Katastrophen lassen sich mit extremen Wetterereignissen in anderen Regionen korrelieren, zum Beispiel mit regenreichen Jahren in Mittelchile oder Dürren in Nordostbrasilien (1721, 1727 und 1791–92) und mit gehäuften Schiffskatastrophen vor Südafrika, was auf weltweite ENSO-Auswirkungen hindeutet.

El Niño drückt dem 19. und 20. Jahrhundert seinen Stempel auf

Zu den attraktivsten und elegantesten Motiven auf den Vasen der alten Griechen gehören die Meerestiere, vor allem der spielerische Delfin und der klassisch geformte Thunfisch. Während uns diese Meisterwerke der klassischen westlichen Zivilisation vertraut sind, kennen wir nur wenige Kunstwerke der frühen neuweltlichen Kulturen. Dort kann man bei den Mochekeramiken aus Nordperu und den feinen Nazcatextilien aus Südperu ebenfalls Meeresmotive finden, die uns in ihrer fremdartigen Schönheit ansprechen (Abb. 2.2).

2.2 Meeresmotive auf einer Mochekeramik-Vase. Legendäre Händler mit ihrer Ware in einer größeren Version der aus Schilf hergestellten Caballitos. Entnommen aus Donnan (1987).

Diese frühen Kunstwerke illustrieren die enge Beziehung der Mochicakultur zum Meer, welche sich zum Beispiel auch in dem Einfallsreichtum bei ihren verschiedenen Wasserfahrzeugen zeigt. Da gab es aufgeblasene Seehundsfelle oder geschickt gebündeltes Schilfgras (*caballitos*), auf dem die Fischer wie auf Pferdchen über die Wellen ritten (Abb. 2.3). Die frühen spanischen Reisenden beobachteten, wie riesige, mit Segeln ausgestattete Flöße vor den Küsten von Peru und Ecuador vorbeizogen, und peruanische Archäologen wie Luis Lumbreras (1981) erbrachten den Nachweis, dass die Mochica nicht nur mit Küstenbewohnern in Ecuador, sondern wahrscheinlich sogar bis nach Mittelamerika hin Handel trieben. Ausgetauscht wurden Edelsteine aus den Anden und Keramik oder Textilien aus Peru gegen Perlmuttmuscheln und bunte Federn von den tropischen Küsten Kolumbiens und Mittelamerikas.

Die Meeresverbundenheit der prähispanischen Kulturen lässt sich entlang der gesamten peruanischen Küste verfolgen. Viele Essfische tragen noch immer indianische Namen, obwohl die Spanier auch oft die Namen von ihnen aus Mittelmeer und Atlantik bekannten ähnlich aussehenden Fischen einführten. Die Inkas hatten bereits den Nutzen der meterhohen Ablagerungen von Guanokot auf den vorgelagerten kleinen Felseninseln erkannt. Mit diesem harn-, stickstoff- und phosphatreichen Material reicherten sie die Böden in ihren Flussoasen an, die vieles lieferten, was im Inkareich verzehrt wurde.

Da die spanischen Neuankömmlinge weniger an der Nutzung des Bodens interessiert waren als daran, sich mit Hilfe von Gold und Silber eine gute Position in der Hierarchie der Kolonialgesellschaft zu sichern, wurde Landwirtschaft nur so weit betrieben, wie es zur Versorgung der kleinen Ortschaften und ein paar größerer Städte um 25 000 Einwohner nötig war. Ansonsten konzentrierte man sich auf die Förderung der Edelmetalle in den hohen Anden, wo die Zentren Cuzco und Potosí an Bedeutung gewannen. Doch die Blütezeit des Bergbaus war bald vorüber, da die nachfolgenden Generationen herausfanden, dass sich auch mit Landwirtschaft und Viehzucht auf den riesigen *estancias* finanzieller Wohlstand und gesellschaftliches Ansehen erwerben ließen.

Als Peru nach langen Kriegswirren und inneren Konflikten im Jahr 1824 endlich die Unabhängigkeit erlangte, wandte sich die Landwirtschaft an der Küste und in den Flussoasen langsam den Exportgütern Baumwolle, Zuckerrohr und Getreide zu und man besann sich wieder auf den Guano als einen billigen und leicht zugänglichen Dünger. Die Geschäftigkeit der lokalen Unternehmer vor der Küste erregte die Aufmerksamkeit der Europäer. Als Erste versuchten die Engländer, das Guanomonopol an sich zu reißen, doch am Ende war es

2.3 *Caballitos am Strand von Santa Rosa im Norden Perus.*

der Franzose Auguste Dreyfus, der sich durch geschickte Manipulation der peruanischen Politiker innerhalb von zehn Jahren um 3 Millionen Pfund Sterling bereicherte. Sir Robert Marret, Historiker und ehemaliger Botschafter in Peru, bezeichnet die Zeit, in der mit dem Guano Vermögen gemacht wurden, als den „zweiten Zyklus in der reich machenden Geschichte Perus" – der erste war der Edelmetallzyklus in der Kolonialzeit gewesen. Marret (1969) weiß zu berichten, dass von den 22 Millionen Dollar Staatseinkommen im Jahr 1859 der Guanoexport 16 Millionen eingebracht hatte.

Doch mit jedem El-Niño-Ereignis (1844, 1861 und 1864) erlitt die Staatswirtschaft einen schweren Rückschlag, denn der Platzregen spülte nicht nur die Ablagerungen, sondern auch die Vogelnester ins Meer, so dass die Guanovorräte drastisch zurückgingen. Tausende von Kormoranen verhungerten, da das warme Wasser aus den tropischen Breiten ihre Hauptnahrung – die Kaltwasserfische – stark reduzierte. Nach El Niño 1877–78 war es dann mit dem Guanoboom vorbei. Als Peru zwei Jahre später den Krieg gegen Chile verlor, brachte kaum jemand diese Niederlage in Zusammenhang mit dem – letztlich durch El Niño verursachten – wirtschaftlichen Niedergang, in dem sich das Land damals befand.

Die Lage besserte sich erst gegen Ende des 19. Jahrhunderts mit der Übernahme der Erdölgewinnung im Norden des Landes und des Kupfer- und Silberbergbaus in den Anden durch die Engländer und Amerikaner. Mit den Exportgewinnen füllte Peru seine Staatskassen während der beiden Weltkriege auf und befriedigte die bescheidenen Ansprüche seiner Mittelklasse. Von diesem dritten „reich machenden Zyklus" profitierte nur die zahlenmäßig geringe Oberklasse; die Kleinbauern und besitzlosen Landarbeiter kämpften nach wie vor ums tägliche Brot.

Nach dem Kollaps der Guanowirtschaft wandten sich sowohl die einheimischen wie auch die ausländischen Investoren zunächst einmal vom Meer ab, denn trotz des Reichtums und der Vielfalt an Essfischen in den peruanischen Gewässern war bisher nur in kleinem Rahmen gefischt worden. Doch Mitte des 20. Jahrhunderts – angespornt durch die erfolgreiche Nutzung von Fischmehl als Tierfutter – bauten europäische und nordamerikanische Unternehmer Fischmehlfabriken an der Küste von Peru. Dank der geringen Niederschläge in diesem Teil des Landes war das mit geringen Mitteln zu bewerkstelligen: Die Öfen, Zermahlmaschinen und Trockenanlagen konnten hinter einfachen vorgefertigten Schutzmauern im Freien aufgestellt werden. Auch die ersten Fischflotten waren denkbar einfach ausgerüstet. Zwar wurden die anfänglichen Holzschiffe im Laufe der Zeit durch Schleppnetzschiffe aus Metall ersetzt, doch an den Arbeitskräften wurde weiterhin gespart. Nachdem die Arbeitslosen vor Ort alle untergebracht waren, warb man unter den Andenindianern um Arbeiter. Um dem Gesetz Genüge zu tun, wurde die Schwimmtüchtigkeit dieser Neulinge aus den Bergen dadurch bewiesen, dass man sie kurzerhand mit einem Reifen um den Bauch ins Wasser warf. In kurzer Zeit wurde aus diesen traditionsbewussten Hochlandbewohnern ein industrielles Proletariat, das die Sozialstruktur des Landes auf immer grundlegend verändert hat.

Es dauerte nicht lange, bis Perus Großgrundbesitzer und Industrielle mit eigenen Betrieben in den Wettbewerb einstiegen. Diesmal war es ein gewitzter Einheimischer, der es zum „peruanischen Auguste Dreyfus des Fischereibooms" brachte: Unter Ausnutzung seines wachsenden politischen Einflusses baute der bisher relativ unbekannte Geschäftsmann aus Lima Luis Banchero binnen zehn Jahren ein blühendes Fischerei-Empire auf.

Während Perus Gesamtanlandungen 1949–50 nur 45 300 Tonnen betragen hatten, waren es 1957 schon 483 000 und 1960 sogar 3,5 Millionen Tonnen. Anfang der 1970er Jahre operierten 67 Fischverarbeitungsbetriebe in 22 Häfen mit Hauptkonzentration in der Stadt Chimbote. In diesem unbedeutenden kleinen Ort war die Bevölkerung von 4000 im Jahr 1940 auf 64 000 um 1965 angestiegen, und 1976 war Chimbote mit 240 000 Einwohnern zur viertgrößten Stadt des Landes angewachsen (Caviedes 1975).

In unverantwortlicher Weise wurden die Fischvorräte aus dem Humboldtstrom geräubert, denn es galt ja, die Staatskassen gefüllt zu halten und Arbeitsplätze zu beschaffen. Weder die zivilen Regierungen noch die Militärregime setzten Grenzen für die Sardellen oder die Unmengen anderer Fische, die in die Netze gingen. Dann kam der verheerende El Niño 1972–73. Die Sardellen, geschwächt nach einem Vierteljahrhundert rücksichtsloser Ausbeutung, erholten sich nur sehr langsam in ihrem Bestand. Perus Fischereiindustrie brach zusammen, der damalige Diktator Juan Velasco-Alvarado hielt sich nur noch kurz im Amt und das Land versank im Elend. Luis Banchero, der sich in seine Luxusvilla zurückgezogen hatte, wurde 1977 ermordet aufgefunden. Es oblag El Niño, Peru Verantwortlichkeit im Umgang mit seinen Meeresressourcen zu lehren!

Erste Beobachtungen von El-Niño-Auswirkungen

Einer der Chronisten, die sich mit der Beschreibung der Landschaften und der exotischen Flora und Fauna in der Neuen Welt befassten, war Joseph de Acosta. Der Jesuitenpater hatte viele Jahre in Peru und Bolivien verbracht, bevor er 1581 seine *Historia Natural y Moral de las Indias* in Sevilla veröffentlichte, in der er sich nicht nur als ein ausgezeichneter Beobachter erwies, sondern auch nach Erklärungen für vieles suchte, was die Europäer an Ungewöhnlichem in Südamerika erwartete. Bei ihm findet sich die erste Bemerkung bezüglich der erstaunlich kühlen Temperaturen des Meeres vor Peru, und ihm fiel sogar auf, dass in manchen Jahren das Wasser weniger kühl war als sonst. Er war auch der Erste, der einen Zusammenhang zwischen regenreichen Jahren an der Westküste Südamerikas und einer gewissen Häufung von Erdbeben bemerkte – ein Gedanke, den Charles Darwin 1835 bei seinem Besuch der Gegend aufgriff.

Und es ist keineswegs eine abwegige Theorie: Daniel A. Walker, ein Geophysiker an der Universität von Hawaii, bietet eine Erklärung an für dieses bemerkenswerte Zusammentreffen von vermehrten seismischen Ereignissen und den Variationen der Südlichen Oszillation. Er meint, dass kurz vor oder während der für El Niño typischen Meereserwärmung tektonische Aktivität und Vulkanausbrüche auf dem Meeresgrund entlang des Ostpazifischen Rückens (die Nahtstelle, an der die Pazifische und die Nazca-Platte aufeinander treffen) zunehmen. Magma dringt durch Spalten im Meeresboden empor und erwärmt die Wassermassen, mit denen es in Berührung kommt (Walker 1988). Was Acosta schon vor 400 Jahren und Darwin 300 Jahre später bemerkt hatte, konnte aufgrund der neuesten Erkenntnisse in der Plattentektonik und über die Wechselwirkungen zwischen den Hauptluftdruckgebilden innerhalb der Südlichen Oszillation gegen Ende des 20. Jahrhunderts bestätigt werden.

Zu lange hatte sich die wissenschaftliche Literatur hinsichtlich der Gründe für die kalten Temperaturen im Humboldtstrom und der periodischen Erwärmungen in diesem Teil des Ozeans fast völlig ausgeschwiegen. Den Zusammenhang der Letzteren mit dem heftigen Regen in der Gegend hatte schon gar niemand aufgespürt. Zwar hatte Alexander von Humboldt bereits 1802 – unterwegs von Lima nach Guayaquil – Messungen vorgenommen und die kühlen Temperaturen in seinem Reisetagebuch vermerkt, doch die zeitweiligen Wärmeepisoden waren ihm offensichtlich unbekannt. Unseren Zwecken dienlicher ist sein Hinweis auf eine spanische Galeone, die 1791 die Strecke von Manila bis Lima in nur 90 Tagen zurückgelegt haben soll. Dies schien unglaublich, denn die Überquerung des Pazifiks – von Ost nach West – erfolgte gegen die vorherrschende Windrichtung, und dazu kam, dass die Schiffe unterwegs oft wochenlang in der äquatorialen Kalmenzone festsaßen. Humboldt meinte, solch eine Leistung sei nur mit Rückenwind zu erbringen. Und tatsächlich, 1791 hat eines der stärkeren El-Niño-Ereignisse des Jahrhunderts stattgefunden und das erwähnte Schiff war von den in solchen Jahren aus Westen wehenden Winden vorangetrieben worden.

Im Mai des Jahres 1804 kam es zu einem anderen denkwürdigen Ereignis: Das russische Schiff *Nadjejda* war unterwegs von den Marquesas-Inseln nach Hawaii, als es bei 146° W auf starke Westwinde stieß und auf eine Meeresströmung, gegen die es nicht ankam. Hilflos trieb es zu seinem Ausgangspunkt zurück. Kapitän Alexei J. Krusenstern notierte dieses Ereignis erstaunt in seinem Tagebuch, ohne natürlich zu ahnen, dass er mit einer Manifestierung des starken El Niño von 1803–04 zusammengeprallt war.

Eine ähnliche Begebenheit stammt aus dem Jahr 1822: Das französische Schiff *La Chlorinde* wurde von den Winden, wie sie heute im Zusammenhang mit El Niño beobachtet werden, entlang der peruanischen Küste nach Süden getrieben (Hisard 1992). Doch diese Episode ist nicht eindeutig, denn 1822 erscheint in den peruanischen Chroniken nicht als ein El-Niño-Jahr und so ist es wahrscheinlicher, dass das Schiff in lokale Strudel geraten war, die in diesen Auftriebsgewässern üblich sind. Zutreffender ist eine Beobachtung von Robert Fitz-Roy, dem Kapitän der *Beagle*, auf der Darwin seine Reise um die Welt unternommen hat. Fitz-

Roy (1839) spricht von einem „Gegenstrom", der in unbestimmten Zeitabständen vor der Küste Perus auftauche, den er persönlich auf seiner Reise im Jahr 1835 jedoch nicht angetroffen habe.

Die ozeanischen Manifestierungen des starken El Niño 1877–78 fanden keinerlei schriftliche Bestätigung, was aber nicht heißt, dass in manch alten Logbüchern der vielen Schiffe, die damals entlang der Westküste Südamerikas in Richtung Panama und Kalifornien segelten, keine Hinweise auf solch ungewöhnliche Verhältnisse zu finden wären. Schäden, die durch starken Regen an Land verursacht wurden, sind glücklicherweise in den historischen Quellen Perus festgehalten, und zwar auch aus den Jahren 1814, 1828, 1844–45, 1864, 1871, 1877–78 und 1884, alles nachgewiesene feucht-warme ENSO-Episoden. Auch die erhöhte Anzahl von Schiffsunglücken vor Chile und Neuseeland – auf die im nächsten Kapitel eingegangen wird – deutet auf bewegte Meere hin.

Ganz anders das Ereignis, das im Sommer des Jahres 1891 einsetzte! Im Ostpazifik war dies einer der stärksten El Niños des 19. Jahrhunderts, und er wurde, selbst im Vergleich mit heute, erstaunlich gut dokumentiert. Damals war man gerade dabei, den Geheimnissen der Natur durch wissenschaftliche Expeditionen und gezielte Beobachtungsmethoden auf die Spur zu kommen. Der Naturforscher Alexander Aggasiz zum Beispiel stattete 1891 den Galápagos-Inseln einen Besuch ab und war erstaunt, nicht – wie von Darwin beschrieben – eine öde und extrem trockene, sondern eine grüne Landschaft vorzufinden. Was er damals erlebte, waren die Auswirkungen des El-Niño-Regens, der einige Monate zuvor auf den Archipel niedergegangen war.

So wurden denn – abgesehen von Humboldt, Fitz-Roy und Krusenstern – zum ersten Mal im Jahr 1891 eine Reihe von Reisenden und Wissenschaftlern auf das Phänomen aufmerksam. Auch der Präsident der Geographischen Gesellschaft von Lima, Luis Carrillo, brachte die starken Regenfälle, die in diesem Jahr in Peru Unheil anrichteten, in Verbindung mit dem Auftreten einer dem Humboldtstrom gegenläufigen, warmen Strömung. Ein Jahr später, 1893, lieferte der Kapitän Camilo Carranza eine genauere Beschreibung dieser Strömung, die er *El-Niño-Gegenstrom* nannte. Diesen Begriff, den Carranza den Fischern in Paita, Nordperu, abgelauscht hatte, nahmen die Peruaner im Laufe der Zeit in ihre wissenschaftliche Literatur auf. Aus dem Jahr 1894 stammt ein Bericht von Víctor Eguigurén über die von den Unwettern des Jahres 1891 verursachten Schäden in der Provinz Piura und auch die erste Liste von El-Niño-Jahren, die er aufgrund der ihm zugänglichen historischen Quellen aufstellte. Carrillo, Carranza und Eguigurén sind die wahren Pioniere der frühen El-Niño-Forschung, und nicht ein gewisser Federico Pezet, der auf dem Internationalen Geographenkongress von 1895 in London nichts weiter tat, als deren Forschungsergebnisse in einem Referat zusammenzufassen.

Die folgenden El-Niño-Ereignisse, 1899–1900 und 1911, waren vergleichsweise schwach. Man liest kaum von Kormoranen, die in diesen Jahren nach Süden zogen, oder von schweren Unwettern in Peru. Dramatischer hingegen wirkte sich wieder El Niño 1925–26 aus. Zu jener Zeit waren die Kommunikationsmittel noch besser und die Beobachtungen weiter gestreut und genauer geworden. Besondere Erwähnung verdient in diesem Zusammenhang der Naturforscher Robert C. Murphy vom *American Museum of Natural History*, der seit den frühen 1920er Jahren die Westküste Südamerikas bereiste. Er hatte das Glück, die Auswirkungen dieses El Niño an Ort und Stelle zu erleben, und seine ausführlichen Beschreibungen brachten das El-Niño-Phänomen der Öffentlichkeit um Vieles näher (Murphy 1926).

Im Jahr 1932 kam es zu einem anderen El Niño, über den wiederum nichts in peruanischen oder ecuadorianischen Veröffentlichungen zu finden ist. El Niño 1940–41 hingegen, der schon Ende 1939 mit Unwettern in Nordperu einsetzte, verlief nicht unbemerkt. Der Naturforscher Eliot G. Mears (1944) skizzierte die heftigen Regenereignisse von 1940–41 und M. J. Lobell (1942) diskutierte das Phänomen im Allgemeinen. Ansonsten war ja die Aufmerksamkeit der Weltöffentlichkeit auf die Kriegswirren in Europa gerichtet und alle Ressourcen wurden für die Rüstung gebraucht. Immerhin arbeitete damals der deutsche Biologe Erwin Schweigger, der schon im ersten Kapitel erwähnt wurde, für die Guanogesellschaft von Lima. Er befasste sich in mehreren Artikeln mit den veränderten ozeanischen Bedingungen und den Schäden, die dieses El-Niño-Ereignis in der Meeres- und Küstenfauna anrichtete.

Der nächste El Niño im Jahr 1953 war wieder von mäßiger Intensität, doch wir haben eine recht gute Beschreibung der Auswirkungen von dem Meeresbiologen Daniel Merriman (1955), der sich in diesem südlichen Winter gerade auf einer Expedition in Nordperu befand. Er beobachtete das Anschwellen der Flüsse, die Invasion tropischer Fische und das Massensterben unter den normalen Kaltwasserfischen.

Die Überwachung des nächsten El Niño 1957–1958 war gut organisiert und man erkannte immer deutlicher seine überregionalen Auswirkungen. Mit jedem nachfolgenden Ereignis (1972–73, 1982–83, 1986 und 1997–98) steuerten engagierte Forscher mehr und mehr Teilstücke zu dem faszinierenden globalen Puzzle bei.

Nachdem nun das historische Beweismaterial für frühere El-Niño-Episoden im Ostpazifik zusammengetragen wurde, wenden wir uns im nächsten Kapitel den Auswirkungen des Phänomens in anderen Weltmeeren zu.

Die tobenden Meere des El Niño

Der Überblick über die Grundlagen im ersten Kapitel enthüllte als Brutstätten für die mit El Niño verbundenen schweren Stürme und tropischen Zyklonen die Meere, vornehmlich den tropischen Pazifik, an deren Wasseroberfläche die Energieabgabe an die Atmosphäre stattfindet. In den mittleren Breiten treffen die von El Niño hervorgerufenen feuchtwarmen Luftmassen auf kühlere und trockenere Luft, was zur Bildung von Fronten und weiteren Destabilisierung der atmosphärischen Wetterbedingungen führt.

Auf der Suche nach Quellenmaterial für Schlechtwetter-Episoden in Mittelchile seit dem Jahr 1535 fiel mir auf, dass in El-Niño-Jahren vergleichsweise mehr Schiffsunglücke stattgefunden hatten als in anderen Jahren und dass dieselben deshalb als Proxydaten dienen konnten. Dies veranlasste mich nachzuforschen, ob es in El-Niño-Jahren auch in Südafrika, Neuseeland und Australien, an der Westküste der Vereinigten Staaten und schließlich auch im Nordatlantik und in der Nordsee mehr Stürme und Schiffsunglücke gegeben hat als in anderen Jahren (Abb. 3.1). Die historisch belegten Ereignisse werden als eine zusätzliche Quelle zur Identifizierung von früheren El-Niño-Episoden herangezogen.

Um bei der Auswertung Objektivität zu wahren, wurden bei den Schiffsunglücken in den mittleren Breiten nur solche berücksichtigt, bei denen als Ursache der Katastrophe eine steife Brise, Stürme oder starke Windböen ausdrücklich vermerkt waren. Schiffskatastrophen vor Chile, Neuseeland, Kapstadt, Kalifornien und in der Nordsee ließ ich nur gelten, wenn sie im Winterhalbjahr stattgefunden hatten, denn das ist – wie wir heute wissen – die Zeit, in der die meisten ENSO-bedingten Schlechtwetter-Episoden auftreten. Und schließlich ist die Beziehung zwischen Schiffsuntergängen und El Niño nur qualitativer Art, denn der zahlenmäßige Anstieg der Ersteren im 19. Jahrhundert bedeutet nicht, dass das Wetter damals schlechter war als sonst, sondern dass der Schiffsverkehr in den Weltmeeren stark zugenommen hatte.

Tropische Zyklonen im Pazifik

Um uns die Brutalität der Stürme in El-Niño-Jahren zu vergegenwärtigen, beginnen wir mit der starken Episode des Jahres 1982–83. Damals wurden die Gesellschaftsinseln, der Tuamotu-Archipel und die Marquesas-Inseln von insgesamt neun tropischen Stürmen heimgesucht. Dass dort die berüchtigten *Zyklonen* (Tiefdruckgebiete) entstehen, beweisen frühere dokumentierte Stürme vom 8. Februar 1878 (Tuamotu-Archipel) – im Zusammenhang mit dem starken El Niño von 1877–78 – und vom 16. Januar 1903, vom 25. März 1905 und vom 9. Februar 1906. Letztere hatten allerdings nichts mit El Niño zu tun, sondern mit einer besonders starken Ausprägung der Tiefdruckrinne über Indonesien, was die Zirkulation von feucht-

3.1 *Stürmische Jahre mit zahlreichen Schiffbrüchen in fünf Meeresregionen. El-Niño-Jahre: rote Kreise; Nicht-El-Niño-Jahre: hellblaue Kreise.*

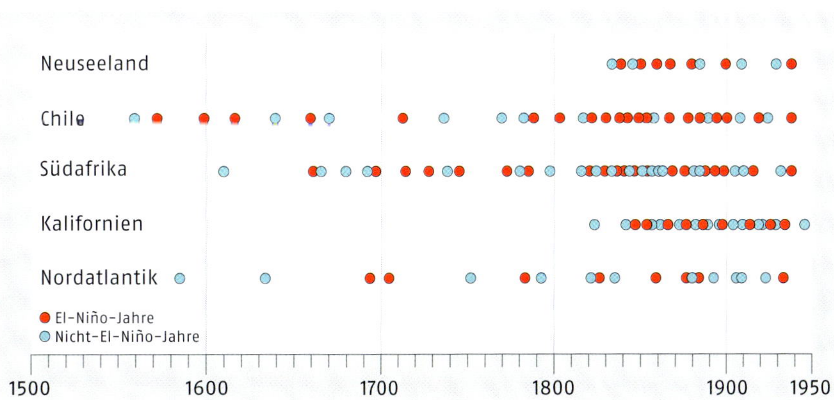

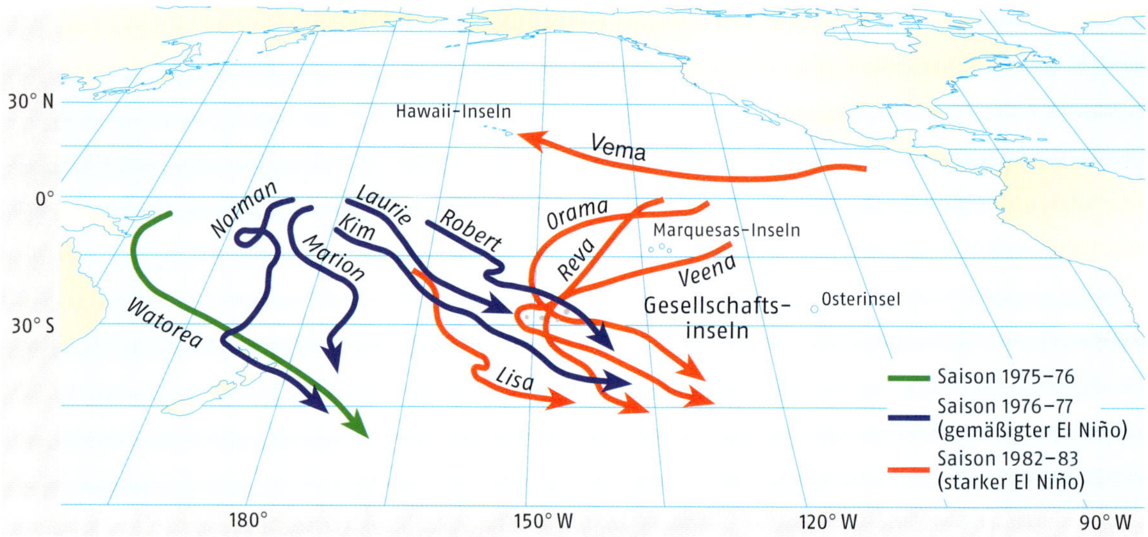

3.2 *Tropische Zyklonen im Südpazifik.*

warmen Westwinden und Zyklonen über dem tropischen Pazifik verstärkte.

Von Dezember 1982 bis April 1983 – Sommer auf der Südhalbkugel – richteten sechs Zyklonen enorme Schäden im französischen Polynesien an (Abb. 3.2): Fünfzehn Menschen verloren das Leben, Küstenorte, Kaimauern, Kokoshaine und Perlenzuchten wurden zerstört. Die Wirbelstürme aus dem warmen äquatorialen Pazifik waren bei 15° S von der dominierenden Westwindzirkulation nach Osten abgelenkt worden (Dupont 1984). Die Bedeutung dieser zeitweilig auftretenden Verkehrung der Windrichtungen für die Entdeckung und Besiedelung der Osterinsel wird in Kapitel 8 ausführlich behandelt.

Die Wirbelstürme, die der überhitzte Pazifik im südhemisphärischen Sommer 1982–83 hervorgebracht hatte, überquerten den Äquator und am 23. November 1982 richtete *Veena* an der Westküste Hawaiis Schäden in Höhe von 200 Millionen Dollar an. Im Anschluss daran herrschte dann die Trockenheit, die auf dieser Inselgruppe normalerweise mit einem El-Niño-Ereignis einhergeht.

Im Jahr 1985 stellte der Meteorologe Colin Ramage von der Universität von Hawaii die nicht beweisbare These auf, solche tropischen Wirbelstürme seien nicht das Produkt einer von El Niño erzeugten Meereserwärmung, sondern – im Gegenteil – die Ursache einer El-Niño-Entwicklung. Er argumentierte, dass die ersten Taifune im Westpazifik schon etwa neun Monate vor dem Auftauchen eines El Niño ihren Ausgang nahmen und dadurch die ostwärts orientierten Kelvinwellen und die äquatorialen Westwinde anregten. Die Verlängerung der tropischen Zyklonensaison im Westpazifik bis weit in den Nordwinter, meinte er, erkläre sich aus den bis in den Herbst anhaltenden warmen Meerestemperaturen.

Stürme auf den Meeren um Neuseeland und Australien

Wenn die Erwärmung im tropischen Zentralpazifik also solche Ausmaße erreicht, dann kann man wohl auch Auswirkungen auf andere Landmassen im Südpazifik erwarten, wie zum Beispiel auf Neuseeland, das ganz in der Nähe des Entstehungsgebietes für die tropischen Zyklonen und mächtigen Fronten während der warmen ENSO-Episoden liegt und sie als Erstes zu spüren bekommt. Dabei waren früher dort die Segelschiffe wegen plötzlich auftretender Stürme und wechselnder Windrichtungen, versteckter Riffe und starker Meeresströmungen vor der Küste sowieso sehr gefährdet.

Die Nordinsel von Neuseeland liegt genau in der Bahn der Stürme, die in El-Niño-Jahren aus dem Nordosten heranbrausen. Die Ostküste der Südinsel ist wiederum den Wettereinflüssen aus dem Zentralen Pazifik voll ausgesetzt. Zu Zeiten der Segelschifffahrt wurden dort die meisten Seeunglücke durch zyklonale Nordostwinde und durch frontenbedingte starke Böen verursacht. Unter normalen ozeanischen und atmosphärischen Bedingungen liegt die Westküste der Südinsel im Einflussbereich der in den mittleren Breiten zwischen Australien und Neuseeland vorherrschenden Westwinde, während die Ostküste im Windschatten liegt.

Eine Liste der Schiffsunglücke aus diesem Teil der Welt aus Charles W. N. Ingrams *New Zealand Shipwrecks, 1795–1970* (1972) zeigt Übereinstimmungen mit Quinns El-Niño-Chronologie, das heißt, eine ganze Anzahl von Schiffskatastrophen vor Neuseeland stimmt mit gemäßigten El Niños an der Westküste Südamerikas überein. Interessanterweise ist auch die Häufung von sturmbedingten Schiffsunglücken im südlichen Winter vor einem El-Niño-Ereignis zu beobachten. Dies wird in Neil Gordons Arbeit (1986) über erhöhte Niederschläge in Neuseeland während des Jahres vor einem El Niño bestätigt. Wenn also die Erwärmung der Meerestemperaturen schon im Jahr vor einem ENSO einsetzt, bedeutet dies, dass der Prozess im Westpazifik schon ein Jahr vorher begonnen hat. Damit ließe sich die Rekordzahl von Schiffsverlusten (ca. 54) im Jahr 1866 – kurz *vor* dem gemäßigten El Niño 1867–68 – erklären.

Die ziemlich starken El-Niño-Ereignisse des 19. Jahrhunderts fanden ihren Widerhall in Schiffsunglücken in den Jahren 1845, 1850 und 1857–58. El Niño 1877–78 war ein Ereignis von weltweiter Bedeutung. Vor Neuseeland gingen in diesen beiden Jahren mehr als 20 Schiffe verloren und im folgenden Jahr noch einmal 20. Andererseits betrugen im starken El-Niño-Jahr 1891, in dem man in Peru und Chile große Schäden verzeichnete, die Verluste bei Neuseeland nur drei oder vier, während im 20. Jahrhundert El-Niño-Ereignisse schließlich gar nicht mehr für Schiffsunglücke in diesem Teil der Welt verantwortlich gemacht werden können.

In anderen Jahren mit einer großen Anzahl von Schiffsunglücken um Neuseeland – wie 1839, 1841, 1843, 1849, 1851, 1852, 1863, 1883 und 1886 – fand keine ENSO-Erwärmung im Pazifik statt. In solchen Jahren mit vorherrschender Westwindzirkulation litt die Westküste – an der es in El-Niño-Jahren relativ ruhig ist – und die Ostküste blieb verschont.

Wie steht es nun mit Australien, der nächsten Landmasse im Westen? Auch hier gibt es eine Liste von Schiffsunglücken, die von 1837 bis 1956 vor der Ostküste passierten, und zwar in Jack K. Loneys *Victorian Shipwrecks* (1971). Wieder fallen die Vergleiche nicht eindeutig aus, denn die bekannten El-Niño-Jahre von 1844, 1850, 1864, 1877–78, 1911 und 1940 sind sehr unauffällig, während die Episoden von 1837, 1854, 1860 und 1891 eine große Anzahl von Schiffsunglücken zur Folge haben. Vor allem 1891 wird von Loney als „ein Jahr mit vielen Meereskatastrophen" charakterisiert, und die mäßigen El Niños von 1866, 1867 und 1868 forderten, ebenso wie in Neuseeland, auch vor der Ostküste Australiens eine ganze Reihe von Opfern. In beiden Fällen wurden die meisten Unglücke von Stürmen aus dem Südosten verursacht, was auf ein gemeinsames Entstehungsgebiet für die zyklonalen Tiefs und Fronten im überhitzten Pazifik hinweist.

Die Tatsache, dass Australien innerhalb der östlichen Hemisphäre der Südlichen Oszillation liegt, bedeutet, dass im Allgemeinen der Luftdruck während stärkerer ENSO-Ereignisse steigt und der Kontinent statt Regen und Unwetter Niederschlagsmangel verkraften muss. Zudem tritt El Niño nicht überall im pazifischen Raum gleichermaßen intensiv auf. Oft haben sich Ereignisse, die an den Küsten von Peru und Chile sehr stark ausgeprägt waren, im westlichen Pazifik nur schwach bemerkbar gemacht, und umgekehrt hat mancher El Niño, der im Osten des Ozeans nur mittlere Stärke erreichte, im Westpazifik erhebliche Schäden angerichtet. Diese räumliche Diskrepanz lässt sich auf die Art und Weise zurückführen, in der sich das warme Wasser über den Ozean verteilt. Während mancher ENSO-Ereignisse schafft es die sich in östlicher Richtung fortpflanzende Erwärmung nicht bis in den Kaltwasserbereich des Humboldtstroms – was dort in einem schwachen El Niño resultiert –, obwohl das äquatoriale Warmwasser im westlichen Pazifik weit nach Süden, bis Neuseeland und Australien, vorstößt. Von anderen ENSO-Ereignissen – 1877–78, 1924–25, 1957–58, 1982–83 und 1997–1998 – wurde die Westküste Südamerikas schwer betroffen und der Westpazifikraum blieb von den Unwettern verschont, litt dafür aber an Trockenheit.

Gefürchtete Winterstürme vor der Küste Chiles

Die über 4000 km lange Küste von Chile steht unter dem unmittelbaren Einfluss des Pazifischen Ozeans. Das Klima des schmalen Landes wird von Wettersystemen, Stürmen und Fronten bestimmt, die ihren Ursprung über dem Meer haben. Chile ist deshalb eines der ersten Länder, in denen man nach Auswirkungen von El Niño suchen sollte.

Vor der Eröffnung des Panamakanals im Jahr 1912 hatte der Schiffsverkehr zwischen Europa oder Nordamerika und der Westküste Südamerikas nur die Möglichkeit, entweder Kap Hoorn zu umrunden oder sich durch die Magellan Straße zu wagen. Beide Routen waren höchst gefährlich. Die Magellan-Straße ist mit Engpässen gespickt, in denen nicht nur früher die Segelschiffe, sondern auch später noch Dampfer von starken Westwinden oder plötzlichen Böen und Wirbeln gegen Felsen geschmettert wurden. Wer den Weg ums Kap wählte, der musste wochenlang gegen die „brüllenden Westwinde" ankämpfen.

Für die Schiffe, die die Verbindung zwischen dem Vizekönigtum Peru und seinen weit entfernten Kolonialhäfen in Chile aufrechtzuerhalten suchten, lauerten vor der Küste Mittelchiles vor allem im Winter tückische Stürme, deren Ende im offenen Meer abgewartet werden musste. Im Durchschnitt verkehrten pro Jahr weniger als zehn Schiffe zwischen Lima und Chile, da das Risiko, ein Schiff samt Mannschaft und wertvollen zum Überleben notwendigen Gütern zu verlieren, einfach zu groß war. Die Kombination von schlechter Schiffskonstruktion, unerfahrener Besatzung und heftigen Stürmen war so gefährlich, dass der Gouverneur der Kolonie im Jahr 1673 den Schiffsverkehr entlang der chilenischen Küste zwischen dem 15. Mai und dem 15. August untersagte. Dies war eine frühe Erkenntnis, dass die Wintermonate in Chile besonders reich an Stürmen sind.

Ausgehend von der Annahme, dass in El-Niño-Jahren die höchste Anzahl von Winterstürmen auftritt und deshalb besonders hohe Schiffsverluste vor der Küste von Mittelchile ein Anzeichen für das Auftreten des Phänomens sein könnten, durchforstete ich Francisco Vidal-Gormaz' *Algunos naufragios ocurridos en las costas de Chile desde su descubrimiento hasta nuestros días* (1901). Die fehlenden Informationen für das 20. Jahrhundert ergänzte ich aus den Werken anderer Historiker. Die Gegenüberstellung mit Quinns El-Niño-Chronologie ergab eine interessante Übereinstimmung für 1634, 1660 und 1720. Auch für die Jahre 1787, 1788 und 1789 war die Anzahl der Schiffsunglücke auffallend hoch. In diesen Jahren unmittelbar vor dem besonders starken El Niño von 1791 gab es auch in Europa Auswirkungen auf das Klima (Näheres in Kapitel 7). Im 19. Jahrhundert hinterließen die El-Niño-Ereignisse von 1844, 1864, 1871, 1877–78 und 1891 ihre Spuren an der Küste Chiles.

Interessanterweise verzeichnet Chile, ebenso wie Neuseeland, relativ hohe Verluste für die Jahre 1866, 1867 und 1868, in denen nach Quinn gemäßigte, wenn auch großräumige El Niños stattfanden. Andererseits bewirkten die starken El Niños von 1877–78 und 1891, die in Neuseeland keine Folgen hatten, viele Schiffsunglücke vor Chile – ein weiterer Beweis für die ungleichmäßige Verteilung von ENSO-Folgen in den verschiedenen Regionen des pazifischen Beckens. Die Winter von 1877 und 1878 waren besonders brutal in Chile und sandten jeweils acht und sieben Schiffe ins Verderben. Das schlimmste Jahr aber war 1888: Siebzehn Schiffe, acht davon am 7./8. August, gingen verloren und der Winter nach El Niño 1891 war nur wenig besser: Zwölf Schiffe, davon fünf in dem Sturm vom 7./8. Juli, den Valparaíso bis heute nicht vergessen hat, waren das traurige Fazit. Bedeutsamerweise fiel diese kräftige Zyklogenese im südwestlichen Pazifik zusammen mit den frühen Anzeichen für das Auslaufen der Kleinen Eiszeit.

Das Jahr 1900 begann mit einem El Niño, der schon im südlichen Sommer des Vorjahres eingesetzt hatte. Die Schiffsverluste beliefen sich auf sieben, fünf davon in der zweiten Julihälfte. Während der übrigen ENSOs kam es vor der chilenischen Küste – mit Ausnahme von Winterstürmen 1925, 1940 und 1965 – im 20. Jahrhundert nicht mehr zu schweren Schiffskatastrophen, denn erstens ging nach Eröffnung des Panamakanals im Jahr 1912 der Verkehr auf dieser Strecke rapide zurück und zweitens war seit Einführung der Dampfschiffe größere Sicherheit gewährleistet. Auf alle Fälle zeigen die mittlerweile verbesserten instrumentalen Niederschlagsdaten für die gemäßigten El Niños von 1914, 1919, 1930 und 1953 sowie auch für die starken Ereignisse von 1972–73 und 1982–83 für Mittelchile hohe Regenmengen.

Die Liste der chilenischen Schiffsunglücke ist auffällig lang im südhemisphärischen Winterhalbjahr *vor* einem El Niño, ein Umstand, der schlecht mit der Vorstellung zu vereinbaren ist, dass El Niño im südhemisphärischen Sommer in äquatorialen Breiten entsteht und erst dann seine Auswirkungen in höhere Breiten exportiert. Wie kommt es dann also, dass Chile im Winterhalbjahr *vor* der Entwicklung eines El Niño von Schlechtwetterepisoden heimgesucht werden kann? Wie zuvor erklärt, resultiert die starke Erwärmung im Südpazifik in der Abgabe von großen Mengen Feuchtigkeit an die Atmosphäre. Die feucht-warmen Luftmassen treffen außerhalb der Tropen mit kühleren Wasser- und Luftmassen zusammen, wodurch sich mehr Fronten bilden. Genau diese Situation hatten wir im Zusammenhang mit El Niño 1997–98. Schon im Mai 1997 wurde im pazifischen Raum eine Häufung von Tiefs und Fronten beobachtet, die zu starken Winterregen in Chile führten, während Peru und Ecuador erst im darauf folgenden Sommer (1997–98) die eigentlichen El-Niño-Auswirkungen zu spüren bekamen (McPhaden 1999).

In anderen ENSO-Jahren lässt sich die Vorbereitungsphase der Meereserwärmung im vorhergehenden südlichen Winter und Frühling erkennen, wenn das Südpazifische Hoch und die Passate an Intensität verlieren. Infolge dieser Schwächung rotieren die Tiefs und die damit verbundenen Fronten von West nach Ost quer über den Ozean bis in den Südatlantik, wo sie an Stärke gewinnen und einige Wochen später die Westküste von Südafrika erreichen. Dort richten sie die Schäden an, mit denen wir uns im nächsten Abschnitt befassen.

Satellitenaufnahmen vom Südpazifik (Abb. 3.3) zeigen deutlich, wie sich die zyklonalen Tiefs in den El-Niño-Jahren 1982–83, 1992 und 1997–98 von Nordwest nach Südost in Richtung Südamerika fortbewegten. Bei den weißen Wolkenfahnen hinter den Tiefs handelt es sich um die Fronten, die sich entwickeln, wenn warme Luftmassen in kühlere Bereiche vordringen. Beim Auftreffen auf die chilenische Küste verursachen die Winterstürme tobende Meere, wolkenbruchartigen Regen, Überschwemmungen und Erdrutsche. Im Regenschatten der Kordillere reicht es immer noch für schwere Schneefälle und Platzregen, so dass auch die argentinische Ostflanke der Anden zu den Gebieten gehört, die die winterlichen Auswirkungen von El Niño verspüren.

Außertropische Zyklonen an der Spitze Südafrikas

Obwohl zu Anfang der El-Niño-Forschung kaum jemand vermutet hätte, dass sich das Phänomen auch im fernen Südafrika auswirken könne, stellte ich im Jahr 1976 mit Erstaunen fest, dass sich in den Jahren, in denen sich im Ostteil des tropischen Pazifiks ein El Niño entwickelte und die historischen Quellen ungewöhnlich hohe Schiffsverluste in Mittelchile anzeigten, die Schiffsuntergänge auch an der Südwestspitze von Afrika häuften. Diese Information fand ich in zwei wenig bekannten Büchern, D. C. J. Rawe und A. Crabtrees *Shipwrecks of the Southern Cape* (1978) und José Burmans *Great Shipwrecks off the Coast of Southern Africa* (1967). Anhand der in diesen Werken enthaltenen Listen lassen sich Schlechtwetterepisoden erkennen, die im Zusammenhang mit El-Niño-Ereignissen auftraten. Im 17. Jahrhundert waren das die Jahre 1660, 1668 und 1696, doch starke Verluste in den Jahren 1611 und 1692 fanden in normalen Jahren statt. Im 18. Jahrhundert sind die Ergebnisse auch wieder gemischt: In den El-Niño-Jahren 1728, 1747, 1776 und 1785–86 kam es in der Nähe von Kapstadt zu hohen Schiffsverlusten, während die Katastrophen vom 17. Juni 1722 – bei der elf Schiffe und 600 Menschenleben verloren gingen – sowie aus den Jahren 1788 und 1798 durch Stürme zustande kamen, die ihren Ursprung nicht im Südpazifik hatten.

Für das 19. Jahrhundert sind die Angaben von Schiffsunglücken vor Kapstadt ebenso ausführlich und zuverlässig wie die von Mittelchile und Neuseeland, was den Vergleich erleichtert. In Abb. 3.4 von Coleen Vogel (1989) sieht man, dass zwischen 1820 und 1900 El-Niño-Ereignisse deutlich öfter mit regenreichen Jahren zusammenfielen als mit regenarmen, denn während El Niño ziehen besonders viele Zyklonen und Fronten aus dem Westen über die Kap-Provinzen. Schwere Schiffsverluste in den Jahren 1828–29, 1844–45, 1877–78, 1889 und 1899–1900 korrelieren mit starken El-Niño-Ereig-

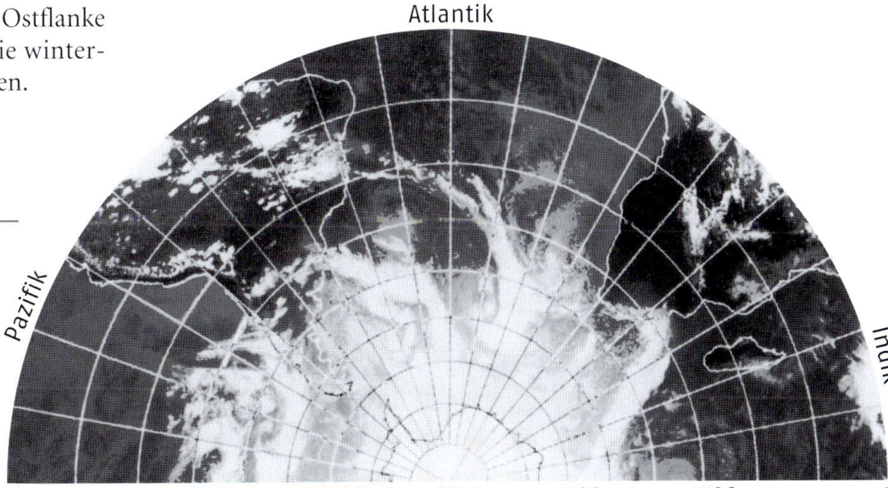

3.3 *Subantarktische Zyklonen und Fronten (ESA-8-Satellitenaufnahme, 1982).*

3.4 Stürmische und regenreiche Jahre in Kapstadt, 1825–1995 (Indexwerte); die dunkleren Balken entsprechen El-Niño-Jahren.

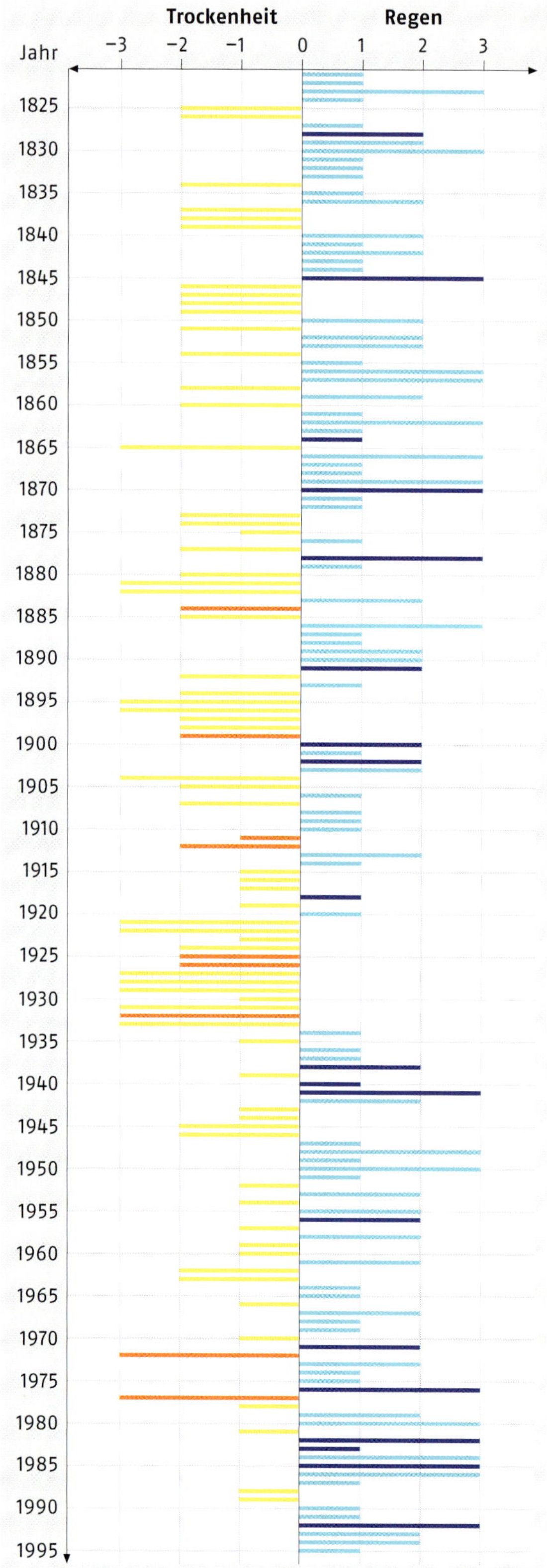

nissen und mit gemäßigten in den Jahren 1821, 1850–51, 1857–58 und 1880. Doch 1822, 1840, 1842, 1847, 1856 und 1865 waren die Schiffsverluste höher als in ENSO-Jahren, wobei Burman 1840 als ein „grimmiges Jahr" bezeichnet und 1865 als das schlimmste in der Geschichte Kapstadts. Zwanzig der Schiffe fielen am 17. Mai dem „großen Sturm von 1865" zum Opfer. Das Interessante dabei ist, dass 1865 zwar keine ENSO-Entwicklung im Pazifik stattfand, doch ebenfalls eine außergewöhnlich hohe Anzahl von Schiffsunglücken vor Neuseeland und Mittelchile dokumentiert wurde.

Für das 20. Jahrhundert zeigt sich der Zusammenhang zwischen El-Niño-Episoden und Schiffsunglücken in Südafrika deutlicher als in Mittelchile und Neuseeland. Gleich zu Beginn des gemäßigten El Niño von 1902 sanken im Verlauf vom 31. August und 1. September 21 Schiffe in der Algoa Bay in der Nähe von Port Elizabeth. Dieser Hafen liegt zwar an der Ostseite des Kaps der Guten Hoffnung, doch bei den starken Südostwinden – die eindeutig als die Schuldigen angegeben sind – muss es sich wohl um schwere Windböen auf der Rückseite eines großräumigen Tiefs gehandelt haben, das ein paar hundert Meilen weiter südlich nach Osten zog. Der Klimatologe Peter Tyson (1988) demonstriert, dass solche Zyklonen in den mittleren Breiten von Südafrika im Zusammenhang mit atmosphärischen Störungen auftreten, die während eines gemäßigten El Niño in Tiefdruckrinnen über dem offenen Meer zwischen dem Südatlantik und dem südlichen Indischen Ozean entstehen.

Die El-Niño-Ereignisse von 1911–12, 1917, 1939, 1965 und 1976–77 spiegelten sich immer noch in größeren Schiffsverlusten wider, wenn auch die absoluten Zahlen gegenüber dem 19. Jahrhundert merklich zurückgegangen waren. Während der im Südpazifik sehr stark ausgeprägten ENSOs von 1925–26, 1940–41, 1957 und 1972 hatte Kapstadt keine Schiffsunglücke vermeldet. Dies ist zwar ungewöhnlich, doch andererseits zeigt sich auch wieder, dass viele der ENSO-Episoden des 20. Jahrhunderts durch unterschiedliche Anfangszeiten, verschiedenartige Warmwasserausdehnung im Südpazifik und ungleiche Sturmverteilung gekennzeichnet sind.

Auf alle Fälle ist der bisher kaum beachtete Zusammenhang zwischen sturmreichen Wintern an der Südspitze von Afrika und El-Niño-Episoden ein weiteres Zeichen für die Existenz von Verbindungen zwischen so weit voneinander entfernten Regionen wie Neuseeland und Südafrika. Und diese Erkenntnis wirft die Frage auf, ob in El-Niño-Jahren auch vor anderen Pazifikküsten erhöhte Anzahlen von Schiffsunglücken auftraten.

Gefährliche Strömungen vor der Küste Kaliforniens

Die Westküste der Vereinigten Staaten hat die heftigen Auswirkungen eines El-Niño-Ereignisses zum ersten Mal im Jahr 1982–83 bewusst erlebt. Dieser denkwürdige Winter setzte mit starken Stürmen und schwerem Seegang vor der Küste Südkaliforniens und mit heftigen Regen im Inneren ein. Die Kalifornier kannten damals – ebenso wie die übrigen Amerikaner (wenn überhaupt) El Niño nur als eine Verirrung der Natur in anderen Regionen der Welt. Erst nachdem sie weitere Erfahrungen mit dem besonders lang andauernden El Niño 1992–94 und dem starken El Niño 1997–98 gemacht hatten, war das Wort auf einmal in jedermanns Mund und wurde für alle möglichen Umweltpannen verantwortlich gemacht. Während der El-Niño-Ereignisse in den 1980er und 1990er Jahren kam es in Santa Monica, Malibu, Santa Barbara, San Mateo und San Francisco zu verheerenden Winterstürmen, die die Küstenlinie und mit ihr die Luxusvillen an den Stränden und die Yachten in den Marinas demolierten. Die Bewohner des „Goldenen Staates" hatten die Unwetter fürchten gelernt, die ihrer Wege kamen, wenn im tropischen Pazifik ein El Niño im Gange war.

Es ist also anzunehmen, dass es in Kalifornien auch früher solche Klimakatastrophen und infolgedessen mehr Schiffsunglücke als in normalen Jahren gab. Doch der Nachweis war viel schwieriger als im Fall von Neuseeland, Chile und Südafrika, nicht zuletzt, weil regelmäßiger Schiffsverkehr entlang der Küste von Kalifornien erst mit dem Goldfieber im Jahr 1849 einsetzte, und dann ereigneten sich infolge der in diesem Küstenbereich generell starken Westwinde und mächtigen Wellen die Unglücke nicht nur im Winter im Zusammenhang mit schweren Stürmen, sondern auch während des übrigen Jahres. Einheitliche Daten über Schiffsunglücke vor der Küste von Kalifornien, Oregon und Washington gibt es nicht. Für meine Untersuchungen nahm ich Don B. Marshalls *California Shipwrecks: „Footsteps in the Sea"* (1978) zur Hilfe, welches zwar genaue Auskunft gibt über den Wert, die Bauart und die Ladung der Schiffe, nicht aber über die Wetterverhältnisse zur Zeit des Unglücks. Von den vielen Schiffen, die in Marshalls Buch schlicht „kentern", weiß man nicht, ob sie falsch beladen waren, ob Fehlentscheidungen getroffen wurden oder ob tatsächlich Stürme und Wellengang die Schuld trugen. Wegen all dieser Ungereimtheiten ist die folgende Analyse eher als ein Versuch denn als das Ergebnis einer definitiven Forschung anzusehen.

Der Grund, warum Informationen über Schiffskatastrophen in Kalifornien, besonders vor dem Goldrausch, so dürftig sind, hat mit der Kolonialgeschichte des Staates zu tun. Bis zur Übernahme durch die Vereinigten Staaten von Amerika im Jahr 1848 gehörte Kalifornien nämlich zunächst zum Vizekönigtum, später zur Republik Mexiko, welche nur gelegentlich ein Schiff von Acapulco nach den entfernten San Diego, Los Angeles, Monterrey oder San Francisco sandte. So existieren zwischen dem 16. und 18. Jahrhundert für diesen Teil des Pazifiks keinerlei Schiffsdaten. Doch in Anbetracht der gewissenhaften Buchführung in der spanischen Verwaltung sollte man annehmen, dass sich irgendwo in den kolonialen Archiven von Sevilla oder Mexiko City Informationen über schwere Stürme und die damit verbundenen Schäden finden lassen müssten.

Als dann der Schiffsverkehr in diesen Gewässern um 1850 endlich in Gang kam, waren die Umstände alles andere als normal. Vom Goldfieber gepackt strömten Abenteurer aus aller Welt nach Kalifornien. Auch riesige Mengen von Lasttieren, Geräten und Werkzeugen wurden gebraucht, und der Schiffsverkehr durch die Magellan-Straße und um Kap Hoorn nahm enorm zu. Auch die Katastrophen nahmen zu, und zwar – infolge der unglücklichen Kombination von schlecht kartierten Küstenstrecken, unerfahrenen Kapitänen und Lotsen und dem von Gier und Leichtsinn diktierten Einsatz von kaum seetüchtigen „Schaluppen" und abenteuerlich zusammengewürfelten Besatzungen – in überproportionalem Verhältnis.

So ist denn trotz der vermehrten Schiffskatastrophen in der zweiten Hälfte des 19. Jahrhunderts wegen der zuvor erwähnten Unklarheit in Bezug auf die herrschenden Wetterbedingungen in Marshalls Auflistung nur versuchsweise eine qualitative Auswertung der Daten möglich. Nach den Angaben aus *California Shipwrecks* hatten die Winter von 1862 und 1863 sowie die von 1875 und 1876 die meisten Unglücke im 19. Jahrhundert zu verzeichnen. Keines der Jahre fällt mit einem El Niño zusammen, aber die Tatsache, dass es sich beide Male um zwei nachfolgende Jahre handelt, lässt jeweils eine längere ozeanisch-klimatische Schwankung im Pazifik vermuten. Mehrere Schiffe verschwanden jedoch 1867–68 – einem mäßigen El-Niño-Jahr – und kurz nach dem berüchtigten Jahr 1866, in dem sowohl Mittelchile als auch Neuseeland sehr große Schiffsverluste hatte. Danach folgen – mit rückläufiger Tendenz – die Jahre 1854, 1887 und 1914, die sich auch in Quinns Chronologie als mäßige El Niños finden. Verhältnismäßig viele Schiffsunglücke fanden 1879 statt, gleich im Anschluss an das heftige ENSO-Ereignis von 1877–78. Die recht starken Ereignisse von 1844–45, 1870, 1891, 1914, 1930, 1932 und 1939–40 spiegeln sich allerdings nicht in einer höheren Anzahl von Schiffsunglücken wider, und ebenfalls aus dem Rahmen fielen die Jahre 1884, 1899–1900, 1911, 1957, 1965 und 1972. Doch das Jahr 1926, im Anschluss an den mächtigen El Niño 1925–26, brachte – was die Verhältnisse im 20. Jahrhundert anbetrifft – wieder viele Schiffskatastrophen. Aus all diesen Ungereimtheiten kann man nur schließen, dass nicht alle ENSO-Entwicklungen im Pazifischen Ozean die Sturmtätigkeit vor der kalifornischen Küste merklich aktivierten, allerdings waren die Winterregenmengen in manchen dieser Jahre höher als normal, was auf eine stärkere Tiefdruckentwicklung hindeutet.

Der Versuch, einen Zusammenhang zwischen Schlechtwetterepisoden in Kalifornien und ENSO-Entwicklungen im tropischen Pazifik eindeutig nachzuweisen, ist schwierig – in den Worten der Meteorologen Eugene M. Rasmusson und John M. Wallace (1983): „Nicht alle weiträumigen Klimaanomalien im Winter 1982–83 lassen sich einwandfrei in das ENSO-Puzzle einordnen. Während dieser Wärmeepisoden im äquatorialen Pazifik hat es in Kalifornien und in anderen Teilen des [amerikanischen] Südwestens nasse und sturmreiche Winter gegeben (wie 1977–78), aber auch ungewöhnlich trockene (wie 1976–77). Wenn man die Gesamtheit der historischen Daten betrachtet, ist die Korrelation zwischen den verschiedenen Anzeichen des ENSO-Phänomens und dem Regenfall in Kalifornien nicht sehr beeindruckend." Diese Aussage von zwei geachteten Spezialisten in der El-Niño-Forschung drückt aus, was auch ich zu den vorläufigen Ergebnissen der Schiffskatastrophenforschung zu sagen hätte.

Hoher Seegang in der Nordsee

El Niño 1972–73 ist das Ereignis, das die typischen Charakteristika gegenwärtiger ENSO-Vorgänge aufwies. Bis dahin hatte sich nur eine kleine Gruppe von Wissenschaftlern mit den vermuteten Zusammenhängen zwischen den Unregelmäßigkeiten im pazifischen Raum und den Großwetterlagen in anderen Weltmeeren befasst. Einer von ihnen, Jerome Namias, Klimatologe an der Scripps Institution in La Jolla, Kalifornien, vermutete in El Niño den Auslöser von weltweiten Klimavariabilitäten (Namias 1972). Er war der Ansicht, Wechselwirkungen zwischen Schwankungen im Aleutentief und im Islandtief seien verantwortlich für den zeitlichen Zusammenhang von Anomalien in der Luftzirkulation über dem nördlichen Pazifik und dem nördlichen Atlantik. Das bedeutet, dass es quer über die enorme Weite des nordamerikanischen Kontinents hinweg eine Verbindung zwischen den Luftmassen über dem Pazifik und den Luftmassen über dem Atlantik geben müsste. Er vermutete auch, dass die wiederkehrenden Dürreperioden in Nordostbrasilien mit den Schwankungen des Islandtiefs zu tun hatten, welche ihrerseits in der Südatlantischen Hochdruckzelle ein Echo fanden. Stimmte dies, dann müssten auch die beiden Tiefs auf der Nordhalbkugel mit dem südhemisphärischen Hoch zwischen Afrika und Südamerika in Zusammenhang stehen.

Im ersten Kapitel wurden die Fernverbindungsmodelle „Pazifik/Nord-Amerika" (PNA) und „Nordatlantik-Oszillation" (NAO) eingeführt. Ihre Funktion zu erfassen ist unbedingt notwendig, wenn man verstehen will, wie atmosphärisch-ozeanische Impulse vom Pazifik quer über den nordamerikanischen Kontinent in den Nordatlantik gelangen können. Die bisher aus Neuseeland, Chile, Südafrika und Kalifornien angeführten Häufungen von Schiffsunglücken in bestimmten Jahren zeugen schon von einem gewissen Zusammenhang zwischen El Niño im tropischen Pazifik und atmosphärisch-ozeanischen Anomalien in entfernten Gebieten. Doch wie kann man nachweisen, dass sich die Anomalien des tropischen Pazifiks auch im

Wettergeschehen über dem Nordatlantik und in Westeuropa widerspiegeln? In Westeuropa wird das Wetter von dem Großwetterlagen bestimmt, das heißt dem Durchzug von zyklonalen Tiefs, Fronten und Hochdruckzellen im Zuge der dominierenden Westwindlage. Eine der unfreundlichsten Wettersituationen in Westeuropa ergibt sich, wenn ein Tief über den Nordatlantik heranzieht und frontal auf Skandinavien, Jütland, die Britischen Inseln, Holland und Deutschland aufprallt. Gegen den Uhrzeigersinn jagen diese Tiefs mit bis zu 100 Stundenkilometern über das offene Meer. Sie wühlen den Nordatlantik auf und die Küstenlandschaften Westeuropas werden durch Sturmfluten erodiert.

In seinem ausführlichen Werk *Historic Storms of the North Sea, British Isles and Northwest Europe* (1991) analysiert der Klimatologe Hubert H. Lamb 166 Sturmereignisse zwischen 1500 und 1989. Zeitpunkt, betroffene Regionen, Schäden und Stärke sind komplett dokumentiert. Das macht diese Liste besonders wertvoll für unsere Fragestellung, ob bestimmte Sturmentwicklungen im Nordatlantik mit Klimaanomalien in anderen Teilen der Welt einhergingen, speziell mit El Niño im tropischen Pazifik.

Quinns El-Niño-Chronologie, die mit dem Jahr 1525 beginnt, und Lambs Liste gehören zu den längsten Registern von ozeanischen und atmosphärischen Anomalien in der westlichen Welt. Ihnen zufolge gab es 1530 und 1532 dokumentierte sturmreiche Winter im nördlichen Atlantik, die auch mit klimatischen Unregelmaßigkeiten in den Tropen zusammentreffen. Auch der Sturm vom Januar 1552, der in ganz Europa Schäden anrichtete, passt zeitlich zusammen mit einem der ersten dokumentierten El Niños nach der Eroberung Perus. Die verheerende „Allerheiligenflut" vom November 1570, die zwischen 100 000 und 400 000 Küstenanwohnern in Deutschland und Holland das Leben kostete, ist zeitlich nicht zu weit entfernt von dem nachgewiesenen gewaltigen El Niño 1567–68. Vor Ende des Jahrhunderts kam es im November 1592 noch einmal zu einem großen Sturm, der mit dem El Niño von 1591–92 zusammenfiel.

In die Geschichte eingegangen ist das Schicksal der Armada, der „unbesiegbaren" Kriegsflotte der Spanier, die im August 1588 von einer Reihe für diese Jahreszeit unerwarteter Stürme vernichtet wurde. In *Climate, History and the Modern World* (1995) berichtet Lamb, dass in demselben Jahr die Stadt Fatepur Sikiri in Indien wegen einer extremen Dürre geräumt werden musste. Die Dürre war wahrscheinlich die Folge eines Monsunausfalls, was bedeuten würde, dass damals auf der Nordhalbkugel eine ausgedehnte Klimaanomalie – wenn auch nicht speziell von der Art eines El Niño – stattfand.

Aus dem frühen 17. Jahrhundert werden aus Westeuropa mehrere stürmische Winter gemeldet, die nicht mit ENSO-Entwicklungen im Pazifik einhergehen, doch der strenge Winter von 1613–14 fiel mit El Niño 1614 zusammen. Das schlechte Wetter über der Nordsee im März 1625 trat in der Auflösungsphase von El Niño 1624 auf, und zur Zeit des schweren Sturmes Ende Oktober 1634, der über 6000 Leben forderte, erlebte Nordperu einen El Niño. Während der nächsten drei Jahrzehnte deuten wiederholte Sturmereignisse im Nordatlantik auf die Klimaverschlechterung im Laufe der Kleinen Eiszeit hin, aber keiner der Stürme trat im Zusammenhang mit ENSO-Entwicklungen im Pazifik auf. Andererseits spiegelten sich die letzten drei ENSOs des 17. Jahrhunderts – 1681, 1687–88 und 1697 – in stürmischen Wintern im Nordatlantik wider.

Das 18. Jahrhundert begann mit dem starken El Niño von 1701, und auch im Süden Englands war der Winter 1700–01 besonders stürmisch. Kein El Niño wird jedoch für das Jahr 1703 erwähnt, als Dezemberstürme in der Nordsee und der Baltischen See an die 10 000 Menschenleben forderten. Das Gleiche gilt für die berüchtigte Weihnachtsflut von 1717, die ca. 11 000 Menschen in Westeuropa das Leben kostete. Auch in den Jahren 1735, 1737, 1739, 1741, 1751 und 1773 waren die Winter ungewöhnlich stürmisch und wieder ist keine ENSO-Entwicklung im tropischen Pazifik nachgewiesen. Die El Niños von 1761 und 1786 hingegen haben Parallelen in erhöhter Sturmtätigkeit über der Nordsee und den Britischen Inseln, und El Niño 1791 ging einher mit Extremen in Europa (im März tobte der Sturm des Jahrhunderts) und mit einer besonders hohen Anzahl von schweren Stürmen im Jahr 1792. All diese Anzeichen erhärten die in diesem Buch vertretene These, dass nämlich die Extrawärme und -feuchtigkeit, die der tropische Pazifik während El Niño an die Atmosphäre abgibt, globale Auswirkungen haben.

Das 19. Jahrhundert setzte mit einer Reihe von ozeanischen und atmosphärischen Anomalien ein: dem starken El Niño 1803, einem stürmischen Atlantik im Oktober 1805, dem frühen zwar milden, aber sehr schneereichen Winter 1805–06 in Nordamerika – der Lewis und Clarks erste Durchquerung des amerikanischen Kontinents beinahe an den Bitterroot-Bergen und den nördlichen Kaskaden scheitern ließ – und schließlich einem mäßigen El Niño im Südpazifik im Jahr 1806. Danach folgt fast ein halbes Jahrhundert mit gemischten Signalen, in dem immerhin heftige Winterstürme im Nordatlantik in den Jahren 1818, 1822 und 1825 im Zusammenhang mit El-Niño-Episoden auftraten.

Mit einer Reihe von kurzfristigen klimatischen Variationen um die Mitte des 19. Jahrhunderts setzte eine erneute Kältephase ein, die in den 1880er Jahren ihren Tiefpunkt erreichte. Einer Häufung von ENSO-Ereignissen in den Jahren 1850, 1854, 1857–58, 1860, die in Europa die stürmischen Winter von 1855, 1859 und 1861 verursachten, folgten die unruhigen 1870er Jahre mit einem schwächeren Ereignis (1871) und einem starken (1877–78). Im März 1878 kenterten vor der Küste Englands eine Reihe von Schiffen und im Dezember 1879 fand das tragische Zugunglück in Schottland statt, als die Brücke am River Tay unter dem Anprall von Sturmwinden einstürzte [vgl. Fontanes Ballade]. Dem mäßigen El Niño von 1880 folgte ein katastrophaler Sturm im Oktober 1881, mit einer Reihe von Schiffsuntergängen in der Nordsee und vor der Küste von Dänemark. 1884 brachte erneut einen starken El Niño im Südpazifik und im Januar tobte ein ausgedehnter Sturm im Atlantik zwischen 45° und 60° N. Im Jahr 1891 schlug dann der letzte größere El Niño des Jahrhunderts zu, dem ein bis heute unvergessener Märzsturm im Kanal von England entsprach. Schließlich gab es 1896 und 1899–1900 noch zwei mäßige ENSO-Ereignisse im tropischen Pazifik, die jedoch ohne Konsequenzen in den nördlichen Meeren blieben.

Die sich immer deutlicher abzeichnende Parallelität zwischen ENSO-Ereignissen im tropischen Pazifik und erhöhter Sturmaktivität im Nordatlantik verstärkte sich im 20. Jahrhundert. So erlebte die britische Westküste im November des El-Niño-Jahres 1911 eine Flutwelle von 7 m Höhe. Dagegen lösten die beiden folgenden ENSO-Ereignisse 1917 und 1925–26 kein Echo im Nordatlantik aus, es sei denn, man betrachtet den relativen Anstieg von Schlechtwetterepisoden und Schiffsunglücken in den Wintermonaten von 1927 und 1928 als eine etwas verspätete Reaktion. Während dem mäßigen El Niño von 1932 ein sehr sturmreicher Winter 1933 in Europa folgte, hatte das ENSO-Ereignis von 1940–41 kaum Konsequenzen in den nordischen Meeren, dafür aber im kontinentalen Osteuropa – wo eine Serie von unbeständigen Wetterlagen die Kulisse für den Kampf um Stalingrad bildete (Näheres in Kapitel 6).

Die zweite Hälfte des 20. Jahrhunderts begann 1953 mit einem im tropischen Pazifik als „mäßig“ qualifizierten ENSO-Ereignis. Gar nicht mäßig waren dagegen in der Nordsee die Anzahl der Sturmopfer und Schiffskatastrophen im Januar und Februar desselben Jahres sowie der Sturm gegen Ende Januar. Im Nordatlantik waren auch die Jahre 1954 und 1956 reich an Unwettern, doch die standen nicht im Zusammenhang mit anderen globalen Anomalien. Ebenfalls isoliert war ein Sturm in der Nordsee im Februar 1962, der schwere Sachschäden anrichtete und 300 Menschenleben forderte – eine hohe Zahl im Hinblick auf die seit dem Zweiten Weltkrieg erzielten technischen Fortschritte in der Katastrophenvorsorge und -frühwarnung.

Der im pazifischen Raum sehr ausgeprägte El Niño 1972–73 hatte deutliche Auswirkungen in Nordeuropa: Dort tobten schwere Stürme im November 1972, im April und Dezember 1973 und noch im Januar 1974. In dem schwachen El-Niño-Jahr 1976 zog ein mächtiges Sturmsystem über die Nordsee. Der stärkste El Niño des 20. Jahrhunderts, 1982–83, lässt sich in Verbindung bringen mit heftiger Sturmaktivität in der Nordsee Ende 1981 und wieder im Januar und Februar 1983. Das von manchen Analytikern als mäßig eingestufte El-Niño-Jahr 1986 ging in die Geschichte der Meteorologie mit der – nach Lamb (1991) – „tiefsten Zyklone, die je über dem Nordatlantik gemessen wurde“, ein. Schon im Januar 1990 kündigte sich das milde, doch anhaltende ENSO-Ereignis von 1991–1994 im Nordatlantik mit dem Durchzug von einer Reihe von Sturmtiefs an und auch das Meer war in den entsprechenden Wintern besonders unruhig. Die Stürme *Vivian* und *Wiebke* sind den Deutschen noch in schlechter Erinnerung.

Zusammenfassend lässt sich sagen, dass viele der starken Unwetter auf den Meeren, die für die Schiffskatastrophen in der Vergangenheit verantwortlich waren, in zeitlichem Zusammenhang mit El Niños auftraten. In Kapitel 7 wird der Einfluss dieses globalen Phänomens auf das Wettergeschehen im kontinentalen Europa an speziellen Beispielen noch genauer untersucht.

Trockenheit in den Tropen

In ihrer Weisheit sorgt die Natur dafür, dass der Überschuss an Wärme und Feuchtigkeit, den El Niño in vielen Randgebieten des Pazifischen Ozeans mitbringt, durch Regenmangel in anderen Regionen ausgeglichen wird. Dies wurde den Wissenschaftlern jedoch erst im Laufe des El Niño 1972–1973 klar. Klimatische Schwankungen, die bis dahin als isolierte „Verirrungen“ der Natur betrachtet worden waren, machten – im globalen Zusammenhang gesehen – auf einmal Sinn. Allerdings zeigte sich, dass die Abweichungen von der Norm unter verschiedenen Vorzeichen auftraten, und zwar in manchen Gegenden positiv (höhere Temperaturen und/oder vermehrte Niederschläge) und in anderen negativ (kalte und/oder trockene Bedingungen). Nachdem wir uns bisher mit den extrem feuchten Auswirkungen von ENSO befasst haben (heftige Regen, Zyklonen, Überschwemmungen und Winterstürme), wenden wir uns in diesem Kapitel den negativen zu, den in der Geschichte, der Archäologie und der Sedimentologie dokumentierten Dürreperioden, um zu sehen, inwieweit dieselben nicht nur mit neueren, sondern zum Teil auch mit weit zurückliegenden El-Niño-Ereignissen übereinstimmen. Dabei wird sich zeigen, dass die trockenen Auswirkungen von ENSO weltweit viel bedeutsamer sind als die feuchten, obwohl man von den letzteren – wegen ihres heftigen, katastrophenträchtigen Auftretens – mehr hört als von den Dürren, die sich oft jahrelang hinziehen (Abb. 4.1).

Die trockenen Winde von El Niño

Um das Auftreten von Niederschlagsüberschuss an einem Ort und gleichzeitigem Niederschlagsmangel am anderen zu verstehen, muss man sich erst noch einmal mit den Klimamechanismen befassen, die diesem Ausgleich zu Grunde liegen. Wie schon bei den regionalen Niederschlags- und Temperaturveränderungen im Zusammenhang mit ENSO, so ist auch hier die Ursache bei Anomalien in der jahreszeitlichen Windzirkulation infolge von Meereserwärmung zu suchen. Die Betonung liegt dabei auf „jahreszeitlich“, denn der Zeitpunkt, zu dem die Regen bringenden Winde ausbleiben, ist ausschlaggebend für die Entwicklung einer Trockenperiode oder ernsthaften Dürre. In solchen Zeiten findet

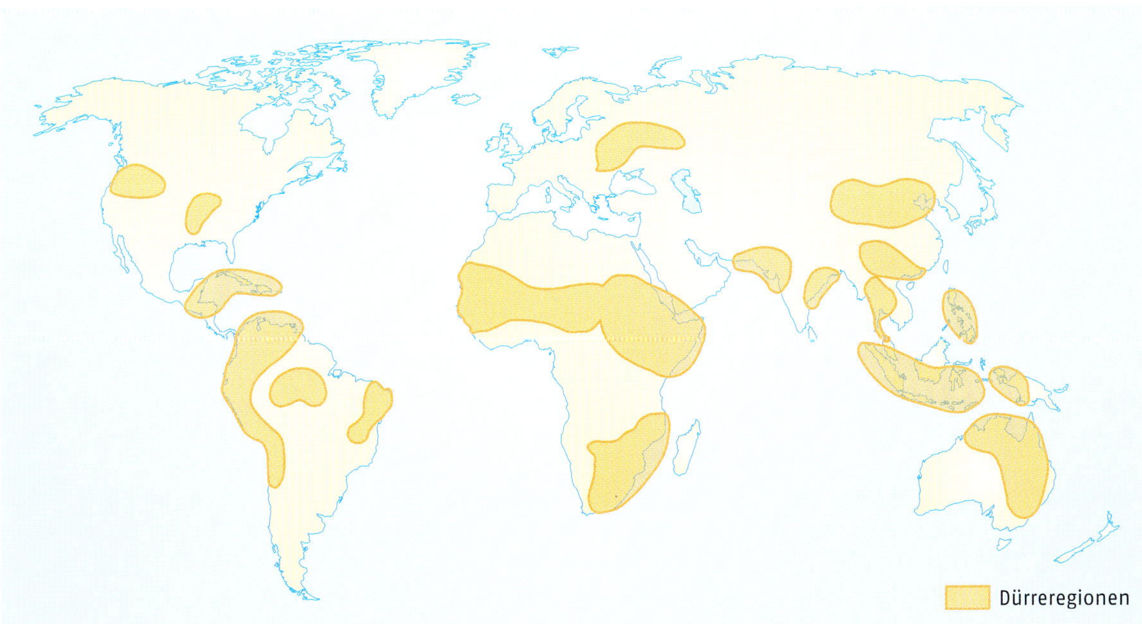

4.1 *Dürreregionen im Zusammenhang mit El Niño.*

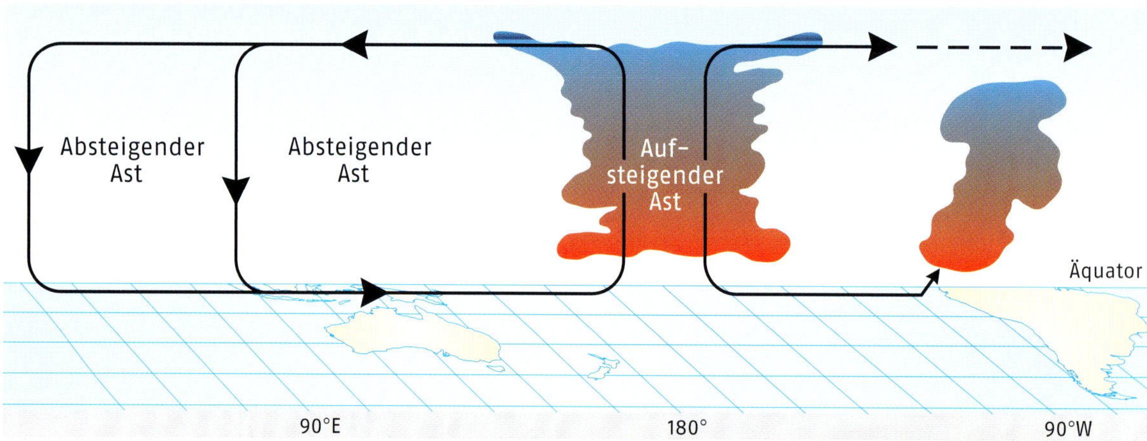

4.2 *Umkehrung der Walker-Zirkulation entlang des äquatorialen Pazifiks in El-Niño-Jahren. Die aufsteigenden Äste sind verbunden mit starken Regen, die absteigenden Äste mit Trockenheit. (Siehe absteigenden Ast über Australien!)*

eine Veränderung in den großen Luftdruckzentren statt, die die ozeanische und atmosphärische Zirkulation bestimmen. Gebiete in der Nähe von geschwächten Hochdruckzentren erleben ein wiederholtes Auftreten an niederschlagsträchtigen Tiefs und Fronten, während in Gebieten unter dem Einfluss von gestärkten Hochdruckzentren trockene Winde wehen. Auch der tropische und der polare Jetstream ändern ihre Bahn und ihre Stärke und stören so den normalen Luftmassenaustausch zwischen den tropischen und den mittleren Breiten.

Einem durch El Niño bedingten Regendefizit in den kritischen Regionen der Welt liegt meist eine der folgenden Bedingungen zugrunde:
Veränderungen in den tropischen Luftdruckgebieten im Zusammenhang mit Schwankungen in der Walker-Zirkulation;
Blockierungssituationen, weil sich die subtropischen Hochdruckgebiete verstärken; und
Schwächung oder Ausbleiben der jahreszeitlichen feuchten Winde.

Jede der drei verhindert Niederschlag oder zumindest den rechtzeitigen Beginn der jeweiligen Regensaison in den semiariden Tropen und Subtropen.

Im ersten Kapitel sahen wir, dass bei der Verschiebung des warmen Oberflächenwassers am Äquator in anormalen Jahren auch der aufsteigende Ast der Walker-Zirkulation – das Gebiet, in dem Hitze und Feuchtigkeit in die Atmosphäre abgegeben werden – von seiner üblichen Position über Indonesien und den Philippinen in den mittleren Pazifik vorrückt, und der absteigende Ast – wo trockene Luft absinkt – verschiebt sich in die äquatorialen Breiten von Australasien. Neben der Walker-Zirkulation über dem äquatorialen Pazifik gibt es auch Nebenkreisläufe über dem Indischen Ozean und dem Atlantik, die die anliegenden Kontinente beeinflussen (Abb. 4.2) und bei denen der aufsteigende Ast über dem warmen Kontinent und der absteigende Ast über dem vergleichsweise kühleren Ozean ausgebildet ist. Während El-Niño-Ereignissen verschieben sich auch die Äste der Nebenkreisläufe, so dass über dem indischen Subkontinent, dem tropischen Afrika und den Tiefländern von Südamerika östlich der Anden trockene Luft absteigt und der Regen ausbleibt.

Blockierungssituationen entstehen, wenn Hochdruckzentren so kräftig sind, dass wandernde Tiefs und Fronten – die Hauptlieferanten von Niederschlägen – nicht vordringen können. Solche Situationen ergeben sich oft im Zusammenhang mit kühlen Temperaturen in den Meeren oder über Kontinentalmassen im Winter. Australien erlebt sie, wenn sich im Pazifik ein El Niño zusammenbraut. Auch über dem tropischen Atlantik entsteht so eine Blockierungssituation kurz vor dem Ausbruch eines El Niño, wenn die Südatlantische Hochdruckzelle so stark geworden ist, dass es nicht zu dem Regen kommt, der sonst mit der Innertropischen Konvergenzzone (ITCZ) nach Süden zieht; dann erlebt Nordostbrasilien eine seiner gefürchteten Dürren.

Zu Trockenheit kommt es auch in Gebieten, wo im Sommer die Regen bringenden Winde ausbleiben. Das klassische Beispiel sind die Monsunwinde in Südostasien, Indien und Ostafrika. Diese jahreszeitlichen Winde wehen im Winter von Nordost nach Südwest und im Sommer von Südwest nach Nordost. Im Winter fließt der Monsun vom trockenen asiatischen Kontinent in Richtung Meer, was eine trockene Saison zur Folge hat. Im Sommer wehen die Monsunwinde über das lauwarme Wasser des Indischen Ozeans und nehmen dort die Feuchtigkeit auf, die sie später über Indien, Burma, der malaiischen Halbinsel, Vietnam und dem Süden Chinas in der jeweiligen Regenzeit abregnen. Wenn diese Sommerwinde – zum Beispiel in El-Niño-Jahren – ausbleiben, weil sich der absteigende Ast der Walker-Zirkulation über dem Indischen Ozean etabliert hat, dann bleibt es bis weit in den Sommer trocken und die Aussaat der Subsistenz-Feldfrüchte kann nicht stattfinden.

Die Mechanismen, die die Regen bringenden Winde von Zentral- und Westafrika fern halten, sind etwas anders zu erklären. Der afrikanische Kontinent liegt im Bereich von drei Hauptwetterlagen (Abb. 4.3). Im Norden und in der Sahara verursacht der *Harmattan*, der im Winter aus dem Nordosten vorrückt, die Trockenheit. Im mittleren Westafrika bestimmt der Harmattan die Dauer der regenarmen Zeit, während die Sommerregen von den feuchten Winden aus dem tropischen Atlantik und der Position der ITCZ abhängig sind. In den Jahren, in denen die ITCZ nicht weit genug nach Norden vorstößt und die landwärts wehenden Winde schwach sind, drohen Afrikas semiariden Gebieten die schlimmsten Dürren. Im ostafrikanischen Inland bleibt der Regen aus, wenn die feuchten Winde aus dem Indischen Ozean nicht weit genug vordringen. Im Hinblick darauf, dass die Stärke der jahreszeitlichen Winde von mehreren Faktoren abhängt – wie dem Verlauf des tropischen Jetstreams über Asien und Afrika, den Wassertemperaturen im südwestlichen Atlantik und Indischen Ozean oder der Position der Walker'schen Nebenkreisläufe –, ist es schwierig, den Einfluss von ENSO auf die Trockenepisoden in diesen Regionen zu erkennen.

Mit den katastrophalen Dürren in Afrika südlich der Sahara werden wir uns später näher beschäftigen. Zunächst wenden wir uns der Trockenheit im Altiplano von Peru und Bolivien und im Nordosten von Brasilien zu, denn der südamerikanische Kontinent wird ja als Erster von den Auswirkungen eines El Niño betroffen.

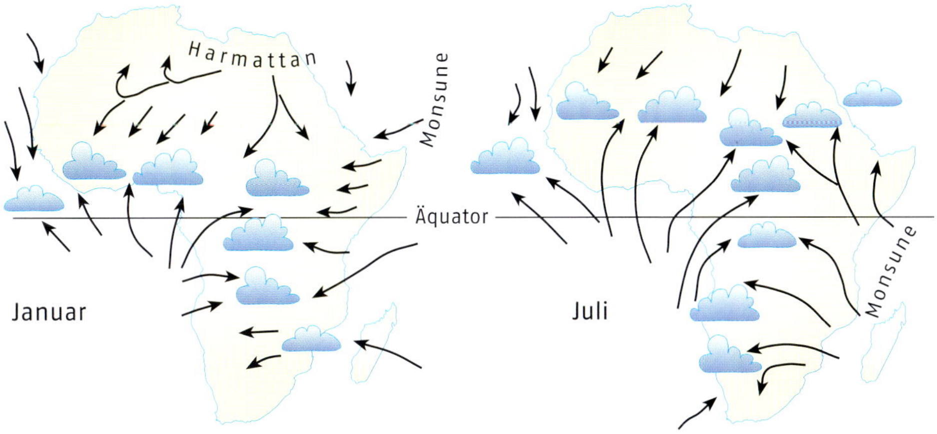

4.3 *Wind- und Niederschlagssysteme in Afrika im Januar und Juli.*

Das Elend der Hirten im Altiplano

Zwischen den Gebirgszügen der Anden erstreckt sich in etwa 4300 m Höhe das Hochplateau des Altiplano. Am Nordrand liegt 3812 m über dem Meer der Titicacasee, der größte Hochlandsee der Erde. Er ist der Rest eines ausgedehnten Wassersystems, das nach der letzten Eiszeit in Südamerika zwischen den beiden Gebirgszügen aufgestaut wurde (Abb. 4.4). Nicht weit davon liegt das schläfrige Örtchen Tiahuanaco, wo vor 2000 Jahren die Zivilisation der Tiwanaku, der Inkavorgänger, blühte.

In den letzten 12 000 Jahren trocknete der Altiplano allmählich aus, und die kleineren Seen verwandelten sich in öde Salzpfannen. Die Bewohner dieses Gebietes haben gelernt, mit Wenigem auszukommen; ihre Hauptanbauprodukte sind Kartoffeln und Quinoa (ein stärkereiches Getreide), und bevor die Spanier das Schaf einführten, versorgte sie das Lama mit Fleisch und Wolle. Heute halten die indianischen Familien dazu auch Rinder, Esel und Schweine. Die Herden fressen das harte, gelbe Gras, das nach dem kurzen Sommerregen wächst. Die kleinen Dörfer liegen weit verstreut, nur die Seeufer sind etwas dichter besiedelt.

Im Südwinter (Mai bis September) ist es im Altiplano kalt und trocken. Nachts friert es und um Mittag steigt das Thermometer bis auf etwa 16 °C.

Infolge der Höhe und der großen Entfernung von den nächsten Feuchtigkeitsspendern – dem Pazifik im Westen und den tropischen Flachländern im Osten – ist die Luft extrem trocken und die Verdunstung sehr stark. In den Sommermonaten (Oktober bis März) lässt die durchdringende Kälte etwas nach, und wenn sich die Sonne ihrem südlichsten Punkt nähert, dringen feuchte Luftmassen aus den tropischen Flachländern über die Ostkordillere vor und bringen etwa Dreiviertel der jährlichen Niederschlagsmenge (600 mm).

Auch die hohen Berge der peruanischen Anden, die Sierra, sind auf diese Sommerregen angewiesen, und so werden wir in unserer Untersuchung Sierra und Altiplano als eine Einheit behandeln. Da die Sommerregen die Hauptquelle der Wasserversorgung darstellen – die Schneeschmelze liefert nur einen geringen Anteil –, ist anzunehmen, dass der größte Wasserkörper der Gegend, der Titicacasee, die Schwankungen in der jährlichen Niederschlagsverteilung akkurat widerspiegelt. Sein Wasserstand liefert wertvolle Hinweise auf die klimatischen Variabilitäten, denen die Mittleren Anden im Laufe der Zeit unterworfen waren – und damit auf die Temperatur- und Feuchtigkeitsschwankungen im Pazifischen Ozean.

4.4 *Das Becken des Titicacasees in den Anden. Ebenfalls dargestellt sind die archäologischen Stätten von Tiwanaku und die Eiskappen des Quelccaya und Sajama, welche in Kap. 8 erwähnt werden.*

Zu Beginn der 1970er Jahre wollte ich die Auswirkungen von Wärmeanomalien im Pazifik auf den südamerikanischen Kontinent untersuchen und befasste mich zu diesem Zweck mit den langen Niederschlagsreihen von repräsentativen Messstationen. Dabei stellte sich heraus, dass sowohl Sierra als auch Altiplano in El-Niño-Jahren weniger Niederschläge erhielten als in Nicht-El-Niño-Jahren. Damals wurde man gerade auf die markanten Unterschiede in der Niederschlagsverteilung über dem Altiplano und den entsprechenden Schwankungen im Spiegel des Titicacasees aufmerksam, doch niemand sah einen Zusammenhang mit den Wassertemperaturen im Ostpazifik. Das änderte sich mit den beiden El Niños von 1972–73 und 1982–83, die mit ihren globalen Auswirkungen eine ganze Reihe von Wissenschaftlern zur Arbeit an diesen Problemen animierten. Der Glaziologe Bernard Francou, der lange Datenreihen von Sierra- und Altiplanostationen analysierte, bestätigte viele der bisher gemachten Beobachtungen, fand aber auch Unstimmigkeiten. So zeigten die starken El Niños von 1925, 1940–41 und 1982–83 den erwarteten Effekt, doch andere hatten kaum eine Wirkung auf die Niederschlagsmengen in der Sierra und im Altiplano. Dies war so verwirrend, dass der deutsche Hydrologe Felix Monheim, der 20 Jahre vorher die Seespiegelschwankungen am Titicacasee untersucht hatte, zu der Behauptung verleitet wurde, Erwärmungen im Ostpazifik seien mit schweren Regenfällen im Altiplano gekoppelt.

Im Laufe seiner Forschung hatte Monheim herausgefunden, dass die Schwankungen im Titicaca-Seespiegel meist mehrere Jahre umfassten und dass im Anschluss an die El-Niño-Episoden von 1940–1941, 1932 und 1919 der Seewasserspiegel deutlich abgesunken war. In der Tat hat sich der Trockeneffekt von El Niño im Altiplano in der zweiten Hälfte des 20. Jahrhunderts verstärkt. Die ersten Meldungen eines niedrigen Seespiegels stammen aus dem Jahr 1845 – offensichtlich die Folge von El Niño 1844 – und danach, im Zusammenhang mit ENSO-Episoden, von 1866 und 1877. Aus den 1890er Jah-

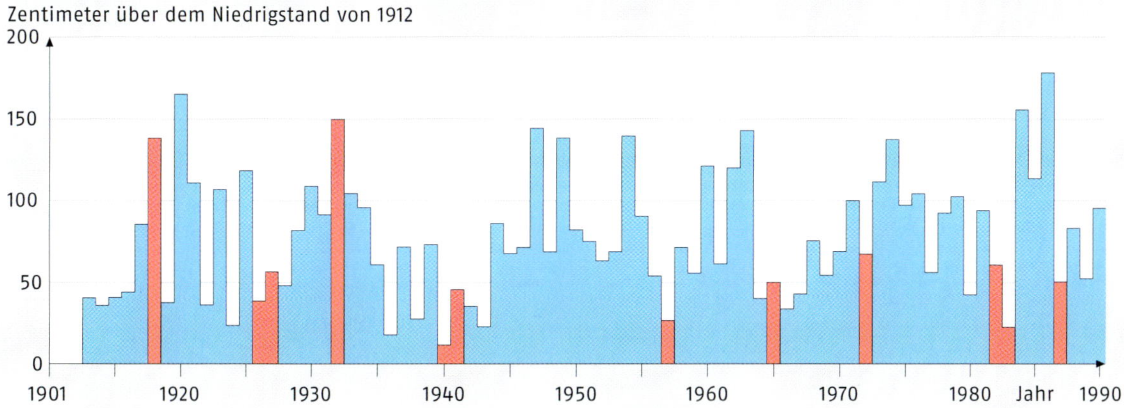

4.5 *Wasserstände des Titicacasees, 1912–1990. Rote Säulen entsprechen El-Niño-Jahren.*

ren haben wir einen Augenzeugen: Ein Deutscher namens C. Nussert-Asport, der damals am Titicacasee lebte, berichtet, dass der Wasserstand so gefallen war, dass an vielen Stellen Neuland entstand. Heute schreiben wir das dem starken El Niño von 1891 zu. Und im Anschluss an den mäßigen El Niño von 1902 berichtete der Geograph M. Neveu-Lemaire, er sei häufig von den Anwohnern auf den sehr niedrigen Wasserstand des Sees angesprochen worden, und er persönlich habe ihn auch wahrgenommen.

So kann man, im Hinblick auf die wenigen meteorologischen Stationen und die kurze Reihe von Niederschlagsdaten in der Altiplanogegend, erst seit 1912 den Wasserstand des Titicacasees als einen angebrachten Ersatzmaßstab für die klimatischen Schwankungen in der ganzen Abflussregion betrachten. Für die Zeit davor muss man sich an indirekte historische Hinweise halten, die leider oft unklar oder sogar widersprüchlich sind. Günstig ist nur, dass die Schwankungen meist mehrere Jahre umfassen und sich somit Reaktionen auf die wechselnde Feuchtigkeitszufuhr aus dem tropischen Pazifik und den Flachländern aus dem Inneren von Südamerika leichter erfassen lassen.

Anhand der Daten der Messstation von Puno in Peru lassen sich die Auswirkungen der ENSO-Episoden in der ersten Hälfte des 20. Jahrhunderts genau verfolgen. In Fortführung von Monheims Arbeit stellte der Hydrometeorologe Albrecht Kessler eine entsprechende Zeitreihe auf (Abb. 4.5). Hier zeigt sich ein Absinken des Seespiegels zwischen 1913 und 1916, welches man als verzögerte Reaktion auf El Niños 1912 und 1914 ansehen kann. Nach einem Seespiegelanstieg, der bis 1925 anhielt (abermals ein El-Niño-Jahr), war die Tendenz zwischen 1926 und 1929 wieder fallend. Trotz eines starken ENSO-Ereignisses im Jahr 1932 hatte der Titicacasee von 1930 bis 1935 einen hohen Stand, doch dann folgte von 1935 bis 1943–44 ein längerer Tiefstand mit Rekordmessungen von 4,3 m unter dem normalen Wasserstand.

Eine Trockenzeit im Anschluss an den mächtigen El Niño von 1940–41 hatte katastrophale Auswirkungen für die Urus, die am Rande des Titicacasees von Fischerei lebten und sich mit dem Flechten von *Totora*-Schilf einen kleinen Nebenverdienst erwarben. Die bis 1947 anhaltende Trockenheit dezimierte das Schilf und die Wasserpflanzen, von denen ihr Vieh lebte, so dass die ihres Lebensunterhaltes beraubten Familien bei befreundeten Aymaras und Quechuas in anderen Gebieten Zuflucht suchten. Nur ein Teil kehrte später in die alten Gemeinden zurück.

Die Dürre, die auf El Niño 1972–73 folgte, war für die Seeanwohner weniger schlimm als für die Weidewirtschaft betreibenden Indianer in der Sierra Südperus und auf dem Altiplano Boliviens. Wegen Regenmangels in drei aufeinander folgenden Sommern, 1970 bis 1973, waren die Grundnahrungsmittel – Mais, Kartoffeln, Quinoa und Oca – knapp geworden und die Landbevölkerung sah sich zur Abwanderung in die Städte der Sierra gezwungen.

Die Auswirkungen des starken El Niño 1982–1983 trafen die peruanischen Anden, den bolivianischen Altiplano und die angrenzenden Gebiete im Norden Chiles mit aller Härte. Von Ende 1981 bis November 1983 regnete es kaum, so dass die Wasservorräte schrumpften und die natürliche Vegetation verdorrte. Lama- und Schafskadaver lagen um

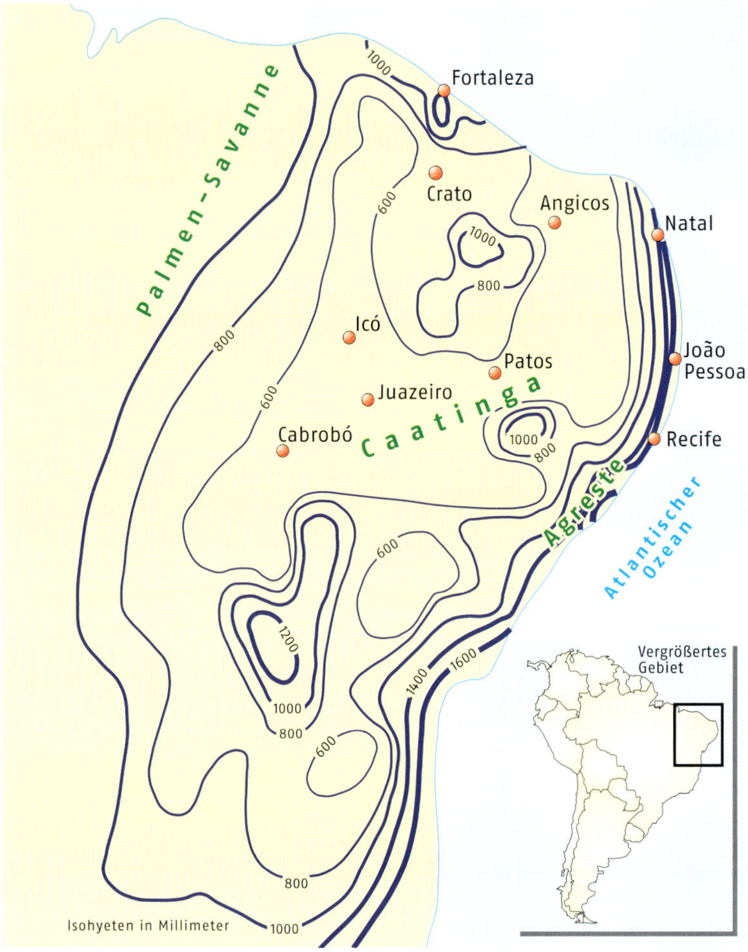

4.6 *Jährliche Niederschläge und Vegetationsgürtel in Nordostbrasilien.*

ausgetrocknete Wasserlöcher. Diesmal litten so viele Gebiete, dass keine Hilfe von Freunden und Verwandten anderswo zu erhoffen war. Die Indianer schlachteten ihr abgemagertes Hausvieh. Manche Familien sollen ihre Kinder als Bedienstete an städtische Familien verkauft haben. Viele zogen in die Städte La Paz, Cuzco, Arequipa und Lima, deren Sozialstruktur den ungeheuren Ansturm kaum verkraftete. Die durch El Niño verursachten Klimakrisen haben dazu geführt, dass heute in vielen Städten Südperus der Anteil der aus dem Altiplano stammenden Aymara-sprachigen Indianerbevölkerung größer ist als der der ursprünglichen Quechua-Bevölkerung.

Der Einfluss von El Niño auf die Bewohner des Altiplano in vorhistorischen Zeiten wird in Kapitel 8 ausgeführt.

Hunger und soziale Umbrüche in Nordostbrasilien

Bei ihrer Forschung nach Fernwirkungen von ENSO entdeckten die Klimatologen in den frühen 1970er Jahren, dass die Dürrezeiten in Nordostbrasilien meist kurz vor oder kurz nach den El-Niño-Auswirkungen auf die Küste Nordperus auftraten. War es denn möglich, dass die Anomalien aus dem Pazifik die imposante Andenbarriere und danach das immense Amazonasbecken überquerten, um schließlich im 4800 km entfernten Nordosten Brasiliens (*noreste*) auf der atlantischen Seite des Kontinents Trockenheit zu verursachen? Sollte das Nordosthorn von Brasilien, das weit über den Rest des Kontinents hinausragt, nicht unter dem Witterungseinfluss des Atlantiks stehen?

Nordostbrasilien ist direkt den Regen bringenden Winden aus dem Atlantik ausgesetzt, die den feuchten Wald (*agreste*) und die Zucker- und Baumwollplantagen an der Küste ermöglichen. Nachdem die Wolken den Großteil der Feuchtigkeit über der Küste abgeregnet haben, bleibt für das Hinterland gerade noch genug für das Wachstum einer ariden Buschvegetation, *sertão* genannt (Abb. 4.6). Die Sommerniederschläge fallen im Zusammenhang mit der Südwärtsverschiebung der ITCZ und liefern von Oktober bis März den Regen, der für die Landwirtschaft benötigt wird. Wenn aber die Sommerregen nach dem normalerweise trockenen Südwinter ausbleiben, dann hat man gleich eineinhalb Jahre Trockenheit.

In diese trockene Landschaft zogen sich die Küstenindianer zurück und im Laufe der Jahrhunderte entstand eine Mischrasse aus Indianern und Portugiesen, die *sertanejos* (Buschbewohner) – ein Volk, das sich an die extremen Bedingungen anzupassen lernte. Doch als sich dann der *noreste* zu dem dichtestbesiedelten Teil des Landes entwickelte, wurden die Auswirkungen der episodisch auftretenden Dürren immer katastrophaler. Unter der erbarmungslosen Sonne eines regenlosen Sommers wird der Boden steinhart; der normalerweise grüne *sertão* nimmt eine hässliche braune Farbe an, und das Vieh verhungert und verdurstet. In der Kolonialzeit brachen bei fast jeder neuen Dürre chaotische Zustände aus und oft wurde mit Gewalt um die wenigen Vorräte gekämpft. Heute treibt die Hungersnot die *sertanejos* zu Tausenden in die größeren

Orte und Städte, wo sie sich bessere Überlebenschancen erhoffen

Ein Vortrag über die wiederkehrenden Hungersnöte im dieser Region gab mir Anfang der 1970er Jahre den Anstoß, die Dürrejahre in Nordostbrasilien mit den Regenjahren in Chile zu vergleichen. Zu diesem Zweck war es nötig, die entsprechenden Daten (die Quinn-Chronologie existierte damals noch nicht!) für die letzten einhundert Jahre zusammenzutragen. Tests ergaben, dass ein Dürreereignis in Nordostbrasilien mit einer statistischen Wahrscheinlichkeit von 61% in einem El-Niño-Jahr oder im Jahr danach stattfinden würde. Dieser hohe Prozentsatz zeigt, dass es sich hier nicht um Zufall handelte. Die Wahrscheinlichkeit, dass Dürreperioden in Nordostbrasilien *vor* einem El-Niño-Ereignis in Peru und Ecuador auftreten, betrug immerhin 38%. Natürlich haben nicht alle Trockenzeiten in Nordostbrasilien mit ENSO-Entwicklungen im Pazifik zu tun, aber immerhin waren in 61% der Fälle Impulse aus dem tropischen Pazifik in den tropischen Atlantik gelangt.

In den 1970er Jahren beschäftigte sich auch Jerome Namias an der Scripps Institution in La Jolla, Kalifornien, mit Fernverbindungen zwischen Klimaanomalien innerhalb des atlantischen Raums. In einem Artikel (Namias 1972) erforschte der Meteorologe das Zusammenspiel zwischen dem Islandtief und dem Azorenhoch, welches für die Klimaschwankungen im Nordosthorn von Brasilien verantwortlich sein sollte. Namias bemerkte, dass bei stark zyklonalem Wettergeschehen im Nordatlantik das Azorenhoch und der Nordostpassat, der die ITCZ im südlichen Sommer nach Süden drängt, schwach und das Hoch im Südatlantik und die Südostpassate kräftig ausgebildet waren. Infolgedessen herrschten in Nordostbrasilien trockene Bedingungen. Mit seiner Annahme, dass eine Stärkung des Islandtiefs, infolge von Änderungen bei den nordhemisphärischen Westwinden, die Druck- und Windsysteme im gesamten Atlantik beeinflusst, lieferte Namias als Erster eine Erklärung für den Zusammenhang zwischen dem atmosphärischen Geschehen im Nordatlantik und im Südatlantik.

Mir selber war im Jahr 1973 aufgefallen, dass das „gleichzeitige" Auftreten von El Niño vor der Westküste Südamerikas und Trockenzeiten in Nordostbrasilien mit der jahreszeitlichen Verschiebung der ITCZ zu tun hatte: In solchen Jahren bleibt sie im Atlantik nördlich des Äquators, während sie im Pazifik, wegen der Erwärmung des Wassers (ozeanischer El Niño), weiter nach Süden vordringt. Die Verknüpfung zwischen der Südlichen Oszillation und der Walker-Zirkulation ist der Grund für diesen Schaukelrhythmus zu beiden Seiten des Kontinents.

Nachdem sich gezeigt hatte, dass in den letzten einhundert Jahren eine große Anzahl von Dürren in Nordostbrasilien und von El-Niño-Ereignissen im tropischen Südpazifik gleichzeitig stattgefunden hatten, sollte nun untersucht werden, ob auch in früheren Jahrhunderten eine solche Übereinstimmung bestand. Die Aufgabe wurde dadurch erleichtert, dass das menschliche Elend jener Zeiten sowohl in der Populärliteratur des Landes als auch in zahlreichen sozialen und historischen Arbeiten dokumentiert ist. Mit den Dürren selbst beschäftigten sich die Meteorologen. Adalberto Serra (1973) stellte anhand von Archiven und ergänzender Literatur eine jährliche Niederschlagsreihe von 1540 bis 1970 für die Stadt Fortaleza an der Nordküste des Nordosthorns zusammen und erweiterte damit die früheren Listen von Alves de Andrade (1967) und Lopes de Andrade (1948). In Tabelle 4.1 sind die Dürrejahre für Nordostbrasilien in den letzten 450 Jahren aufgeführt. Abbildung 4.7 zeigt, welche von diesen *sêcas* mit El-Niño-Ereignissen zusammenfielen. Von einer *seca* spricht man, wenn der Regen einen Sommer lang ausbleibt, was auf der Südhalbkugel – wie man schon bei El Niño sah – von einem Kalenderjahr bis zum nächsten dauern kann. Reicht aber der Niederschlag in zwei aufeinander folgenden Sommern nicht aus – was drei Kalenderjahre umfassen kann –, dann hat man es mit einer *grande sêca* zu tun.

Das 16. Jahrhundert war in der Neuen Welt allgemein recht niederschlagsreich. Aus Nordostbrasilien sind nur wenige, kürzere *sêcas* überliefert, und zwar für 1557–58, 1574, 1583 und 1587. Sie scheinen auch den frühen Siedlern keine besonderen Probleme bereitet zu haben. Da in den geschichtlichen Quellen von Peru für keines dieser Jahre El-Niño-Bedingungen angegeben sind, ist anzunehmen, dass diese *sêcas* unabhängig von Pazifikeinflüssen auftraten.

Im 17. Jahrhundert waren 1603, 1614 und 1692–93 „Trockenjahre" und 1633, 1645, 1652, 1654 und 1671 „niederschlagsarme Jahre" – um Serras Klassifizierung zu benutzen. Interessanter-

Tabelle 4.1.: Dürren in Nordostbrasilien, 1550 - 2000. Große Dürren (grandes sêcas) sind durch fette Zahlen gekennzeichnet. Linke Spalte: Jahre mit Dürren. Rechte Spalte: Intensität der Dürren.

1557	-	1558
1574		
1583		
1587		
1603		
1614		
1692		
1710	**-**	**1711**
1721		
1723	**-**	**1727**
1736	**-**	**1737**
1744	**-**	**1745**
1754		
1760		
1772		
1774		
1777	**-**	**1778**
1784		
1790	**-**	**1793**
1804		
1809	**-**	**1810**
1816		
1824	**-**	**1825**
1827		
1830		
1833		
1844	**-**	**1845**
1877	**-**	**1879**
1888	**-**	**1889**
1891		
1893		
1900		
1902		
1904		
1907		
1915		
1919		
1931		
1951		
1953		
1957	**-**	**1958**
1971		
1983		
1992		

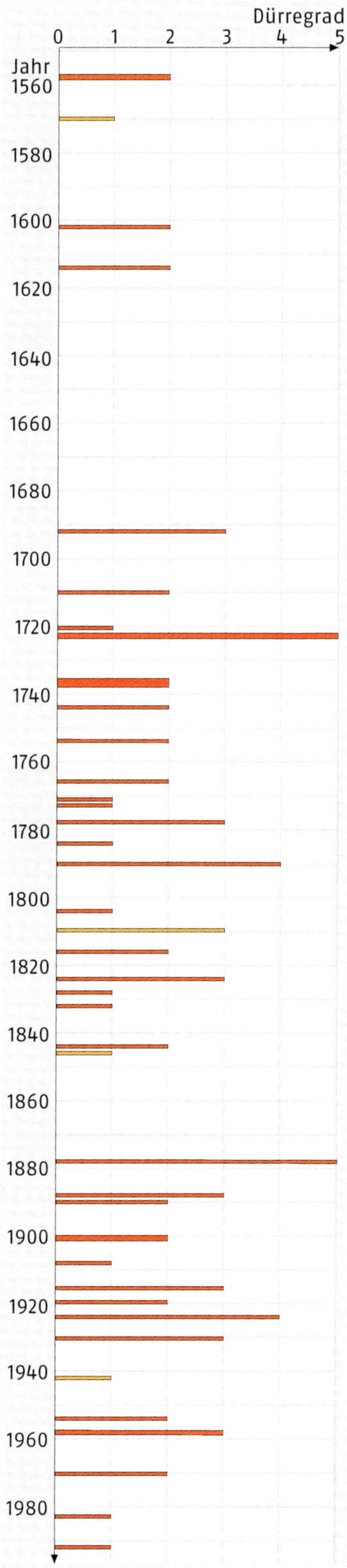

4.7 *Dürren in Nordostbrasilien, 1550 – 1995 (Indexwerte). Die dunkleren Säulen entsprechen El-Niño-Jahren.*

weise sind aus dem Pazifik 1614, 1634, 1652 und 1692 als historische El-Niño-Jahre überliefert. Während der katastrophalen *sêca* von 1692 suchten Horden von verzweifelten Indianern, die von den Portugiesen ins Landesinnere verdrängt worden waren, in den jungen Siedlungen und auf Landgütern nach Essbarem, so dass die Einwohner in die befestigten Orte an der Küste flohen. Wegen der Unzuverlässigkeit des Regens verloren viele Kolonisten den Mut und zogen nach Süden in die Goldgruben von Minas Gerais.

Im 18. Jahrhundert, als es in der ganzen Welt starke Klimaschwankungen gab, häuften sich auch die *sêcas* in Nordostbrasilien. Im Rückblick zeigt sich die Übereinstimmung mit El-Niño-Ereignissen im Pazifik recht deutlich. In den Chroniken der wachsenden Anzahl von ländlichen Siedlungen finden sich immer mehr Hinweise auf die Folgen der Dürren für Mensch und Natur. Eine mittelschwere *sêca* im Jahr 1710 war wohl ein isolierter Vorfall, aber die *sêca* von 1721 folgte auf den Fersen eines El Niño. Es wird berichtet, dass die Herden eingingen, da auch die Flüsse kein Wasser mehr führten. Wieder wurden die isolierten Landgüter und Siedlungen von bewaffneten *sertanejos* überfallen, welche sich mit jeder neuen Krise besser zu organisieren wussten.

Die *grande sêca* von 1723 bis 1727 war die schlimmste in Brasiliens Kolonialepoche. Das letzte Grün fiel schließlich noch einer Raupenplage zum Opfer. Die Räuberbanden bekamen Zuwachs durch viele Sklaven, die man auf den Zuckerrohrplantagen in der Nähe der Küste hatte freisetzen müssen. Diese *sêca* fiel mit den Auswirkungen des El Niño 1728 in anderen Teilen der Welt zusammen. Die beiden nächsten *sêcas* von 1736 – 38 und 1744 – 45 waren schlimm, aber ENSO-unabhängig. Zwei schwere *sêcas* in den Jahren 1777 und 1790 – 92 und drei weniger starke, 1760, 1772 – 74 und 1783 – 86, stimmen zeitlich überein mit El-Niño-Ereignissen im Pazifik. Dabei traf die *grande sêca* von 1790 – 92 zusammen mit einem der stärksten El Niños des Jahrhunderts, der sogar Stürme in der Nordsee verursachte. Diese klimatische Krise bedeutete einen erneuten Rückschlag für die Viehwirtschaft, die sich – nicht zuletzt dank des Bedarfs an getrocknetem Fleisch, mit dem man die Sklaven bei Kräften hielt – gerade erholt hatte. Rinder, die nicht in die Palmensavanne getrieben worden waren, verdursteten am Rande der ausgetrockneten Flüsse und Wasserstellen, und diejenigen, die überlebt hatten, kehrten später nicht mehr in den *noreste* zurück.

Die erste Dürre des 19. Jahrhunderts traf mit dem starken El Niño 1804 zusammen; die nächste Dürre von 1809–10 war zwar intensiv, doch ohne ein entsprechendes ENSO-Ereignis im Pazifik. Allerdings sind Klimakrisen aus anderen Teilen der Tropen auch in diesen Jahren nachgewiesen. Die Dürren von 1814 und 1816–17 fielen mit einem starken und einem mäßigen El Niño im Pazifik zusammen, die lange Trockenheit von 1824–26 mit einem anderen gemäßigten El Niño im Pazifik und einer schlimmen Dürre im Deccan, in Bombay und Madras. Wie schon zuvor floh die Landbevölkerung vor den räuberischen Banden in die größeren Städte, doch viele verhungerten unterwegs oder fielen einer Pockenepidemie zum Opfer. Man könnte die Dürre, die 1827 die nordbrasilianischen Staaten Bahia und Piauí heimsuchte, als eine verspätete Auswirkung von El Niño 1824–26 betrachten, sicher ist aber, dass ein Klimaumschwung im Gange war. Anfang der 1830er Jahre gab es Dürreperioden in Nordostbrasilien, den mäßigen El Niño 1832 und eine verheerende Dürre von 1832 bis 1833 im Deccan und in Andhra Pradesh. Man sieht, wie sich in dem Maße, in dem die weltweite Information zunahm, nun mehr Querverbindungen zwischen den einzelnen Klimakatastrophen herstellen ließen.

Die nächsten Dürren fanden 1844 und 1846 statt, offensichtlich in Übereinstimmung mit El Niño 1844–45. Die Hungersnot war so groß, dass die Landbevölkerung Kaktus und andere wilde Pflanzen verzehrte, doch schließlich – wie schon zuvor – wieder in die größeren Zentren abwanderte. Es ist nun wirklich interessant, dass aus den nächsten 32 Jahren weder eine Dürrezeit in Nordostbrasilien noch ein starker El Niño im tropischen Pazifik bekannt sind. Dann, in der zweiten Hälfte des Jahrhunderts, schlug nach zwei recht milden El-Niño-Ereignissen in den Jahren 1864 und 1871 der starke El Niño von 1877–78 zu, der von 1877 bis 1879 zu schweren Dürren nicht nur in Nordostbrasilien, sondern auch im Norden und in der Mitte Indiens und in Mittelchina führte. In der brasilianischen Geschichte und Folklore sind diese Jahre unvergessen geblieben. In der *sertão* vertrocknete die Vegetation, unter den Säugetieren und Insekten setzte ein großes Sterben ein, und die Menschen flohen wieder in Richtung Küste. Innerhalb eines Jahres wuchs die Stadt Fortaleza von 25 000 auf 114 000 Einwohner an. In den gedrängten Verhältnissen brachen die Pocken aus und rafften, zusammen mit der Mangelkrankheit Beriberi, etwa die Hälfte der Flüchtlinge dahin. Insgesamt verließen an die 55 000 Nordostbewohner ihre Heimat, um ihr Glück im Amazonasbecken zu versuchen. Letztlich verdankt Brasilien die Erschließung und Kolonisierung seines Regenwaldes dem Verzweiflungsakt dieser und späterer *nordestinos*.

Die nächste Dürre war im Jahr 1888–89, kurz nach dem mäßigen El Niño von 1887, und wenig später, 1891–92, fiel eine weitere zusammen mit einer der stärksten ENSO-Entwicklungen des Jahrhunderts. Die letzte Trockenperiode des 19. Jahrhunderts kam kurz vor El Niño 1899–1900 und gleichzeitig mit einer schlimmen Dürre in Indien. Nach der globalen Klimakrise von 1877 machte sich bei den brasilianischen Dürren immer deutlicher die Tendenz bemerkbar, kurz *vor* einer ENSO-Entwicklung im tropischen Pazifik aufzutreten – ein Anzeichen, dass der Klimaumschwung zu Ende ging.

Das 20. Jahrhundert begann mit einer verbreiteten Dürre in den Jahren 1902–04 und einer Dürre im Staat Rio Grande do Norte im Jahr 1907, die beide zeitlich mit mäßigen El Niños zusammenfielen. Ein starker El Niño, 1911–12, hatte keine Auswirkungen in Nordostbrasilien, aber der gemäßigte El Niño 1914 führte 1914–15 zu einer *grande sêca*. Wie zuvor setzte sich die Landbevölkerung in Bewegung, diesmal in Richtung der Industriezentren São Paulo und Rio de Janeiro, die damit starken Zuwachs erfuhren.

Nun endlich wurden die Politiker auf die wiederkehrenden Dürrekatastrophen im Nordosten ihres Landes aufmerksam und versprachen Abhilfe. Im Jahr 1909 wurde das Regierungsinstitut für die Bekämpfung von Dürren (IFOCS) gegründet und mit der Aufgabe betraut, Wasserreservoirs, Dämme und Bewasserungskanäle zu bauen, doch am Ende hielten ihre Bemühungen mit dem raschen Bevölkerungswachstum im *noreste* nicht Schritt.

Immerhin wurde dank einer Reihe von Wasserreservoirs bei der Dürre im Jahr 1919 – kurz nach El Niño 1917–18 – das Schlimmste verhütet. Der nächste El Niño, der 1925–26 an der Westküste Südamerikas sehr stark ausfiel, zeigte keine Wirkung in Nordostbrasilien oder in anderen Gegenden, die normalerweise betroffen sind. Das ENSO-Ereignis von 1932 wiederum kündigte sich schon ein Jahr vorher durch Trockenheit an, die in vielen Staaten bis 1933 anhielt. Alle Maßnahmen schienen diesmal umsonst. Fast eine Million Menschen verließen die ländlichen Gegenden. Um Ordnung zu wahren, öffneten die großen Städte Flüchtlingslager und schufen Arbeitsplätze im öffentlichen Sektor. Das Kolonisierungsprojekt im Amazonas bekam eine Flut von Zuwanderern. Als neun Jahre später die nächste Dürre am Ende der langen ENSO-Episode von 1939–42 einsetzte, fanden die Abwanderer ihren Weg in die großen Industriezentren im Süden sowie an die Besiedelungsgrenzen im Mato Grosso und in Acre im Südwesten des Landes.

In der zweiten Hälfte des 20. Jahrhunderts ging im Nordosten Brasiliens dem mäßigen El Niño von 1953 eine längere Trockenperiode voraus, und eine schwere Dürre folgte auf den starken El Niño von 1957. Diesmal zogen die *nordestinos* auf guten Verbindungsstraßen in die neue Hauptstadt Brasília, nach Rio de Janeiro und in die modernen Industriezentren im Süden. Um zukünftige Abwanderungen zu verhindern, griff nun die Regierung wieder ein und versuchte, den Lebensstandard im Nordosten zu heben. Im Jahr 1959 begann SUDENE (Sekretariat für die Entwicklung des Nordostens) mit der Verbesserung der ländlichen Infrastruktur: Arbeitsplätze wurden geschaffen und die Wasserknappheit wurde durch Direkthilfe in Form von Wasserpumpen, Reservoirs und Verteilungsplanung bekämpft.

Als 1971 die nächste Dürre kam – diesmal wieder ein Jahr *vor* einem El Niño – und auch die nächstfolgenden zusammen mit den El Niños von 1982, 1992 und 1997–98, standen den Wissenschaftlern umfangreiche ozeanische und meteorologische Datenbanken zur Verfügung, anhand deren sich definitiv der Zusammenhang zwischen Dürren in Nordostbrasilien und El Niños im Südpazifik beweisen ließ. Dem Atlantik wurde endlich der wichtige Platz im globalen ENSO-Puzzle eingeräumt, der ihm zustand.

Tod und Unruhen im Afrika südlich der Sahara

Wie viele andere ENSO-Anzeichen wurden die Dürreperioden, die im Afrika südlich der Sahara auftreten, erst anlässlich des El Niño von 1972–73 in einen globalen Zusammenhang gerückt. Wegen mangelnder Niederschläge waren die vorangegangenen fünf Jahre im Sahel – der Übergangszone zwischen der Sahara und dem tropischen Savannengürtel in Zentralafrika – schon sehr schwierig gewesen. Als dann im Sommer 1972–73 überhaupt kein Regen fiel, brachen Hungersnöte aus und der Tod hielt seinen Einzug.

In der klimatisch sowie politisch höchst instabilen Sahelzone fallen jährlich zwischen 250 und 500 mm Regen bei Abweichungen bis zu 40% (Abb. 4.8). Dies stellt unter all den semiariden Gebieten der Erde die größte Schwankungsbreite dar.

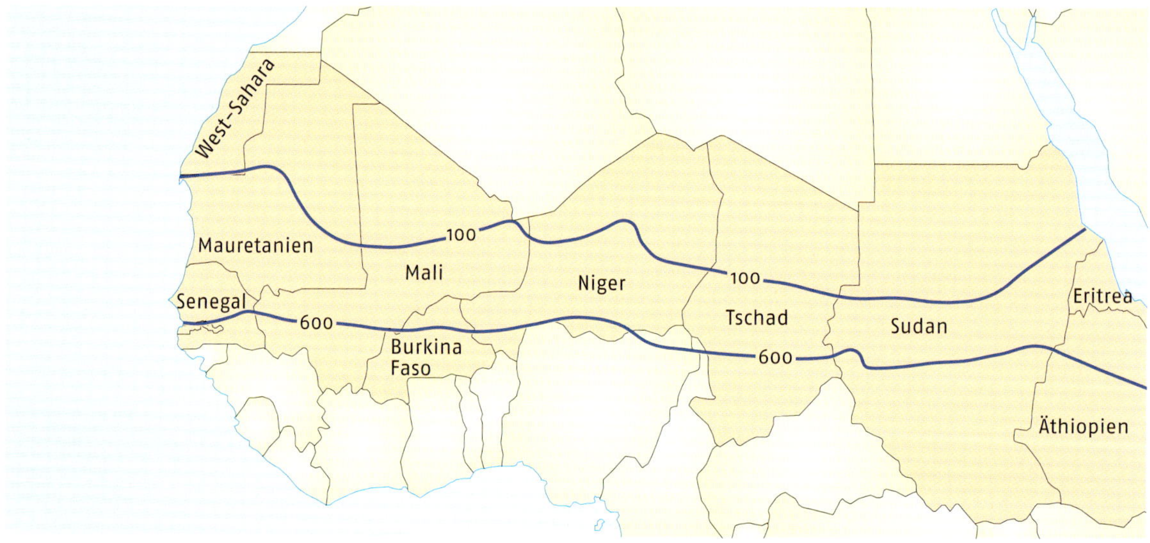

4.8 *Gebiete im Sahel innerhalb der Regenfallgrenze von 100–600 mm (zwischen den blauen Linien).*

Die erste Regenzeit dauert von April bis Juli, wenn die Sonne nach Norden wandert und die trockenen Harmattanwinde, die im Winter aus nordöstlicher Richtung wehen, sich nach Norden zurückziehen. Dem hohen Sonnenstand folgend wehen feuchte Winde aus dem Golf von Guinea und die zweite Regenzeit beginnt im Juli und dauert bis Oktober. Die Regenfälle sind kurz und heftig und das Wasser verdunstet oft, bevor es in den ausgetrockneten Boden eindringen kann. Erst wenn mehr Regen fällt, füllen sich die Wasserlöcher, bilden sich flache Seen und ergrünt natürliches Grasland, auf dem die Hirten-Nomaden mit ihrem Vieh im Laufe des Sommers nach Norden ziehen.

Ebenso wie der Altiplano so ist auch die Sahelzone seit Ende der letzten Eiszeit im Austrocknen begriffen. Das Gebiet, das heute die nördlichen Teile von Mali, Niger, Tschad und dem Sudan bis hin zu den Gebirgen der Sahara umfasst, wurde von einem großen See eingenommen. Ein Rest davon ist der Tschadsee, dessen alte Küstenlinien – bis zu 60 m über den heutigen – von seinen ehemaligen Ausmaßen zeugen. Noch vor 6000 Jahren müssen die Niederschläge etwa doppelt so hoch gewesen sein wie heute, und in dieser Feuchtsavanne, die mit einzelnen Bäumen bestanden war, weideten prähistorische Hirten-Nomaden die ersten Ziegen- und Rinderherden. Als das Gebiet nördlich des Sees auszutrocknen begann, trieb man während der Wintermonate die Herden in die Savannenlandschaft im Süden.

Im Laufe der Jahrhunderte verschob sich die permanente Trockengrenze immer weiter nach Süden und die Nomadenstämme fanden sich – mit den Worten von Michael Glantz (1977) – „eingeklemmt auf einem schrumpfenden Streifen am Südrand der Sahara, zwischen der Wüste im Norden und den Ackerbauern (sowie auch der Tsetsefliege) im Süden". Genügend Regen für permanenten Ackerbau gibt es in Afrika ab etwa 13° bis 15° N. Doch er ist nicht zuverlässig, und auch die sesshaften Bauern leiden, wenn im Sahel Trockenheit herrscht.

Trockenheit bedeutet für jede dieser gefährdeten Volksgruppen etwas anderes. Für die Ackerbauern zum Beispiel können Regenmangel in der Saatsaison oder ein paar trockene Wochen während einer ansonsten feuchten Wachstumsperiode ebenso schlimm sein wie eine echte Dürre. Für die Hirten-Nomaden ist Regen zu Beginn des Sommers weniger wichtig als in der Mitte oder gegen Ende der Regenzeit, wenn immer noch Zeit ist für die ruhende Vegetation, in frisches Grün auszutreiben. Selbst absoluter Regenmangel ist einen Sommer lang zu verkraften, solange die Brunnen und Wasserstellen nicht austrocknen. Gefährlich wird es allerdings, wenn bei niedrigem Wasserstand so wenig Regen fällt, dass die Grassamen gar nicht erst aufgehen. Das Gleichgewicht des Wasserhaushaltes ist so prekär, dass nicht einmal ein relativ feuchter Sommer begrüßenswert ist, wenn er zwischen zwei trockenen Jahren auftritt, denn auf den kurzfristig vergrößerten Weideflächen vermehren sich die Herden besonders stark, und damit ist die normale Tragfähigkeit des Bodens überschritten. Gravierend ist in jedem Fall der Umstand, dass die trockenen Jahre im Sahel nicht einzeln, sondern in Reihen auftreten (Abb. 4.9).

Während in Ostafrika (Äthiopien, Sudan und Nordkenia) die Messungen in den achtziger Jahren des 19. Jahrhunderts begannen, existieren Niederschlagsdaten für die westliche Sahelzone erst seit Anfang des 20. Jahrhunderts. Im Jahr 1898 begann dort eine Dürre, die bis 1904 andauerte, wohl im Zusammenhang mit den beiden ENSO-Ereignissen um 1900 und 1903. Auf diese Katastrophe, für die wir keine Information bezüglich der Opfer haben, folgte eine Reihe von feuchten Jahren, in denen die Herden sich wieder erholten und sich die Bauern am Nordrand der Regenfeldbauzone guter Ernten erfreuten. Michael Glantz weist darauf hin, dass im Sahel – ebenso wie in anderen ariden Gegenden mit stark schwankenden jährlichen Niederschlagswerten – die Menschen damit rechnen, dass auf die dürren Jahre fette Jahre folgen werden. In den fetten Jahren aber vermehren sich die Viehherden auf dem Extra-Weideland und auch die menschliche Bevölkerung nimmt stark zu. Dann, in den dürren Jahren, sinkt die Tragfähigkeit des Landes wieder und Mensch und Tier sterben an Hunger. Dies geschah während der langen Trockenperiode, die von 1911 – einem El-Niño-Jahr – bis 1919 anhielt. Die Herden schrumpften auf ein Drittel, und die Zahl der Hungertoten in Mali, Niger und Nordnigeria wurde auf 80 000 geschätzt. Abgesehen von den beiden niederschlagsarmen Jahren 1926 und 1931 – bezeichnenderweise in unmittelbarer Nähe der El-Niño-Ereignisse von 1925 und 1932 – fielen in den nächsten achtzehn Jahren ausreichende Sommerregen und, wie erwartet, nahm das Wachstum bei Mensch und Vieh stark zu.

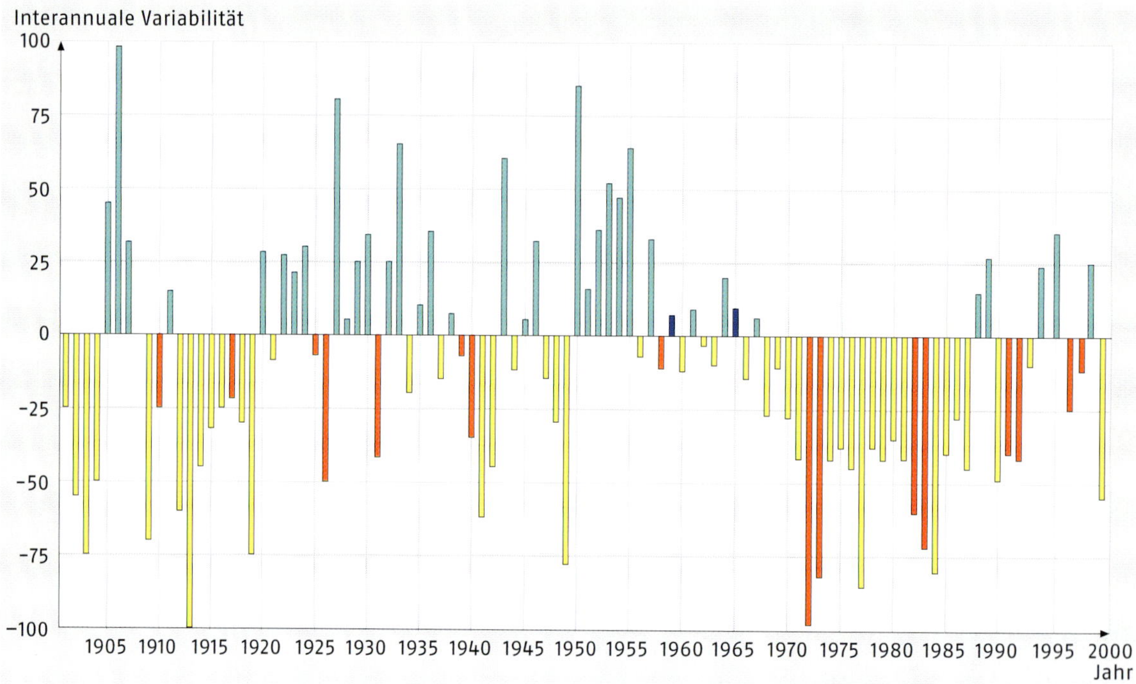

4.9 Jahresniederschläge im westlichen Sahel, 1901–2000. Rote und dunkelblaue Säulen entsprechen El-Niño-Jahren. Die absoluten Zahlen der Jahresniederschlagstabellen entstammen unterschiedlichen Quellen und sind daher nicht zu vergleichen, die relativen Abweichungen sind aber durchaus vergleichbar.

Und dann trat wieder eine Trockenzeit auf. Sie dauerte vom Ende der 1930er Jahre bis 1942, in Übereinstimmung mit der langen ENSO-Episode von 1940–42, der – nach Ansicht einiger Meteorologen – schon 1939 ein schwacher El Niño vorausgegangen war. Mitte der 1940er Jahre kehrte der Regen zurück, und mit ihm kam es zu dem üblichen Anwachsen der Herden und der Ausdehnung des Trockenfeldbaus nach Norden, Umstände, die zu einer wahren Bevölkerungsexplosion führten. Die fetten Jahre währten diesmal besonders lang; sogar das ENSO-Ereignis von 1957 hatte südlich der Sahara keine negativen Auswirkungen. Gerade in dieser Zeit gewannen viele der Länder, die an der Sahelzone teilhaben, ihre Unabhängigkeit, und so ist es nicht zu verwundern, dass die jungen Nationen voller Zuversicht in die Zukunft blickten.

Doch 1968 kamen die ersten Anzeichen, dass sich die guten Jahre dem Ende zuneigten. Die Niederschlagsmengen gingen stark zurück, erreichten während des starken El-Niño-Ereignisses 1972–73 ihr Tief und erholten sich 1974 nur wenig. Der Trockenfeldbau an der Südgrenze der Sahelzone brach zusammen, die Herden der Nomaden weiter im Norden schrumpften dramatisch und die Berichte und Bilder von der entsetzlichen Hungersnot, die nun einsetzte, schockierten die Welt. Aber die großzügigen Spenden der westlichen Industrieländer erreichten nur selten die wirklich Bedürftigen. Die ländliche Bevölkerung blieb sich selbst überlassen und war hilflos den Räuberbanden ausgeliefert, die – einander bekriegend – durch die Gegend zogen. Wie in Nordostbrasilien, so wanderten auch hier die verzweifelten Menschen in die größeren Bevölkerungszentren ab und verschlimmerten das Elend dort. Ein Verwaltungsapparat, in dem sich während der anfänglich fetten Jahre der Unabhängigkeit Ausbeutung, Verantwortungslosigkeit und Korruption breit gemacht hatten, erwies sich nun absolut unfähig, den Notstand zu bewältigen, und die jungen Nationen stürzten in einen Abgrund, aus dem sie sich bis heute nicht wieder emporgearbeitet haben.

Die Schätzungen belaufen sich auf über 200 000 Hungeropfer in der gesamten Sahelzone; dazu kommen Unzählige, die noch heute an den Folgen akuter Unterernährung und an Geburtsschäden leiden. Der Verlust bei den Viehherden überstieg die Millionengrenze, eine Zahl, die sich erst abschätzen lässt, wenn man weiß, dass die Hirten-Nomaden nicht auf engem Raum konzentriert, sondern über riesige Weidegebiete zerstreut sind, und dass eine Familie mit nur fünf Tieren schon ihr Auskommen

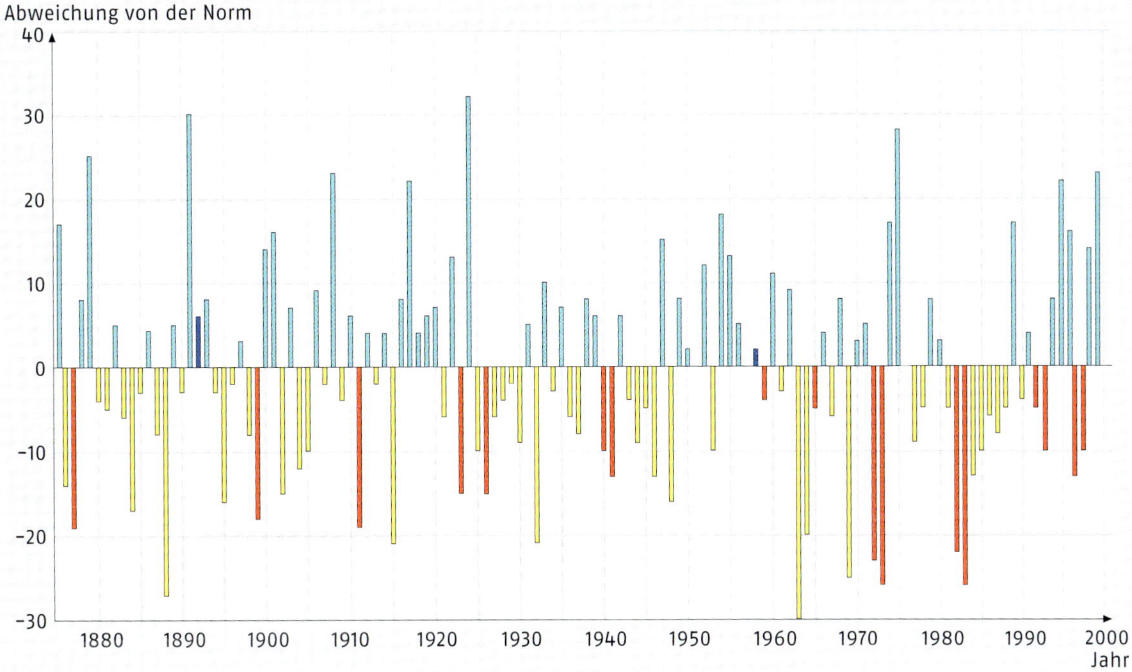

4.10 *Jahresniederschläge in Ostafrika, 1875–2000. Rote und dunkelblaue Säulen entsprechen El-Niño-Jahren.*

hat (Brown 1971). Bei den Kamelen, Ziegen und Maultieren hielten sich die Verluste unter 20%.

In den folgenden Sommern hatten die Niederschlagsmengen kaum das Normalniveau erreicht, da schlug der starke ENSO 1982–83 zu. 1984 hatten etwa 250 Millionen Menschen nicht genug zu essen. Während in Niger, Tschad, dem Sudan, Äthiopien und Kenia unzureichende Nahrungsmittelproduktion die Wurzel des Übels war, so versagten in Mali, Obervolta, Mauretanien und im Senegal die Regierungen bei der Verteilung der Lebensmittel. Als nach zwölf Jahren die Sommerregen 1988 endlich wieder ihre normale Stärke erreichten, hatten die Ackerbaugemeinden am nördlichen Rand des Trockenfeldbaugebiets überlebt, während die Hirten-Nomaden in Flüchtlingslagern im Sudan, in Äthiopien und im Tschad dahinvegetierten.

Kaum zeigten sich die ersten Anzeichen einer Besserung, als 1990 die Niederschläge wieder zurückgingen, diesmal im Zusammenhang mit dem anhaltenden ENSO-Ereignis von 1991–94. Die Dürreperioden, die den Sahel seit 1968 heimgesucht haben, gelten bei den meisten Umwelt-Experten als die schlimmsten ihrer Art weltweit, und viele Soziologen machen sie verantwortlich für das Ende des Nomadentums südlich der Sahara.

In der östlichen Sahelzone sind die Verhältnisse nicht viel besser. Die Hochländer von Äthiopien, der Westen von Somalia und der Norden von Kenia sind auf die Regen angewiesen, die der Sommermonsun vom Indischen Ozean her bringt. Der Subsistenzanbau in Äthiopien hat drei Wirtschaftsperioden: die Zeit der Saat im Frühjahr (*belg*), die den Zenitalregen nutzt, der den Sonnenhöchststand begleitet; die Zeit des Wachstums im Sommer (*kirmet*), wenn der Monsun die notwendigen Niederschläge bringt; die Zeit der Ernte im Herbst (*bega*), wenn weiterhin Niederschläge zum Auffüllen der Wasserreserven für die riesigen Herden gebraucht werden.

Ein regenarmer Winter bedeutet einen schlechten Start für die Saat im Frühjahr. Wenn es dann auch in der Wachstumsphase nicht regnet – was eintritt, wenn im Zusammenhang mit einem ENSO-Ereignis die Monsunwinde ausbleiben –, gibt es Missernten.

Die instrumentalen Messreihen für Ostafrika, die mit dem Jahr 1875 beginnen (Abb. 4.10), zeigen, dass die Dürren entweder in einem El-Niño-Jahr oder im Jahr zuvor oder danach stattgefunden haben, was eindeutig den Zusammenhang zwischen den beiden Ereignissen bestätigt. Im Unterschied zur westlichen Sahelzone treten hier die Dürreperioden nicht mehrere Jahre hintereinander auf, sondern sie wechseln mit Regenjahren. Der Grund hierfür sind die Monsune über Indien und Südostasien, deren Verhalten mit den ozeanischen und atmosphärischen Schwankungen im tropischen Pazifik gekoppelt ist.

Nachdem die Meteorologen vom Zusammenhang zwischen den Dürren im westlichen Sahel und anderen klimatischen Schwankungen in den tropischen Breiten überzeugt waren, begann die Suche nach den Übertragungsmechanismen. Da der Regen in Westafrika im nördlichen Hochsommer fällt, wenn die ITCZ nach Norden vorrückt, glaubte man anfangs, die Dürren träten in den Jahren auf, in denen die ITCZ nicht nach Norden vorrückt. Doch dann zeigte sich, dass es auch dann Dürren gab, wenn sich die ITCZ erwartungsgemäß verhielt. Danach vermutete man, dass sich die Luft, die durch die ITCZ ins Innere von Westafrika gesogen wird, über der Meeresoberfläche vor der Westküste Afrikas, wenn diese kühler als normal ist, ebenso abkühlt und somit trockener wird. Diese Erklärung hielt auch nicht stand, denn Messungen zeigten, dass die Oberflächentemperaturen im tropischen Südatlantik während El-Niño-Jahren wärmer sind als normal. Aber – und dies ist ein wichtiges „aber“ – die ungewöhnlich kühlen Temperaturen fanden sich im tropischen Nordatlantik zwischen Senegal und den Guyanastaaten in Südamerika. Dies ist übrigens auch der Grund, warum in ENSO-Jahren im tropischen Atlantik, auf den Antillen und im Golf von Mexiko die Hurrikanaktivität nachlässt.

Die Vorgänge, die zu den Dürren im westlichen Sahel führen, sind also wesentlich komplizierter als man dachte und als in manchen populärwissenschaftlichen Veröffentlichungen propagiert wurde (Fagan 2000). Stefan Hastenrath (1990a) gab eine wissenschaftlich plausible Erklärung für das Auftreten und die lange Dauer dieser Dürren. Basierend auf den Niederschlagsdaten im westlichen Sahel für die Jahre 1948 bis 1983 und den Oberflächentemperaturen im tropischen Atlantik, die auf Messungen von Küstenstationen in Westafrika und von Schiffen beruhten, stellte er fest, dass sich in dieser Zeitspanne der westliche Atlantik zwischen den Breiten 30° N und 15° N abgekühlt und südlich von 5° S erwärmt hat. Dies verursachte eine Südwärtsverschiebung der Wolken, die typisch sind für die Innertropische Konvergenzzone, in der die Nord- und Südpassate aufeinander treffen. Der Prozess beginnt mit einem langsamen Luftdruckanstieg über dem tropischen Nordatlantik, der die Nordostpassate über Westafrika verstärkt und die äquatoriale Konvergenzzone – zur Zeit des sommerlichen Regenmaximums – bis um 220 km nach Süden verschiebt. Wegen der chronischen Überweidung und dem starken Bevölkerungsanstieg im Sahel ist die von Hastenrath in den letzten 40 Jahren nachgewiesene Tendenz zu geringeren Niederschlägen für diesen Teil der Welt sehr bedrohlich.

Die Niederschlagsschwankungen im östlichen Sahel haben – wie zuvor angedeutet – mit Einflüssen aus dem Indischen Ozean und dem Atlantik zu tun. Analysen der ozeanischen und atmosphärischen Messreihen zeigen, dass die Erwärmung im Indischen Ozean im Kalenderjahr *vor* dem Auftreten eines El Niño im tropischen Pazifik einsetzt. Im Anschluss an die Reifephase von El Niño im nordhemisphärischen Frühjahr erreicht die Erwärmung ihren Höhepunkt im Sommer und die Temperaturen im Indischen Ozean steigen über den Normalwert. So kann sich über dem Meer kein kräftiges Hochdruckgebiet bilden, das feuchte Winde nach Indien und Ostafrika aussenden würde, aber es entsteht eine Konvergenzzone für die trockenen Winde aus den benachbarten Kontinenten. Die Dürren im nördlichen Teil von Ostafrika, der östlichen Sahelzone und in Indien werden durch diese unnormalen trockenen Winde verursacht. Die Verstärkung des Trends seit Anfang der 1970er Jahre sehen Giannini et al. (2003) als Folge der übermäßigen Erwärmung des tropischen Atlantiks und Indischen Ozeans, welche auch den Pazifik erfasst. Nachdem die Verknüpfungen zwischen den Klimaschwankungen in den Regionen um den Indischen Ozean behandelt wurden, werden wir uns im nächsten Kapitel mit den katastrophalen Auswirkungen der ENSO-bedingten Dürren auf den menschenreichen indischen Subkontinent befassen.

Hungersnöte und unzuverlässige Monsune in Indien

Seit jeher sind die Menschen mit Naturereignissen vertraut, durch deren regelmäßiges Auftreten ihr Leben bestimmt wird. So wussten die alten Ägypter, wenn sie Sirius aus dem westlichen Nachthimmel verschwinden sahen, dass der Nil bald über die Ufer treten würde. Ihr landwirtschaftlicher Kalender wurde von den Flusszyklen bestimmt und jedes Jahr im Frühling warteten die Ackerbauern im Niltal auf die Durchsättigung ihrer Böden mit dem nährstoffreichen Wasser.

Ähnlich waren die frühen Zivilisationen in Indien auf die Jahresrhythmen von Ganges und Brahmaputra eingestellt. Doch als die Flusstäler die wachsende Bevölkerung nicht mehr ernähren konnten, mussten höher gelegene und trockenere Gebiete unter den Pflug genommen werden. Dort war Wasser rar und Regen kam hauptsächlich zu Anfang des Sommers. Schließlich wurde der Bevölkerungsdruck so stark, dass auch Gegenden im Einflussbereich des unregelmäßig auftretenden Sommermonsuns besiedelt wurden, und damit begannen die täglichen Sorgen um das notwendige Wasser.

Monsun, in Anlehnung an das arabische *mausin* (Jahreszeit), ist die Bezeichnung für die Winde über dem Indischen Ozean, die je nach Jahreszeit ihre Richtung wechseln. Fälschlicherweise wird das Wort oft für die Regenzeit in diesen Regionen benutzt, obwohl manche Monsunwinde gar keinen Niederschlag bringen. Ein grundsätzlicher Unterschied besteht nämlich zwischen den Winden, die im Sommer aus dem Südwesten über das Meer zwischen der Westküste Indiens und der Ostküste Afrikas kommen, und den Winden, die im Winter in südöstlicher Richtung wehen: Die Ersteren bringen Regen, die Letzteren sind trocken.

Der klassische Wintermonsun entstammt dem Inneren Asiens, wo die kalten kontinentalen Temperaturen zu dichten, trockenen Luftmassen führen. Nachdem diese den Himalaja überquert haben, sorgen sie als Fallwinde für sonniges Wetter in Indien und wehen dann über den Nordteil des Indischen Ozeans in südöstlicher Richtung. Da die Meeresoberfläche in dieser Jahreszeit kühl ist, bleiben die Winde trocken und bringen Ostafrika keine Winterregen. Im Ostteil des Indischen Ozeans werden die Monsune von der äquatorialen Kalmenzone und von dem Tief über Indonesien angezogen, das zu dieser Zeit über Nordaustralien lagert, und nach Süden abgelenkt. Dies bewirkt, dass der trockene Monsun über Indonesien und Nordaustralien von West nach Ost weht; von den Klimatologen wird er als Nordwestmonsun bezeichnet (Abb. 4.11a).

Im Mai tritt eine Windpause ein. Die wird übrigens für die Gipfelbesteigung des Mount Everest genutzt, wie in John Krakauers faszinierendem Buch über die Unglücksexpedition im Jahr 1996 *In eisigen Höhen* nachzulesen ist. Wenn sich dann das Innere Asiens im Laufe des Sommers aufheizt und der Indische Ozean vergleichsweise kühler bleibt als die ihn umgebenden Landmassen, verändert sich die Windrichtung und ab Juni bringen Winde aus dem Inneren des Kontinents die Regenfälle, die im Spätsommer ihren Höhepunkt über Indien und Südostasien erreichen (Abb. 4.11b). In der Stadt Dehra Dun, am Fuß des Himalajas, fallen 85 % der jährlichen Niederschläge (1450 mm) von Juni bis September. Dieser Prozentsatz bleibt in etwa konstant, auch wenn die absoluten Werte der Sommerregen in Indien gegen Süden und Westen abnehmen. Auf alle Fälle stellt in den flussarmen Gebieten, in denen Regenfeldbau betrieben wird, die Abnahme oder das totale Ausbleiben der Sommerregen ein ernsthaftes Problem dar.

Man muss grundsätzlich zwischen der sommerlichen Luftbewegung vom Meer aufs Land, bei der es sich um feuchte Monsunwinde handelt, und monsunähnlichen Winden, die trocken sind, unterscheiden. Ein gutes Beispiel für die Letzteren sind die Südwest-„Monsune" über dem westlichen Teil des Indischen Ozeans. Sie bringen dem ariden Nordwesten von Indien, Pakistan und dem Osten Irans aber keinen Regen, denn bei ihnen handelt es sich um Ausläufer der Südwestpassate, die aus dem Südindischen Ozean über den Äquator kommen. Sie sind so trocken, dass sich über Westindien nur geringe Bewölkung bildet, und wenn es tatsächlich zu etwas Regen kommt, verdampfen die Tropfen in der extrem trockenen Luft, bevor sie den Erdboden erreichen. Echte Monsunwinde kommen vom indonesischen Ozean im Osten und sorgen für lang anhaltende schwere Regenfälle in der östlichen Hälfte Indiens, den Brahmaputra- und Gangesniederungen sowie in Assam im Nordosten. Europäische Klimatologen, wie Hermann Flohn, ebenso wie ihre indischen Kollegen machen das Ausbleiben oder eine Verspätung dieser Südostmonsune für besonders trockene Sommer verantwortlich. In Indonesien, dem Norden Australiens, Indochina, den Philippinen und im Süden Chinas weht der feuchte Sommermonsun von Ost nach West, wenn Luftmassen aus dem äquatorialen Pazifik von den Tiefdruckzellen über den erhitzten Landmassen angesaugt werden.

Im Laufe der Geschichte kamen die Sommerregen immer wieder verspätet oder überhaupt nicht, und die Folgeerscheinungen wurden gravierender in dem Maß, in dem die Bevölkerung Indiens an-

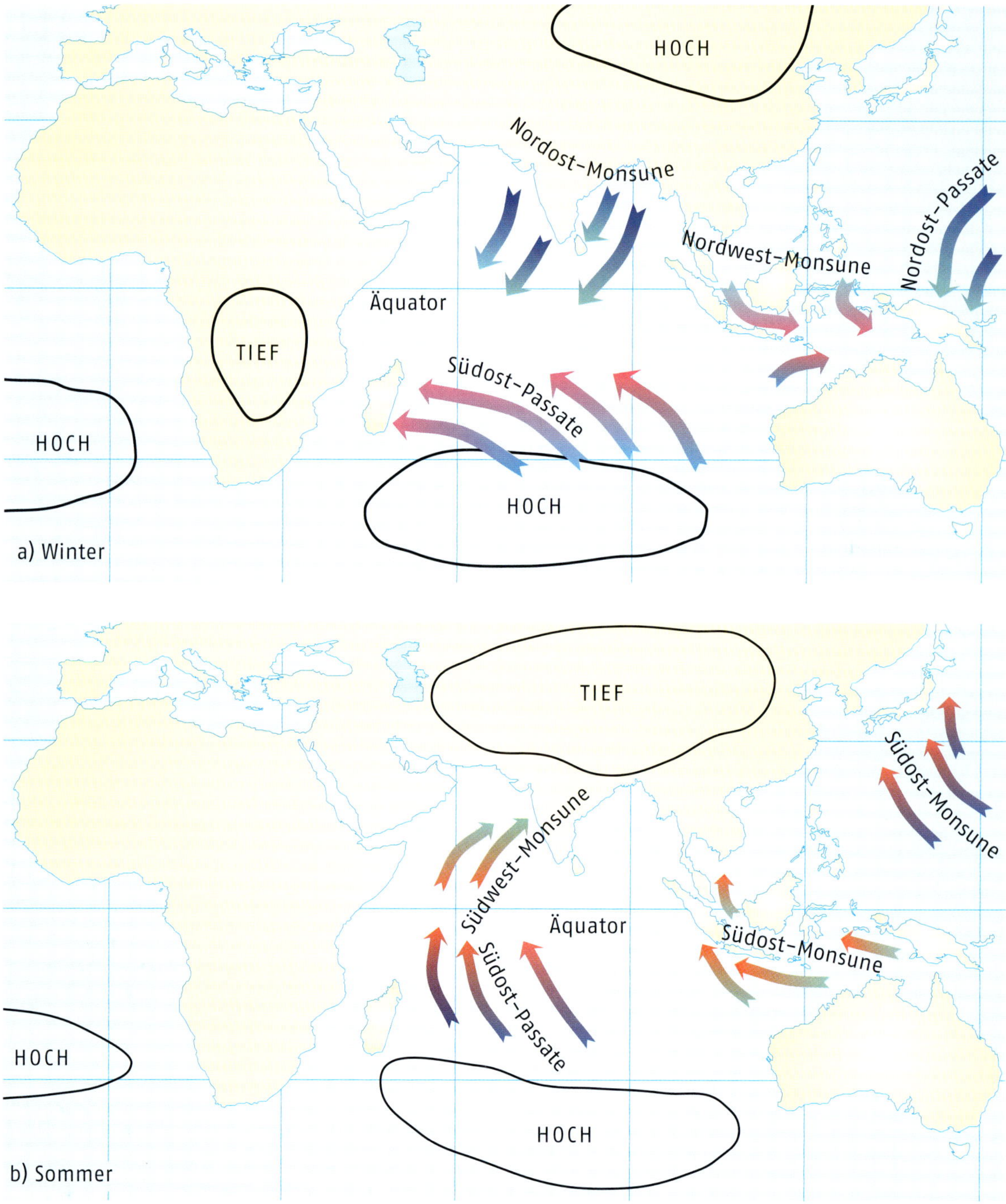

4.11 *Herkunftsgebiete der (a) Wintermonsune, (b) Sommermonsune.*

wuchs und mehr Randgebiete unter den Pflug nahm. Kritisch wurden die Verhältnisse während der kühleren und trockeneren Kleinen Eiszeit, gerade als die europäischen Kolonialmächte die Verwaltung des Landes antraten. Es ist zwar anzunehmen, dass Indien schon vorher seine Erfahrungen mit klimabedingten Missernten gemacht hat, doch die ersten Erwähnungen von Dürren und Hungersnöten finden sich erst in den kolonialen Chroniken und der Volksliteratur aus jener Zeit. Schon im 19. Jahrhundert wurden in England Listen der Katastrophenereignisse geführt und im Jahr 1994 behandelten Whetton und Rutherfurd die Rolle des El Niño in der Klimageschichte Indiens.

Für das 16. Jahrhundert sind Hungersnöte aus den Jahren 1500, 1509, 1520–21, 1540–43, 1554–1556, 1576–77, 1592 und 1594–98 überliefert, aber nur die von 1540–43 waren die Folge verbreiteter Trockenheit. Der Vergleich mit Quinns Chronologie zeigt, dass 1541, 1578 und 1591–92 El-Niño-Ereignisse im Pazifik vor Südamerika stattfanden. Das Jahr 1588 ist nicht erwähnt, obwohl Lamb (1995) berichtet, dass in diesem Jahr die Stadt Fatepur Sikri in Indien wegen Ausbleiben des Monsunregens aufgegeben wurde, und es ist auch der Sommer, in dem eine Reihe von unerwarteten Stürmen im Nordatlantik die spanische Armada zerstörte.

Im 17. Jahrhundert sind Hungersnöte aus den Jahren 1613–15, 1618, 1623, 1629–31, 1648, 1650, 1659–61, 1685 und 1687 dokumentiert. Ein Teil davon trat im Zusammenhang mit El Niños auf, und zwar mit denen von 1614, 1618, 1624, 1660 und 1687.

Im 18. Jahrhundert war die Dokumentierung schon wesentlich besser und es wurde leichter, Dürren und Hungersnöte aus jener Zeit zu erkennen. Als England die Herrschaft über die verschiedenen Königreiche, Fürstentümer und Feudalbesitze antrat, erbte es auch Indiens Probleme mit Überbevölkerung und Nahrungsversorgung. Die jährlichen Berichte der britischen Kolonialbehörden zeigen die Ausmaße der Krisen und beschreiben ausführlich die Maßnahmen, die zur Milderung der Hungersnöte getroffen wurden. In den Jahren 1702–04, 1709, 1746–47, 1782–83 und 1791 traten schlimme Trockenepisoden im Zusammenhang mit El Niño im pazifischen Raum auf, und 1718, 1733, 1737, 1739, 1744, 1752 und 1769–70 Dürren, die nichts mit ENSO-Vorgängen zu tun hatten. Die Dürre, die Andhra Pradesh und seine Nachbargebiete von 1789 bis 1791 (im Zusammenhang mit dem besonders starken El Niño 1791) heimsuchte, ist ein Beispiel für die Unabwendbarkeit einer solchen Katastrophe, wenn im Anschluss an einen besonders kalten und trockenen Winter auch noch die Sommermonsune mit dem erwarteten Regen ausbleiben (Grove 1999). Ebenfalls erwähnenswert ist die nach 1770 zu beobachtende Verstärkung der Dürreepisoden, da in diesem Jahrzehnt eine Art Klimawende stattfand: Auch Europa hatte eine Reihe ungewöhnlich warmer Sommer (Glaser 2001) und in der Karibik stieg die Zahl der Hurrikane – ein Thema, welches im nächsten Kapitel näher behandelt wird. Die ersten drei Dürren im 19. Jahrhundert fielen mit El-Niño-Episoden unterschiedlicher Stärke, 1802–03, 1806 und 1812, im Pazifik zusammen. Es folgten zwei normale Jahrzehnte, doch dann kamen wieder Dürre-Jahre: 1832–33, 1837–38, 1844 und 1864–66, und zwar jeweils im Zusammenhang mit starken oder gemäßigten ENSO-Ereignissen.

Das Abstimmen der Dürren in Indien mit dokumentierten ENSO-Episoden im Pazifischen Raum wird im Laufe der 1870er Jahre leichter und lohnenswerter, da nicht nur die britischen Kolonialbehörden komplettere Berichte lieferten, sondern auch, weil die El-Niño-Episoden an Häufigkeit und Stärke zunahmen. Parthasarathy et al. (1987) und Bhalme et al. (1983) haben jährliche Niederschlagsdaten für verschiedene Regionen zusammengestellt, anhand deren sich die Auswirkungen von El Niño erkennen lassen. Ein Vergleich dieser Reihen mit Whetton und Rutherfurds (1994) Liste von Regenanomalien in Südostasien zeigt den Zusammenhang zwischen ENSO-Episoden im Pazifik und dem Ausbleiben der Sommermonsune über Indien und Südostasien, und somit die Verknüpfung zwischen den Luftdruckfeldern im Pazifischen Raum und über dem Indischen Ozean.

Die jährlichen Niederschlagsschwankungen für das monsunale Indien sind in Abbildung 4.12 dargestellt. Die abnormalen 1870er Jahre begannen mit einer Dürre im Gebiet um Marathwada (Mittelindien) im Zusammenhang mit El Niño 1871. Dann, im Zuge des gewaltigen El Niño 1877–78, wurde der Subkontinent von der schlimmsten Katastrophe des Jahrhunderts getroffen. Mehr als die Hälfte litt unter Sommertrockenheit und Hungersnöten, vor allem die Regionen Rajasthan, Saurashtra und Kutch sowie Gujarat und Haryana im Norden. Es folgten zehn Jahre mit etwa ausreichenden Sommerregen, doch El Niño 1891 brachte das zweitstärkste Dürre-Ereignis des 19. Jahrhunderts mit sich. Diesmal waren besonders der Punjab im Norden und Rajalseema im Süden betroffen. Schließlich erlebte Indien eine der schlimmsten Katastrophen seiner Geschichte im Zusammenhang mit El Niño 1899–1900. Fast 73% des Landes litten unter Trockenheit und Nahrungsknappheit, vor allem die mittleren Regionen. Nur die Gebiete am Fuß des Himalajas und die nordwestlichen Tiefländer des Ganges sowie Uttar Pradesh blieben verschont.

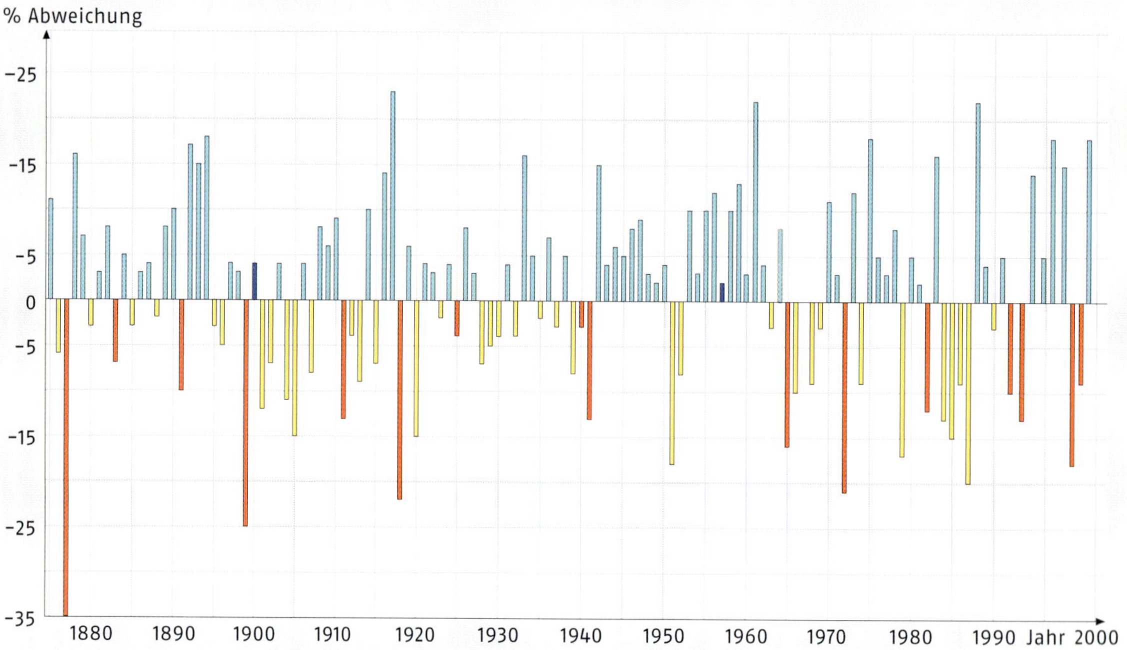

4.12 *Jahresniederschläge in Indien, 1875–2000. Rote und dunkelblaue Säulen entsprechen El-Niño-Jahren.*

Indiens erste Dürre im 20. Jahrhundert kam 1904, und auch wenn dies nicht gerade als ein El-Niño-Jahr gilt, so sank doch der Index der Südlichen Oszillation. Dies ist ein gutes Beispiel dafür, dass nicht jedes Absinken des SOI unbedingt einen El Niño anzeigt. Vielmehr ist eine gleichzeitige Erwärmung im äquatorialen Pazifik notwendig, damit man wirklich von einem warmen ENSO-Ereignis sprechen kann. Die Dürre von 1904 nahm ihren Ausgang in den nordwestlichen Regionen von Gujarat, Saurashtra und Kutch und griff 1905 auf Rajasthan und Uttar Pradesh über, so dass am Ende 35% des Landes betroffen waren. Die gleichen Regionen wurden 1911 und 1914 wieder heimgesucht, diesmal im Zusammenhang mit gemäßigten El-Niño-Entwicklungen im tropischen Pazifik.

Im Register der indischen Dürren und Hungersnöte nimmt das Jahr 1918 einen traurigen Rang ein. Obwohl auch wieder kein richtiger El Niño stattfand, deutet ein leichtes Absinken des SOI auf Zirkulationsanomalien hin, welche in 68% des Landes zu Regendefizit und somit in Bezug auf ihre räumliche Ausdehnung zur zweitschlimmsten Katastrophe in den letzten einhundert Jahren führten. Alle Gebiete, mit Ausnahme der Südspitze und des nördlichen Teils von Madhya Pradesh in der Landesmitte, waren betroffen. Ohne Zeit zur Erholung zu gewähren kam die nächste Dürre nur zwei Jahre später und erfasste diesmal gut 44% des Landes; damals gab es keinen ENSO-Vorgang im pazifischen Raum. Die nächste Dürre im Jahr 1925 – wiederum zusammen mit einem vor allem vor der Westküste Südamerikas stark ausgeprägten El Niño – betraf besonders den Nordwesten von Indien.

Nach einer Ruhepause von vierzehn Jahren traten 1939, 1940 und 1941 Dürren im Zusammenhang mit einer längeren ENSO-Episode im pazifischen Raum auf. Diesmal war nur ein Viertel des Indischen Subkontinents betroffen, besonders das westliche Rajasthan sowie Saurashtra und Kutch. Nach dem Zweiten Weltkrieg wurden Staudämme gebaut, so dass die Folgeerscheinungen der nächsten Dürre im Jahr 1948 – übrigens kein El-Niño-Jahr – abgemildert wurden.

Ab Mitte des 20. Jahrhunderts zeigte sich immer deutlicher, dass die Zirkulationsanomalien in Südostasien und Indien ihre Wurzeln im fernen Pazifik haben. Dem holländischen Meteorologen Berlage (1966) verdanken wir das Wiederaufgreifen der Idee von einem Zusammenhang zwischen den Luftdruckverhältnissen in diesen beiden geographischen Räumen, den Gilbert Walker schon in den 1920er Jahren vermutet hatte und welcher jetzt als *Südliche Oszillation* allgemein bekannt wurde. Die

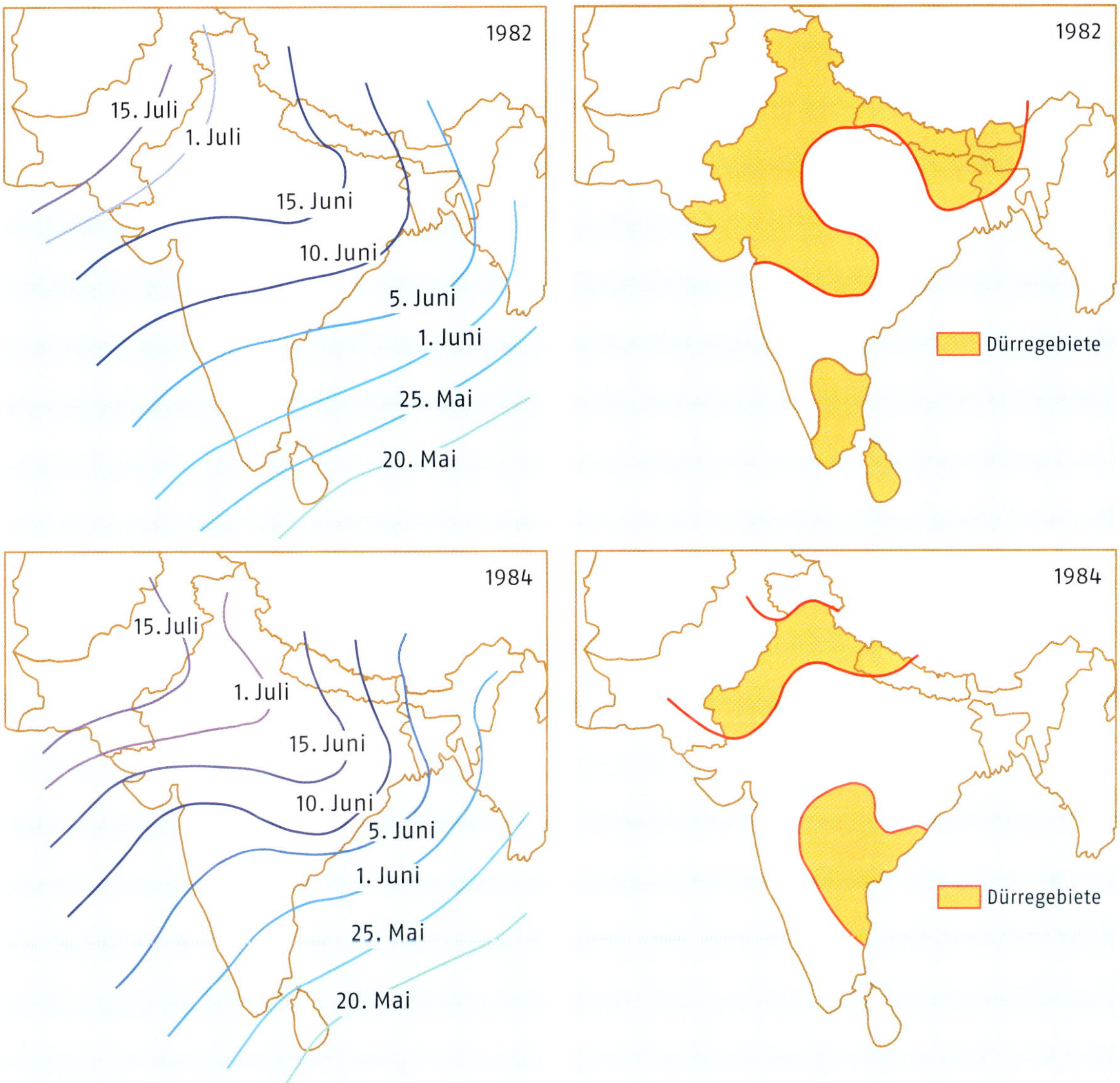

4.13 *Beginn des Monsunregens und Dürregebiete in Indien, 1982 und 1984.*

These wurde untermauert durch die Dürren von 1951, 1965 und 1972–73, die alle mit El Niños im tropischen Pazifik zusammenfielen. Als schließlich 1982–83 Südostasien von einer ausgedehnten Trockenheit im Zusammenhang mit der stärksten ENSO-Entwicklung im 20. Jahrhundert heimgesucht wurde, waren die Wissenschaftler vorbereitet, die Entstehung und die Verbreitungsmechanismen des Geschehens systematisch zu verfolgen. Damit war der Weg zum besseren Verständnis ähnlicher Vorkommnisse in der Vergangenheit und auch in anderen Teilen der Welt geebnet.

Es ließ sich nun anhand des Monsunverhaltens in den Jahren 1982, 1983 und 1984 die Entwicklung von Regenmangel in verschiedenen Regionen Indiens während extremer ENSO-Ereignisse untersuchen. Demnach kamen 1982 die feuchten Monsunwinde zur rechten Zeit – nämlich Ende Mai – im Süden Indiens an, stagnierten jedoch, statt wie üblich Anfang Juni nach Nordwesten weiterzuziehen. Dort trafen sie erst im Juli ein, zu spät für die Sommersaat und mit zu wenig Regen. Die resultierenden regionalen Regendefizite sind aus Abbildung 4.13 zu ersehen. Im nächsten Jahr (nicht gezeigt) kamen die Monsune wieder verspätet, und bei einem mit dem Vorjahr fast identischen Verhalten trafen sie, nachdem der Großteil der Ostküste normale Niederschläge erhalten hatte, im Juli bei Orissa im Nordosten ein. Zum Ausgleich fielen im gesamten Süden sowie entlang der Westküste normale Regenmengen. Auch 1984 verspätete sich der Monsun, doch diesmal verlief die Verschiebungskurve weiter nördlich über der Bengalen-Bucht, was die Sommerregen im östlichen Mittelindien und im ariden Nordwesten reduzierte.

Während der nächsten vier Jahre blieb der Monsunregen schwach und erreichte erst 1988 (einem ausgesprochenen Kaltwasser- oder La-Niña-Jahr) wieder normale Stärke. Doch schon 1991, als der Abfall des SOI die Ankunft eines länger anhaltenden, wenn auch schwachen ENSO-Ereignisses ankündigte, ließen, wie zu erwarten, die Sommerregen über Indien nach. Diesmal verschob sich die Kurve weit nach Süden: Das Landesinnere und der Nordwesten Indiens litten unter Trockenheit, während im Westen und Nordwesten solch heftige Regenfälle niedergingen, dass es in Bangladesh und bei seinen Nachbarn am Golf von Bengalen zu Überschwemmungen kam. Erst mit dem Anstieg der SOI-Werte im Jahr 1994 normalisierte sich die Sommerzirkulation wieder und der Monsunregen trat in seiner üblichen Stärke auf.

Die oben erwähnte Verschiebung in der zeitlichen und räumlichen Ankunft des Monsunregens in Indien – in Übereinstimmung mit einem Diagramm, in dem Wilfried Endlicher den Verlauf der Luftdruck-Situation über Indien in den Sommermonaten skizziert (Weischet und Endlicher 2000) – liefert den ersten Hinweis auf die Faktoren, die Zeitpunkt und Stärke der Regenfälle über Südostasien bestimmen. Nach Hastenrath (1995) lässt sich die Intensität der Monsune durch drei Hauptfaktoren vorhersagen:

1. das Vorhandensein eines Hochdruckkeils über Indien in den Monaten vor dem Einsetzen der Sommerregen,
2. die Intensität des Windes, welcher den Äquator im Indischen Ozean von Süden her überquert, und schließlich
3. der Index der Südlichen Oszillation im Pazifischen Raum.

Mit der Bildung eines Hochdruckkeils im Frühjahr entlang Indiens Rückgrat wird der Jetstream nach Süden abgedrängt, und wenn das Hochdruckgebiet den Sommer über stationär bleibt, verspätet sich auch die Ankunft des Sommermonsuns und der heiß erwarteten Regenfälle. Die in Abbildung 4.13 dargestellte zeitliche Verschiebung der Monsunregen deutet das Vorhandensein dieses Hochdruckkeils in etwa 3000 m Höhe an, was die feuchten Luftströmungen aus Süd und Südwest daran hindert, auf den inzwischen erwärmten Kontinent vorzudringen.

Die zweite Voraussage hat mit den Luftströmungen zu tun, die durch die Temperaturunterschiede zwischen dem Ozean und den benachbarten Kontinentalmassen hervorgerufen werden. Da sich Wasser langsamer als Landmassen erwärmt, ist der Indische Ozean zu Anfang des Sommers verhältnismäßig kühler als der indische Subkontinent. Dies führt dazu, dass sich ein feuchter Meereswind über dem warmen Land abregnet. Je mehr sich die Temperaturen von Land und Meer einander annähern, desto schwächer werden die Regen bringenden Winde.

Die Rolle der Südlichen Oszillation als drittem Voraussagefaktor für die Monsune wurde während der letzten El-Niño-Ereignisse bestätigt. Da die Stärke der Sommermonsune durch die Zirkulation in der oberen Atmosphäre und die Luftströmungen, die über dem Indischen Ozean den Äquator überqueren, bestimmt wird, haben nicht alle Dürren in Indien mit ENSO-Entwicklungen im Pazifik zu tun. Manche werden auch von überregionalen Zirkulationsverhältnissen verursacht. Diese Mechanismen wurden schon 1923–24 von Gilbert Walker vorgedacht. Als Direktor des Indischen Meteorologischen Dienstes war er daran interessiert, konkrete Anzeichen für einen Zusammenhang zwischen den jährlichen Monsunschwankungen in Indien und den Schwankungen in der tropischen Zirkulation zu finden. Und er fand sie zwischen den negativen und positiven Extremen in der Monsunintensität und der „Luftdruckschaukel" zwischen dem Tief über Djakarta (Indonesien) und dem Hoch über Tahiti (im Südpazifik) – heute als die *Südliche Oszillation* bekannt.

Worauf nun basiert die Verbindung zwischen der Südlichen Oszillation und dem abnormalen Verhalten der Monsune über Südostasien? Um dies zu erklären, muss man die Walker-Zirkulation sowie auch die Madden-Julian-Oszillation zuziehen. Eines der Hauptmerkmale der zonalen Zirkulation in den äquatorialen Breiten ist der Kreislauf, der die Zentren aufsteigender Luft mit den Zentren absteigender Luft verbindet. In normalen Jahren besteht der Kreislauf zwischen dem Indischen Ozean und dem West-Pazifik aus einem aufsteigenden Ast über

Indonesien-Neuguinea-Nordaustralien, in dem starke Bewölkung und Regenschauer herrschen. Die absteigenden Äste, welche den Ausgleich zu den Konvektionszentren bilden, entwickeln sich über dem westlichen Teil des Indischen Ozeans und über dem östlichen Pazifik vor Südamerika, wo die Absinkinversion wolkenlose Himmel mit starker Sonneneinstrahlung verursacht. Während warmer ENSO-Vorgänge wandert das Konvektionszentrum ostwärts in den äquatorialen Zentralpazifik, wo es sonst trocken und klar ist. Während der absteigende Ast über dem Westindischen Ozean Trockenheit nach Indonesien, Neuguinea und Nordaustralien bringt, ist der absteigende Ast vor Südamerika merklich schwächer.

Mit diesen Prozessen sind die Merkmale der pulsierenden Madden-Julian-Oszillation verbunden (siehe Kapitel 1). Diese quasi-regelmäßige Entwicklung und Ostwärtsverlagerung von starker Konvektion und Bewölkung ist am stärksten zwischen dem östlichen Indischen Ozean und dem zentralen Pazifik. Das ganze Jahr über folgen einander wellenförmig im Abstand von 45 bis 55 Tagen Perioden hoher OLR (Outgoing Longwave Radiation – reflektierte langwellige Strahlung), die klaren Himmel und Regenarmut bedeuten, und Perioden niedriger OLR mit starker Bewölkung und Konvektivregen. Unter warmen ozeanischen Bedingungen breiten sich die Prozesse der Madden-Julian-Oszillation über den gesamten tropischen Pazifik aus und verstärken somit die Anomalien, die mit einer warmen ENSO-Entwicklung einhergehen. Wenn sich nun ein gewaltiger absinkender Ast der Walker-Zirkulation vom Indischen Ozean über Indonesien bis hin nach Nordaustralien erstreckt, dann verschiebt sich die Madden-Julian-Oszillation nach Osten, und ganz Südostasien leidet unter Regendefizit (Madden und Julian 1971, 1994).

Ausschlaggebend hierbei ist die Tatsache, dass es Jahre gibt – wie 1877–78, 1891, 1911, 1972 –, in denen die Trockenanomalien zuerst im westlichen Indischen Ozean, und damit in Ostafrika und Indien, auftauchen, also als Vorläufer einer El-Niño-Entwicklung im Pazifik anzusehen sind.

Die Möglichkeit, den historischen Schiffsverkehr zur Identifizierung von klimatischen Anomalien in der Vergangenheit heranzuziehen (siehe Kapitel 3), nutzte Meta Mertens von der University of California-Hayward (2002). Sie analysierte die Aufzeichnungen der Vereinigten Ostindischen Gesellschaft, deren Segelschiffe von 1602 bis 1794 Gewürze aus Indonesien nach Holland brachten, um zu sehen, ob die Überquerungen des Indischen Ozeans zwischen Kapstadt und Batavia (Jakarta) durch warme ENSO-Ereignisse im Pazifik beeinflusst wurden. Auf der Hinfahrt segelten diese Schiffe mit den in der südlichen Hemisphäre ständig wehenden Westwinden entlang der Breiten 35°/40° S bis etwa 90°/100° Länge O, wo nach Norden abgedreht wurde, um von da an von den Südostpassaten zu profitieren. Der Rückweg nach Kapstadt hingegen wurde gerne im Winter angetreten, und zwar mit dem Nordostmonsun im Rücken quer über den Indischen Ozean.

Mertens stellte fest, dass in ENSO-Jahren – und interessanterweise auch im Jahr davor – der Hinweg ein bis drei Tage länger in Anspruch nahm als die durchschnittlich 79 Tage, die die Reise normalerweise dauerte. In Jahren, die auf ein ENSO-Ereignis folgten, brauchte man nur 1,5 Tage länger. Deutlicher war der Einfluss der Monsunanomalien auf die Dauer der Rückreise von Jakarta nach Kapstadt. Im Jahr mit einem ENSO-Ereignis dauerte die Reise sechs Tage länger als die durchschnittlichen 85 Tage in einem normalen Jahr, im Jahr davor war sie 1,5 Tage länger und im Jahr danach etwa vier Tage *kürzer*.

Diese historische Untersuchung verdeutlicht, dass die ENSO-Vorgänge eine verlangsamende Wirkung auf die südhemisphärischen Passate ausübten und eine Schwächung der Sommermonsune über dem Indischen Ozean hervorriefen, der Grund, warum die Schiffsreisen in solchen Jahren länger dauerten. Erwähnt werden muss an dieser Stelle, dass im Zuge der Kleinen Eiszeit im 17. und 18. Jahrhundert eine merkliche Beruhigung in der globalen Zirkulation eingetreten war. Wären diese Jahrhunderte normal warm gewesen, so wären die Unterschiede zwischen der Überfahrtsdauer in normalen Jahren und der Dauer während ENSO-Ereignissen viel stärker ausgefallen. Interessant ist auch Mertens' Beobachtung, dass das Nachlassen der Winde schon ein Jahr *vor* eigentlichen ENSO-Episoden einsetzte – eine Bestätigung der schon öfter gemachten Feststellung, dass bei manchen ENSO-Episoden die ersten Anzeichen zuerst im Indischen Becken auftreten und sich erst danach nach Osten verlagern. Schließlich ist die Tatsache, dass die Reisen ein Jahr *nach* ENSO-Ereignissen kürzer dauerten, ein Indiz dafür, dass die Passate und Monsunwinde ihre Kraft wieder zurückgewannen, genau wie es die Klimatologen heute in der Übergangsphase von El Niño zu La Niña feststellen.

In jüngster Vergangenheit hat das wissenschaftliche Interesse an globalen Klimaschwankungen auch zur Entdeckung von Intensitätsschwankungen bei den Monsunen in der Vorzeit geführt. Anhand von Tiefseesedimenten aus dem westlichen Indischen Ozean argumentieren Tiefseegeologen wie Clemens et al. (1996), dass die Monsunstärke in der Vergangenheit stark von den zyklischen Veränderungen in der Bahnneigung der Ekliptik und der Präzession der Äquinoktien (dem Vorrücken von Frühlings- und Herbstanfang um ein bis zwei Tage) abhingen. Ansammlungen von Kälte liebenden Mikroorganismen und Mineralspuren am Boden des Indischen Ozeans enthüllten, dass diese geringen Verschiebungen der Erdachse starke Konsequenzen hatten, nämlich Eismassenbildung auf benachbarten Kontinenten und Veränderungen in der Intensität und im Verlauf der Monsune. Der deutsche Meeresgeologe Sirocko (1996) ist der Ansicht, dass die Schwankungen bei den Monsunen der Vorzeit durch ferne geophysikalische Bedingungen beeinflusst wurden, wie dem Wärmezufluss aus dem Indischen Ozean, der Hebung des Tibetplateaus, der Dicke der Schneedecke in Ostasien, der Ausdehnung des Packeises im Nordatlantik sowie den Echos vorgeschichtlicher El-Niño-Ereignisse.

All diese „Aufzeichnungen“ in der Natur deuten darauf hin, dass die Monsune ein wichtiger Umweltgestalter im Norden Indiens waren, lange bevor sich die ersten Menschen etwa 3000 v. Chr. im Industal niederließen. Es ist anzunehmen, dass diese frühen Zivilisationen auch schon unter dem Ausbleiben der Monsune gelitten haben. Der Leser wird sich erinnern, dass die Gebiete am Indus sowie Rajasthan, Kutch, Saurashtra und Gujarat zuvor häufig als die in historischer Zeit am stärksten vom Ausbleiben der Monsune betroffenen Gebiete erwähnt wurden. Wenn Monsun- und ENSO-Vorgänge so eng verbunden sind, wie wir es heute erkannt haben, so ist anzunehmen, dass die Wechselbeziehungen zwischen Meer und Atmosphäre in den Tropen schon seit langem Schwankungen unterworfen waren; die in diesem Buch berücksichtigten 500 Jahre sind ja nur ein kurzer Augenblick in dieser Umweltgeschichte.

Waldbrände in Australasien

Wenn der Australienbesucher vor der üppigen Vegetationskulisse von Melbourne, Sydney oder Brisbane an Land geht, so vermutet er kaum, dass er einen extrem trockenen Kontinent betreten hat, der nur 6% der Süßwasservorräte in der Welt besitzt und nur 18% des globalen Niederschlags abbekommt. Wie in vielen anderen Regionen in den Tropen und Randtropen, so bemerkten die Klimatologen erst im Anschluss an den starken El Niño 1972–73, dass die Niederschlagsschwankungen in Australien durch die Variabilitäten der El Niño/Südlichen Oszillation beeinflusst wurden. Kurz zuvor, im Jahr 1969, hatte der Australier Donald Heathcote eine Studie über die Dürren in seinem Land veröffentlicht, in der allerdings von einem Zusammenhang mit den Warmepisoden im tropischen Pazifik und den Abweichungen der Südlichen Oszillation noch keine Rede war.

Der Insel-Kontinent Australien besitzt einen trockenen inneren Kern, der von den Hochebenen von Alice Springs eingenommen wird. Zu 83% gilt das Land als semiarid, nur am nördlichen, südöstlichen und südwestlichen Rand des Kontinents überwiegt der Niederschlag die starke Verdunstungsrate und erlaubt eine üppige Pflanzendecke. Dies sind deshalb auch die Gebiete, in denen sich die Bevölkerung konzentriert. Die Ursachen für die Regenfälle in den einzelnen Regionen sind sehr unterschiedlich. Der tropische Nordrand und ein Teil der Ostküste erhalten ihre Hauptniederschläge im südlichen Sommer durch die Seewinde. Dazu kommt oft verheerender Starkregen aus den wandernden Zyklonen, die über der warmen Korallensee und der Arafura-See entstehen. Da auch die benachbarte Inselwelt von Indonesien und Neuguinea diesem heftigen Regenregime unterliegen, werden wir im Folgenden die Dürren aller drei Großregionen zusammen betrachten. Ein weiterer Grund ist die Tatsache, dass die Werte des Indonesien-Tiefs, des einen Pols der Südlichen Oszillation, in Darwin im Nordwesten Australiens gemessen werden.

Im Südosten Australiens, besonders im dicht besiedelten Staat Victoria, fällt der Regen im Winter mit dem Durchzug von Fronten aus dem Osten. Die damit einhergehenden Zyklonen bringen die gefürchteten Stürme in der Großen Australischen Bucht und der Tasman-See, auf die bei der Behandlung der Seekatastrophen in Kapitel 3 eingegangen wurde. Dagegen liegt das Gebiet um Adelaide sowie Südwest-Australien unter dem Einfluss der *westerlies*, die im Süden des Indischen Ozeans vorherrschend sind. Regen bringen im Winter einzelne Zyklonen und Kaltfronten aus den mittleren Breiten. Das Innere Australiens bleibt aber den ganzen Winter hindurch trocken, und wenn im Sommer auch noch die Regenschauer und Seewinde ausbleiben, dann schiebt sich die ausgetrocknete gelbe Grasnarbe aus dem Inneren vor bis an die sonst grünen Ränder des Kontinents.

Die Dürren in Australien erklären sich aus den Blockierungssituationen, die in manchen Jahren über dem Süden und Südwesten des Kontinents entstehen: Auf der südlichen Halbkugel, wo es jenseits des 40. Breitengrades nur geringe Landmassen gibt, zieht eine ständige Folge von Hoch- und Tiefdruckzellen von West nach Ost über den Ozean. Im Südwinter dominiert die Hochdrucklage, und kalte Meeresluft von Süden gelangt bis ins Innere des Kontinents, wo sie jegliches Vordringen von feuchtwarmer Meeresluft aus dem Norden blockiert. Im Sommer tritt normalerweise eine Schwächung der Hochdrucklage ein. Es gibt aber auch Jahre, in denen dies infolge von Anomalien in der tropischen Zirkulation nicht geschieht – wie zum Beispiel bei einer ENSO-Entwicklung. Dann wird das blockierende Hoch stationär und der größte Teil Australiens bleibt das ganze Jahr über trocken.

Der Zusammenhang zwischen saisonbedingtem Regen, Temperaturextremen und Zyklonenhäufigkeit in Australien und der ENSO-bedingten Meeresdynamik wurde erst in den 1980er Jahren klar formuliert. Neville Nicholls (1992) jedoch erwähnt, dass schon im Jahr 1877 – als sowohl Australien als auch Indien unter Dürre litten – der australische Meteorologe Charles Todd eine gemeinsame Ursache vermutete, und dass ebenso der Klimatologe H. C. Russell aus New South Wales dies schon 1896 andeutete. Jedenfalls besteht kein Zweifel darüber, dass Anfang des 20. Jahrhunderts H. Hildebrandsson als Erster die zeitliche Übereinstimmung von Regenanomalien in Australien und Indien durch einen Ausgleichmechanismus zwischen dem Westpazifik und dem Indischen Ozean zu erklären suchte, eine Idee, die in den 1920er Jahren von Sir Gilbert Walker aufgegriffen wurde. Im Hinblick darauf fragt man sich, warum es so lange dauerte, bis die australischen Klimatologen diese Erklärung formulierten. Heute bestreitet kein australischer Geowissenschaftler mehr, dass „El Niño/Südliche Oszillation eines der Hauptmerkmale des ozeanisch-atmosphärischen Geschehens im Pazifik ist und einen markanten Effekt auf das Klima Australiens hat" (Colls 1993).

Während der Hochphasen der Südlichen Oszillation (ausgeprägte Hochdrucklage und kalte Wassertemperaturen im östlichen Pazifik) ist die Zyklogenese um Australien sehr aktiv. Während der Niedrigphasen der Südlichen Oszillation (verbreitete Tiefdrucklage und warme Wassertemperaturen im äquatorialen und östlichen Pazifik) geht die Zahl der Zyklonen über Nordaustralien und Indonesien zurück und die zuvor erläuterten Blockierungssituationen werden häufiger.

Wegen der unterschiedlichen Art und Weise, in der die oben beschriebenen Klimakontrollen in den verschiedenen Regionen Australasiens operieren, kommt es nur selten zu einer generellen Trockenheit einheitlichen Ursprungs, da die meisten Dürren regional begrenzt sind und einen eigenen Auslöser haben. Ferner gibt es zuverlässige Messreihen erst seit Mitte des 19. Jahrhunderts, das heißt, Informationen über Dürren sind kaum 150 Jahre alt. Immerhin existiert eine Sammlung von indirekten Hinweisen auf Dürreperioden, die von Russel zusammengestellt und von Nicholls (1992) in seinem Pionierwerk über die australischen Dürren verarbeitet wurde. In Nicholls' Liste erscheinen 1789–91, 1793, 1797, 1798–1800, 1802–04, 1808–1815, 1818–21, 1824, 1827–29, 1833 und 1837–39 als Dürrejahre, und alle – mit Ausnahme von 1798–1800, 1815 und 1818 – sind mit El-Niño-Ereignissen unterschiedlicher Stärke gekoppelt. Mit Beginn der 1840er Jahre liefern dann die meteorologischen Messreihen ein genaues Bild der Niederschlagsschwankungen in den semiariden Gebieten von Australien und lassen Vergleiche mit entsprechenden Gegenden in anderen tropischen Schlüsselregionen zu, wie der Westküste Südamerikas.

Die australischen Klimatologen Heathcote (1969) und Hobbs (1988) haben sich mit den Dürren in ihrem Land beschäftigt und einige interessante Punkte herausgearbeitet. So waren die ersten dreißig Jahre nach den 1840er Jahren, gekennzeichnet durch unberechenbare jährliche Schwankungen und Regenmangel in den Jahren 1854, 1859 und 1869, nachgewiesenermaßen gemäßigte El-Niño-Jahre im Ostpazifik und Dürrejahre in Indien. In den beiden nächsten Jahrzehnten wurden die Schwankungen im zentralen und im südlichen Teil Australiens im Zuge globaler Anomalien immer markanter. Dem extrem niederschlagsarmen Jahr 1876 folgte das besonders nasse 1877, in dem – wie schon bemerkt – das stärkste ENSO-Ereignis des Jahrhunderts stattfand. Weitverbreitete Trockenheit herrschte wieder im Jahr 1886 zusammen mit zwei Jahren Dürre in Indonesien und Indien. Diese Katastrophen könnte man als ein verspätetes Echo von El Niño 1884 betrachten. Eine Trockenepisode im Jahr 1888, die den Osten Australiens sowie einen Küstenabschnitt im Westen heimsuchte, kann mit dem schwachen El Niño 1887–89 im Norden Perus in Verbindung gebracht werden. Als kurz darauf der starke El Niño 1891 auftrat, verschlimmerte sich die Trockenheit im Westen und im Jahr darauf war der ganze Kontinent trocken. Das Tief über Indonesien war kräftig und die Zahl der tropischen Zyklonen in diesem Jahr gering. Die nächste Dürre im Jahr 1894 wurde im Westen des Landes nachgewiesen. Damals waren die atmosphärischen und ozeanischen Bedingungen im Pazifischen Raum nicht außergewöhnlich, was bedeutet, dass die Trockenheit mit dem klimatischen Geschehen in dem Teil des Indischen Ozeans zu tun hatte, der sich zwischen Afrika und Australien erstreckt. Im Jahr 1897 machte sich die Trockenheit im südlichen Landesinnern und in der nordöstlichen Ecke breit, während der Südosten und der Südwesten verschont blieben. Ob diese Dürre mit einem schwachen El-Niño-Ereignis vor der Küste Perus in Zusammenhang zu bringen ist, muss noch geklärt werden, ansonsten würde man bei der etwas merkwürdigen Verteilung der betroffenen Gebiete eher an eine Blockierungssituation denken.

Bei der nächsten Dürre im Zeitraum 1900–02 litten der gesamte nördliche und nordöstliche Teil des Landes, vor allem die York-Halbinsel – Anzeichen für eine Kräftigung des Indonesien-Tiefs und Erwärmung im äquatorialen Pazifik. Während der stärkeren ENSO-Episoden des 20. Jahrhunderts sollten diese Regionen noch öfter heimgesucht werden. Die folgende Dürre im Jahr 1905 war genauso verheerend wie die von 1877; sie betraf 95 % des Kontinents und nur der gemäßigte Südwesten blieb verschont. Auch andere Regionen in der östlichen Hemisphäre der Südlichen Oszillation litten unter Trockenheit, doch es gab kein Anzeichen eines El Niño im östlichen Pazifik.

Nach einem Jahrzehnt mit reichlichen Niederschlägen kehrte Trockenheit vor allem im Inneren Australiens im Zusammenhang mit dem gemäßigten El Niño 1914 zurück, aber in den drei nächsten Jahrzehnten waren die Bedingungen für eine Entwicklung von Dürren nicht geeignet. Immerhin fielen in zeitlicher Nähe mit den ENSO-Episoden von 1911 und 1919 im zentralen und östlichen Pazifik die Jahre 1912–13 und 1918–19 trocken aus, und im Zuge des starken El Niño 1940–42, der weltweit zu Klimakrisen führte, kam es im Südosten und Westen Australiens sogar zur Aufgabe von ländlichen Siedlungen.

Erst mit dem Anbruch der „El-Niño-Neuzeit“, das heißt mit den Dürren im Zusammenhang mit El Niño 1957–58, wurde ihre Verbindung mit den ENSO-Vorgängen deutlich. In Abbildung 4.14 erkennt man, dass die Dürre, die den Norden und Westen Australiens im Jahr 1958–59 heimsuchte, eine Fernwirkung des El Niño 1957–58 war und die lokal begrenzten Trockenereignisse von 1961 und 1963 mit schwächeren ENSO-Entwicklungen im Pazifik zusammenfielen. Viel schlimmer waren jedoch wieder die Dürren im Jahr 1965, die fast die gesamte östliche Hälfte von Australien betrafen und den Kontinent als eines der Haupteinflussgebiete der ENSO-Variabilitäten bestätigten.

Während der ausgeprägten globalen Klimaanomalien im Zusammenhang mit El Niño 1972–73 zeigte Australien im ersten Jahr Regendefizite im Norden und Osten, während im zweiten Jahr starke Niederschläge fielen. Solch ein Umschwung von einem Extrem zum anderen ist – wie die neuesten Beobachtungen beweisen – typisch für den Übergang von El Niño zu La Niña. Geringe Regenfälle im Sommer 1976–77 scheinen die Antwort zu sein auf den schwachen El Niño 1976. Alle diese Dürren in Australien, die seit Mitte des 20. Jahrhunderts fast ausschließlich mit ENSOs gepaart waren, bestätigen, dass vor allem der Norden Australiens (wo sich Darwin befindet) wenig Niederschlag abbekommt, wenn im Zentral- und Ostpazifik ein El Niño im Gange ist.

Das gründlich dokumentierte ENSO-Ereignis von 1982–83 zeigte die ersten Anzeichen im Norden Australiens schon im Jahr 1981. Eine Blockierungssituation auf dem Kontinent wurde verstärkt durch die Ostwärtsverlagerung der Konvektionszentren der Walker-Zirkulation, die üblicherweise in El-Niño-Jahren stattfindet. Damit lag Australien

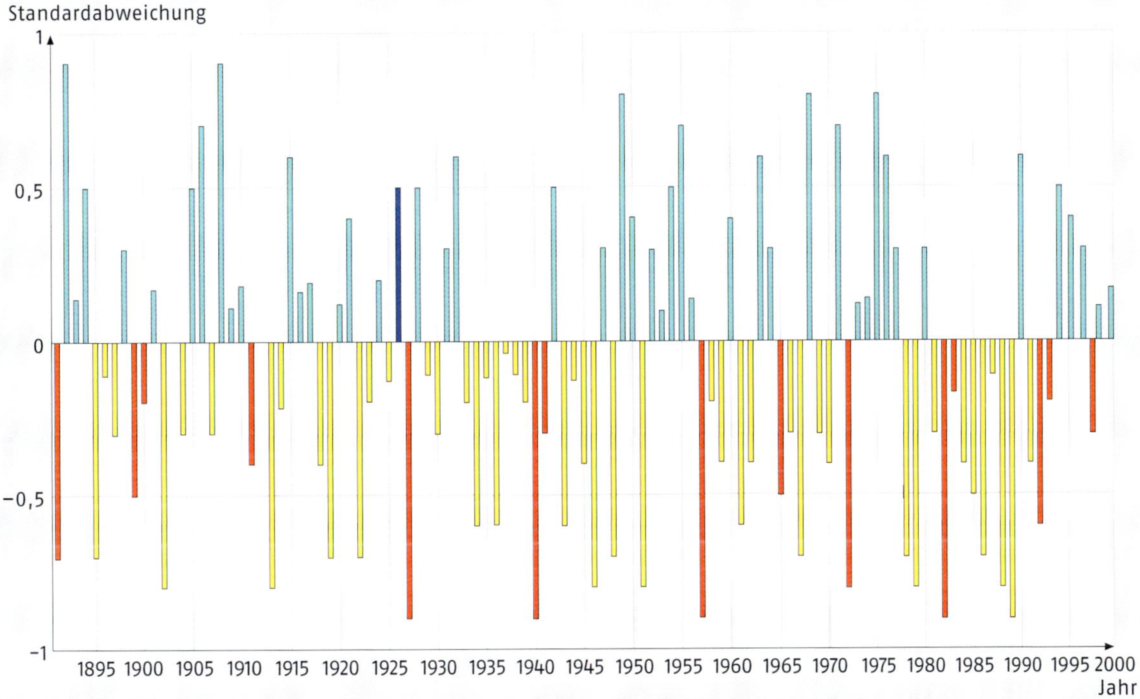

4.14 *Jahresniederschläge in Australien, 1891–2000. Die dunkelblaue und die roten Säulen entsprechen El-Niño-Jahren.*

unter einer anhaltenden Absinkinversion, was auf der gesamten östlichen Hälfte des Kontinents von Darwin bis Adelaide zu kritischen Niederschlagsdefiziten führte, während in der westlichen Hälfte noch fast normale Winterregen fielen.

Die Folgen für Umwelt und Wirtschaft waren verheerend. Wassermangel hatte einen dramatischen Rückgang in der Weizen-, Gerste-, Hafer- und Zuckerrohrproduktion zur Folge. 1983 stiegen die Erträge wieder an, da während dieser Übergangsphase von El Niño zu La Niña die tropischen Zyklonen wieder zunahmen und reichlich Niederschlag brachten. Abbildung 4.15 zeigt, dass bei hohen SOI-Werten – was warmen Wassertemperaturen im westlichen Pazifik und starker Konvektion am östlichen Pol der Südlichen Oszillation entspricht – eine Menge tropischer Zyklonen entsteht, während bei niedrigen SOI-Werten – was El-Niño-Bedingungen signalisiert – ihre Zahl deutlicher geringer ist.

Am Ende des ENSO 1982–83 beliefen sich die landwirtschaftlichen Verluste auf etwa 500 Millionen Australische Dollars. Unter anderem sanken die Garnelenfänge im Golf von Carpentaria auf den tiefsten Stand des Jahrhunderts, da wegen des geringen Regens der Salzgehalt im Meer angestiegen war. Die Rinderbestände schrumpften von 26,2 Millionen (1980) auf 22,2 Millionen (1984) und die Schafe von 136 Millionen (1983) auf 133 Millionen (1984). Flächenbrände vernichteten Busch-, Weide- und Kulturland, und in dem berüchtigten „Aschermittwoch-Feuer“ kamen zwischen Adelaide und Melbourne 49 Menschen ums Leben. Der Gesamtschaden, der im Osten des Landes durch diese Dürre verursacht wurde, bestätigt, dass die ozeanisch-atmosphärischen Anomalien im Pazifik jetzt eine große Gefahr für Australien darstellen.

Das lang anhaltende, aber schwache ENSO-Ereignis von 1992–94 kündigte sich mit einem Absinken des SOI und mit einer mäßigen Erwärmung im Zentralpazifik während des Südsommers an. Auf der Ostseite Australiens drang die Sommerdürre von Queensland bis nach New South Wales vor. Der Darling River schrumpfte auf ein Drittel seines normalen Sommerniveaus, und der wolkenlose Himmel und die hohen Lufttemperaturen, die für eine Blockierungssituation typisch sind, führten zu einer Explosion der toxischen blau-grünen Algen (Cyanobakterien) in den Flüssen von Queensland, New South Wales und Victoria und machten das

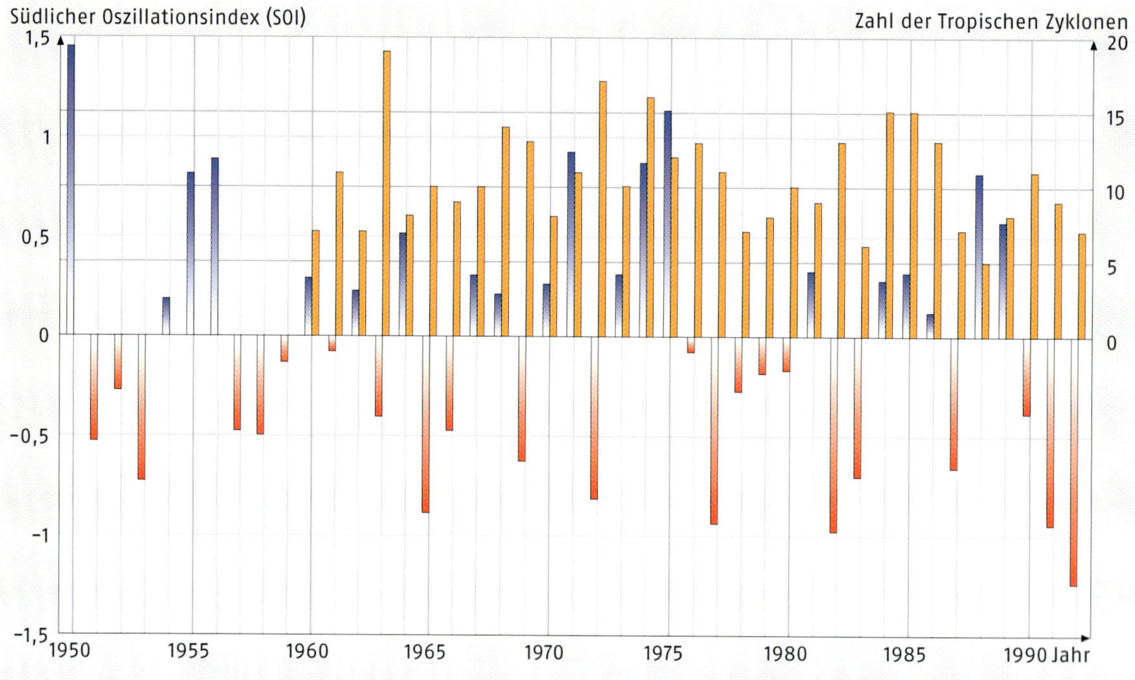

4.15 *Indexwerte der Südlichen Oszillation (links, rote und blaue Säulen) und Anzahl von Zyklonen (rechts, gelbe Säulen) in Nordaustralien.*

Wasser ungenießbar. Die Koalas starben zu Tausenden in den glühenden Eukalyptuswäldern, und die Schnabeltiere erstickten im erhärteten Schlamm. Rinder- und Schafskadaver säumten die ausgetrockneten Wasserläufe. Mit der Ankunft von Herbst und Winter verschlimmerte sich die Lage dort, wo dies sowieso die trockeneren Jahreszeiten sind, noch mehr, während sonst die Regenmengen weiterhin unzureichend blieben. Im Sommer 1992–93 waren die Niederschläge schon etwas reichlicher, aber ausreichende Mengen fielen erst wieder Ende 1994 mit der Normalisierung der Südlichen Oszillation und dem Rückgang der Wassertemperaturen im tropischen Pazifik.

Wie zuvor angedeutet spiegeln sich ENSO-Variabilitäten auch in den jährlichen Regenfällen im benachbarten Indonesien wider, denn wenn El-Niño-Bedingungen im tropischen Pazifik herrschen, dann verschiebt sich die Tiefdruckzelle über Indonesien weiter nach Osten in den zentraläquatorialen Pazifik hinein. Dies führt im gesamten indonesischen Archipel zu trockeneren Sommern als üblich. Da dort die Winter normalerweise sowieso regenarm sind, kann sich die regenlose Zeit in solchen Jahren schwacher Ostmonsune über fast achtzehn Monate hinziehen.

Für den Subsistenzanbau sind die jährlichen Schwankungen nicht so schlimm, aber die natürliche Vegetation ist auf die Regen angewiesen. Sie besteht auf den indonesischen Inseln aus tropischen Regenwäldern und monsuntrockenen Wäldern, wobei Letztere besonders feueranfällig sind. Als erschwerender Umstand kommt hinzu, dass die einst üppige Vegetation in jüngster Zeit nicht nur wegen des aggressiven Holzschlags durch nationale und internationale Unternehmen, sondern auch wegen der landwirtschaftlichen Überbeanspruchung durch Zuwanderer aus übervölkerten Nachbarinseln stark zurückgegangen ist. Indonesien ist eines der vielen traurigen Beispiele dafür, dass nach Abholzung des ursprünglichen Waldbestandes der nackte Boden und die geschwächte Sekundärvegetation der generellen Austrocknung anheimfallen. Dieser Trend hat sich in den letzten Jahrzehnten infolge der Häufung und Intensivierung der El-Niño-Vorkommen sehr verstärkt.

Der Pionier der El-Niño-Forschung William Quinn hat schon 1978 den Zusammenhang zwischen Dürrezeiten in Indonesien und den feuchtwarmen ENSO-Phasen im tropischen Ostpazifik erkannt. Bei der Auswertung von Daten über Salzproduktion auf Madura und Missernten im übrigen Indonesien fand er, dass 77 % der dort dokumentierten Trockenereignisse mit El-Niño-Episoden im tropischen Ostpazifik zusammenfielen, nämlich die Jahre 1844, 1877–78, 1911, 1925–26, 1932, 1940–41, 1953, 1965 und 1972–73. Sogar die leichte Erwärmung des äquatorialen Pazifiks im Jahr 1976 hatte zu verbreitetem Regendefizit in Indonesien geführt.

Allerdings wurden die verheerenden Auswirkungen dieser Trockenepisoden erst im Laufe des ENSO-Ereignisses von 1982–83 wirklich deutlich. Die saisonbedingten Niederschläge fielen in der zweiten Jahreshälfte von 1981 stark ab und erholten sich auch während des südlichen Sommers (Ende 1982 bis Anfang 1983) nicht. Erst mit der Rückkehr des Ostmonsuns am Ende des nördlichen Sommers (Mitte 1984) wurde der Niederschlag wieder normal. Während der schlimmsten Trockenheit forderten unkontrollierbare Brände zahlreiche Menschenleben und zwangen über 80 000 ländliche Bewohner zur Flucht. Die Reisernte fiel sehr dürftig aus und Hungersnöte drohten nicht nur den Reisbauern, sondern auch den Siedlern in den neuen Rodungsgebieten.

Die Rückkehr der Regen im Jahr 1984 konnte der progressiven Verschlechterung der natürlichen Pflanzendecke keinen Einhalt mehr gebieten. Die landwirtschaftliche Nutzung ehemaliger Waldflächen, die Ausdehnung der Ölpalmen- und Gummibaumplantagen und nicht zuletzt die rücksichtslose Rodung im Zuge des Wachstumsbooms der 1980er Jahre hatten die natürlichen Ressourcen der Inseln am Vorabend der ENSO-Ereignisse von 1991–94 und 1997–98 in einen extrem anfälligen Zustand versetzt.

In den Jahren 1992, 1993 und 1994 waren die Sommerregen wieder schwach, was erneut dazu führte, dass Brandrodung oft in flächendeckende Brände ausartete. Nachdem im Herbst 1994 die geschwächten Ostmonsune vier Jahre hintereinander nur geringen Regen gebracht hatten, zogen die Rauchschwaden der Waldbrände aus Nordsumatra bis nach Singapur, Kuala Lumpur und anderen Städten in Malaysias Klangtal. In Kalimantan fielen dem Feuer 3,5 Millionen Hektar Land zum Opfer. Nach einem kurzen Zwischenspiel reichlicher Sommerniederschläge in den Jahren 1995 und 1996 zerstörten die Vorläufer des nächsten ENSO-Ereignisses alle Hoffnung auf eine Rückkehr zur Normalität, vor allem da auch den Brandrodungspraktiken kein Einhalt zu gebieten war. Die ersten Anzeichen traten im Mai 1997 auf, als der Wintermonsun stagnierte und die Ostmonsune daran hinderte, ihre Feuchtigkeit an Land zu bringen. Den ganzen trockenen Sommer und Herbst hindurch tobten die Brände. In Kalimantan und im östlichen Sumatra wurden sogar die Moore erfasst. In Kalimantan verursachten die Rauchschwaden den Absturz eines Flugzeugs mit 132 Menschen an Bord. In siebzehn Naturparks und Naturschutzgebieten verschwanden ganze Tierarten und in der Vogelwelt wurden Frucht- und Allesfresser von Insektenfressern verdrängt (Kinnard und O'Brien 1998). Ende 1997 hatten die Brände insgesamt 12 800 Quadratkilometer Land zerstört und in den Städten löste ein starker Anstieg von Atemwegs- sowie Herz- und Kreislauferkrankungen bei den Gesundheitsbehörden große Besorgnis aus.

Im nächsten Jahr wurde es noch schlimmer. Während die Brände vom Vorjahr immer noch nicht unter Kontrolle gebracht waren, kamen neue dazu, denn manche Bauern wollten einfach nicht von ihren gewohnten Brandrodungspraktiken lassen. Da die Regierung nicht früher in Aktion getreten war, stand sie in dieser Notlage nun machtlos da. Im September 1998 beim Treffen der Südwestasiatischen Nationen (ASEAN) machten die Delegierten aus dem benachbarten Singapur und Malaysia die indonesische Regierung für das Ausmaß der Katastrophe verantwortlich. Die finanziellen Verluste, die das Zusammentreffen von El-Niño-Effekten mit denen der generellen Umweltdegradierung verursacht hatte, beliefen sich für die indonesische Wirtschaft auf 4,4 Milliarden Dollar. Angesichts dieser Katastrophe beauftragte ASEAN ein Gremium mit der Überwachung von ENSO und mit der Entwicklung von Maßnahmen zur Verhinderung oder zumindest Kontrolle von Flächenbränden.

Missernten in Mexiko

Als die spanischen Eroberer in den Hochländern von Zentralmexiko eintrafen, gehörten diese zu den dichtestbevölkerten Regionen in der Neuen Welt. Die Azteken, die in den Becken und auf den Hochplateaus siedelten, hatten ein kulturelles Niveau erreicht, das dem der Inkas in Peru und dem zu jener Zeit schon im Verfall begriffenen Stand der Mayas im heutigen Guatemala und Yucatán gleichkam.

Die Landwirtschaft blühte, denn die Böden waren fruchtbar und der notwendige Niederschlag wurde, je nach Jahreszeit, von Winden aus der Karibik oder dem Pazifik geliefert.

Es ist nichts darüber bekannt, ob die Azteken oder die anderen Völker in den mexikanischen Hochländern zeitweise Versorgungsnöte kannten, und wenn ja, ob diese auf klimatische Unregelmäßigkeiten zurückzuführen waren. Doch archäologische Funde lassen vermuten, dass bestimmte Bevölkerungsverschiebungen und der Sturz manch eines regionalen Machthabers zu vorspanischen Zeiten durch Hungersnöte in Folge von länger anhaltenden Trockenperioden ausgelöst wurden.

Die einheimische Landwirtschaft veränderte sich mit der Ankunft der Spanier radikal: Zwar blieb Mais weiterhin das Hauptanbauprodukt, aber die Spanier führten auch Weizenanbau und Rinderzucht ein. Ferner züchteten sie Pferde, denn diese waren unbedingt notwendig als Transportmittel. Der Vorstoß in bislang nicht kultivierte semiaride Gebiete im Regenschatten der beiden Sierras war wegen der unberechenbaren Niederschläge nicht ohne Risiko. Zwar berichten die frühen spanischen Chroniken von Wasserreichtum in den Hochländern und saftigem Grün in den ländlichen Gegenden – Ausdruck eines weltweiten Feuchtigkeitsanstiegs im 16. Jahrhundert –, doch als später das Weltklima kühler und trockener wurde, häuften sich in Mexiko die Klagen über Dürre- und Frostereignisse. Gewissenhaft notierte die spanische Kolonialverwaltung diese Krisen, und das erlaubt uns heute den Nachweis von früheren ENSO-Ereignissen anhand der Wirtschafts- und Sozialgeschichte des Landes und den Vergleich mit Klimavariabilitäten in anderen Teilen der Welt.

Allerdings sollte man die ENSO-Entwicklungen im tropischen Pazifik nicht generell für Mexikos Umweltkrisen verantwortlich machen, denn die Klimakontrollen in diesem Land sind vielfältig: Die Winde kommen aus den Tropen und Subtropen, vom Pazifik her und aus der Karibik, und im Winter sogar vom nordamerikanischen Kontinent.

Wie zuvor erwähnt sind keine schriftlichen Beweise für das Vorkommen von Klimaextremen in vorspanischen Zeiten überliefert und auch die kolonialen Chronisten hielten lokal begrenzte Krisen nicht für erwähnenswert. So muss man sich denn nach Ersatzinformationen umsehen, wie zum Beispiel Enrique Florescanos *Precios del maíz y crisis agrícolas en México, 1708–1810*. Florescano (1969) stellte fest, dass die Maispreise im 18. Jahrhundert meist im Anschluss an Dürren, Fröste oder Überschwemmungen in die Höhe schnellten. In einer späteren Arbeit (1980) konzentrierte er sich auf Dürreereignisse und sah des Öfteren einen Zusammenhang mit Anomalien im tropischen Pazifik.

Die ersten Anzeichen kultureller Veränderungen, die auf einen Klimawandel zurückzuführen sind, traten zwischen 600 und 900 auf, eine Zeit, in der zunehmend feuchte Bedingungen die landwirtschaftliche Ausdehnung auf die Hochplateaus begünstigten. Diese relativ lang anhaltende Wohlstandsphase ging jedoch im 12./13. Jahrhundert zu Ende, als die Anbaugebiete infolge längerer Dürreepisoden wieder schrumpften: Im Jahr 1168 brach das Tolteken-Reich zusammen. Im 13. Jahrhundert tauchten Völkerstämme aus dem Norden auf, unter ihnen die Azteken, die sich 1345 im fruchtbaren Becken von Mexiko auf der Insel Tenochtitlán im Texcoco-See niederließen (Metcalfe 1987). In den Sumpfgebieten auf dem Hochplateau herrschten von der ersten Hälfte des 15. Jahrhunderts bis ins frühe 16. Jahrhundert sehr feuchte Verhältnisse. Danach wurde es wieder trockener und aus den Jahren 1624, 1661 und 1692 gibt es Hinweise auf Dürren im Zusammenhang mit El-Niño-Episoden in Peru.

Im 18. Jahrhundert nahm die Zahl der Dürren zu und Folgeerscheinungen wie Nahrungsknappheit und soziale Unruhen zeichneten sich immer stärker ab. Abbildung 4.16 zeigt die Trockenjahre und den Dürregrad der einzelnen Ereignisse. Grad 1 bedeutet, dass die Trockenheit auf eine bestimmte Region beschränkt blieb; Grad 2, dass sie weit verbreitet war und allgemeine Hungersnot sowie den Zusammenbruch von öffentlichen Institutionen verursachte. Eine Trockenperiode, die von 1708 bis 1711 währte, lässt sich mit dem starken El Niño von 1707–08 in Verbindung bringen, und die Dürren von 1720, 1728 und 1785–86 traten ebenfalls im Zusammenhang mit El-Niño-Ereignissen auf, während diejenigen aus den Jahren 1749, 1771–72 und 1792 auf Erwärmungen im Pazifik folgten. Als Gründe für die schlechten Ernten in den Jahren 1711, 1749–50 und 1780 gibt Florescano „Regenmangel“ und „Herbstfröste“ an. Letztere deuten auf Kaltlufteinbrüche vom nordamerikanischen Kontinent hin, welche stets trocken sind und die Landwirtschaft schädigen. Bei den Dürren von 1724–26,

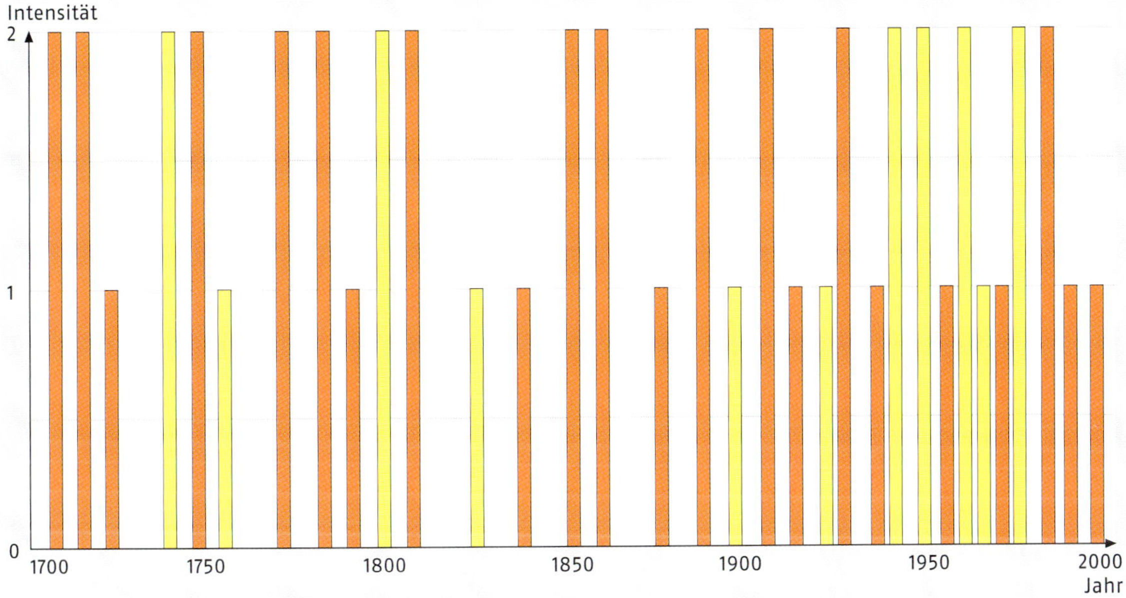

4.16 *Intensität der Dürren in Mexiko, 1700–2000. Orangefarbene Säulen entsprechen El-Niño-Jahren.*

1741–42 und 1768–70 besteht kein Zusammenhang mit ENSO. Ansonsten war das 18. Jahrhundert in Zentralmexiko, ebenso wie fast überall sonst und besonders im pazifischen Raum, von drastischen Klimaschwankungen gekennzeichnet, die nach Swan (1981) als Anzeichen der Kleinen Eiszeit zu werten sind.

Das 19. Jahrhundert setzte mit einer isolierten Dürre im Jahr 1800–1801 ein, aber die Dürren von 1808–10 und von 1822–23 fallen wieder mit gemäßigten El-Niño-Episoden in Quinns Liste (1992) zusammen. Nach 1823 allerdings wird die Beziehung zwischen Dürren in Mexiko und El-Niño-Vorkommen unklar, da Mexiko sich in einen Bürgerkrieg verstrickte, in dem die Hungersnöte nicht nur auf Naturkatastrophen zurückzuführen waren. Aus Yucatán wurden Ernteausfälle wegen Regenmangels in den Jahren 1822–23 und von 1834–35 gemeldet – das war jeweils ein Jahr vor einem El Niño –, während die Dürre von 1850–52 wieder mit einem El Niño zusammenfiel. 1877 und 1891 traten ebenfalls Dürren im Zusammenhang mit starken El Niños auf, die die Weizenernten im mittleren Teil des Landes vernichteten. 1877 stürmten hungrige Banden die Kornspeicher in Durango, und in Mexiko City und Oaxaca mussten 1891 und 1892 die Lebensmittel rationiert und die Speicher unter Milizbewachung gestellt werden. Mangelnde Sommerregen in den Jahren 1884, 1894, 1903, 1925, 1932, 1942, 1957 und 1965 stimmen mit deutlichen El-Niño-Ereignissen überein, aber die El Niños von 1911 und 1972–1973, die in den lateinamerikanischen Ländern am Rand des Pazifiks besonders großen Schaden anrichteten, hinterließen in Mexiko keine Spuren. Die Trockenperiode von 1944 bis 1947 hinwieder fiel in eine Zeit ohne ENSO-Entwicklung im Pazifik.

Im Anschluss an den verheerenden El Niño von 1972–73 befassten sich die Meteorologen näher mit den Regenausfällen in Mittelamerika und Mexiko und konnten nicht nur die Wasserknappheit dieser Jahre, sondern auch die Dürren von 1982–1983 und 1997–98 mit Entwicklungen im tropischen Pazifik in Zusammenhang bringen. Den Umstand, dass die Niederschlagsvariationen in einigen Teilen Mexikos nicht gut mit El-Niño-Ereignissen jüngeren Datums übereinstimmen, führen Cavazos und Hastenrath (1990) auf die vielfältigen Klimakontrollen aus dem Pazifik und der Karibik zurück. An Mexikos Pazifikküste wird die Trockenperiode im Winter durch den kalten Kalifornischen Strom bedingt. Westlich der Sierra Madre und in den Becken im Nordwesten bringen feuchte Winde aus dem Pazifik die Sommerregen. Im Laufe des Sommers bringen die Luftmassen, die die ITCZ im Pazifik nach Norden begleiten, Regen. In El-Niño-Jahren jedoch bleibt die ITCZ in Äquatornähe und die

Pazifikküste von Panama bis Mexiko erhält nur wenig Niederschlag. In solchen Jahren normalisiert sich das Regenregime erst Ende des Sommers, und zwar im Anschluss an eine aktive Hurrikan-Saison im tropischen Nordpazifik. Kein Wunder, dass in den historischen Aufzeichnungen von Mexiko immer wieder von Überschwemmungen berichtet wird, die wir heute im Zusammenhang mit starken ENSO-Entwicklungen erklären.

Das Klima im Osten Mexikos wird hingegen von den Winden aus der warmen Karibik beeinflusst, die mit der Stärke der Nordatlantischen Passate variieren. In Jahren, in denen kein El Niño stattfindet, entwickeln sich über dem warmen Atlantik kräftige Winde, die dem östlichen Teil Mexikos starke Frühjahrs- und Sommerregen bringen. Die Ernten fallen dann gut aus und es gibt keine Versorgungsprobleme. In El-Niño-Jahren jedoch führen gleich mehrere Umstände zu Regenknappheit: Die Westwinde dominieren in der oberen Troposphäre, die ITCZ bleibt in der Nähe oder südlich des Äquators, und Mittelamerika und Zentralmexiko befinden sich im Bereich der trockenen Nordostpassate.

Im Norden Mexikos sind die Klimamerkmale ähnlich wie im Südwesten der Vereinigten Staaten. Ebenso wie in Kalifornien sind dort in ENSO-Jahren die Winter reich an Regen, weil sich über dem wärmeren Pazifik besonders viele Fronten und Tiefs bilden. Im Norden Mexikos und im Südwesten der USA kommt es im Herbst und Winter zu denselben Kälteeinbrüchen aus dem Norden (*nortes*), die schon seit jeher Ernten vernichtet und Hungersnöte hervorgerufen haben. Sie stehen in keiner Beziehung zu ENSO, sondern erfolgen in Abhängigkeit von nordamerikanischen Klimakontrollen.

Die nähere Betrachtung der Trockenzeiten in Mexiko zeigt, inwieweit diese Besonderheiten von ozeanisch-atmosphärischen Schwankungen im Südpazifik bestimmt sind und welch andere Faktoren zu der unterschiedlichen Niederschlagsverteilung beitragen, nämlich Kältewellen vom nordamerikanischen Kontinent und Stürme aus den tropischen Breiten. Und die Letzteren sind der Anlass, weshalb wir uns im nächsten Kapitel dem La-Niña-Phänomen zuwenden.

Übergang von El Niño zu La Niña

In vielen Gegenden der Neuen Welt sind nicht nur die Stürme und Überschwemmungen der El-Niño-Jahre gefürchtet, sondern auch der Wassermangel mit seinen schlimmen Folgen für Landwirtschaft, Viehzucht und die Elektrizitätsversorgung des modernen Menschen. Als die Wissenschaftler auf ihrer Suche nach den Ursachen für die Niederschlagsschwankungen in den pazifischen Randgebieten ihre Aufmerksamkeit den thermischen Verhältnissen der Meere zuwendeten, fiel ihnen auf, dass viele Trockenperioden mit dem Erscheinen von kaltem Wasser im östlichen Pazifik zusammenfielen. Schon Ende der 1960er Jahre kannten die Ozeanographen in Peru und Chile diese Kaltperioden als *Anti-Niños*, eine Bezeichnung, die später durch *La Niña* ersetzt wurde.

La Niña äußert sich in ausgedehnten Kaltwasserbedingungen im tropischen Pazifik (Abb. 5.1), die mit der Stärkung des Humboldtstroms vor der Küste Südamerikas einhergehen und eine flache Sprungschicht (*Thermokline*) im äquatorialen Pazifik bedingen. Über der kühlen Wasseroberfläche im tropischen Pazifik halten sich Verdunstung und Energieabgabe an die Atmosphäre in Grenzen, was in den Gebieten, die während eines El-Niño-Ereignisses unter starkem Regen gelitten haben, nun zu Trockenheit führt. Der kühlere Pazifik bewirkt strenge Winter und häufige Schneestürme in Nordamerika, da sich der polare Jetstream bis Frühjahrsbeginn verstärkt und weiter nördlich verläuft als in normalen oder El-Niño-Jahren.

In der östlichen Hemisphäre der Südlichen Oszillation äußert sich die andersartige Meeres- und Luftzirkulation von La Niña in warmen Temperaturen an der Wasseroberfläche im tropischen Atlantik und im Indischen Ozean, was dort zu stärkerer Verdunstung und einer höheren Wärmeabgabe an die Atmosphäre führt. Australien erhält ausgiebige Niederschläge und Indien, Ostafrika und Südafrika werden durch die Monsune mit reichlich Regen versorgt. In diesen Jahren ist keine Missernte zu befürchten.

Was haben all diese Phänomene mit den Wechselwirkungen zwischen der Wasseroberfläche des Pazifischen Ozeans und der Südlichen Oszillation zu tun? In La-Niña-Jahren ist der Index der Südlichen Oszillation (SOI) hoch, das heißt, sowohl die Hochdruckzelle im Südpazifik wie auch die Südostpassate im tropischen Pazifik sind stark ausgeprägt. Das Indonesien-Tief andererseits ist besonders tief und saugt feucht-warme Luftmassen aus dem Westpazifik und dem Westindischen Ozean an. Entlang des Äquators und vor der Westküste Südamerikas wird infolge der starken Südostpassate kaltes Wasser aus der Tiefe an die Oberfläche gebracht und über dem nun relativ kühlen Ozean stabilisiert sich die Luft: Der Himmel ist klar, die Sonneneinstrahlung intensiv und es regnet kaum. Das warme Wasser wird von den starken Passaten im westlichen Pazifik aufgestaut und es kommt dort zu stärkerer Verdunstung und ergiebigem Konvektionsregen – so demonstriert La Niña ihre Ankunft in Australien, Neuguinea, den Philippinen und Indonesien (Abb. 5.2).

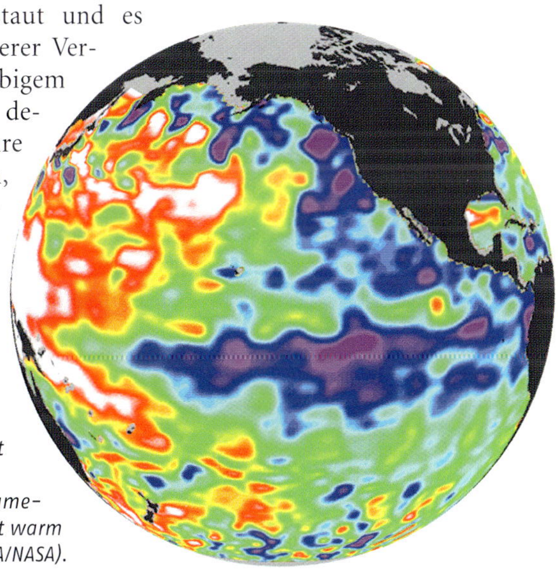

5.1 *Entwicklung einer La Niña im tropischen Pazifik, 2000. Ein breites Band kühlen Wassers zieht sich entlang des Äquators und vor Nord- und Mittelamerika. Der Westpazifik bleibt warm (Satellitenaufnahme: NOAA/NASA).*

Ein La-Niña-Ereignis im Südostpazifik erkennt man an den besonders niedrigen Wassertemperaturen der Meeresoberfläche, wie sie an der Station Chicama im Norden Perus in den Jahren 1938, 1950, 1954, 1964, 1968, 1970, 1978, 1985, 1988 und 1999 gemessen wurden. Die beinahe perfekte Übereinstimmung in diesen Jahren zwischen dem Abkühlen des Wassers und den Hochphasen der Südlichen Oszillation lässt sich in Abbildung 5.3 erkennen, wobei man jedoch nicht davon ausgehen kann, dass alle La-Niña-Ereignisse mit einem hohen SOI einhergehen.

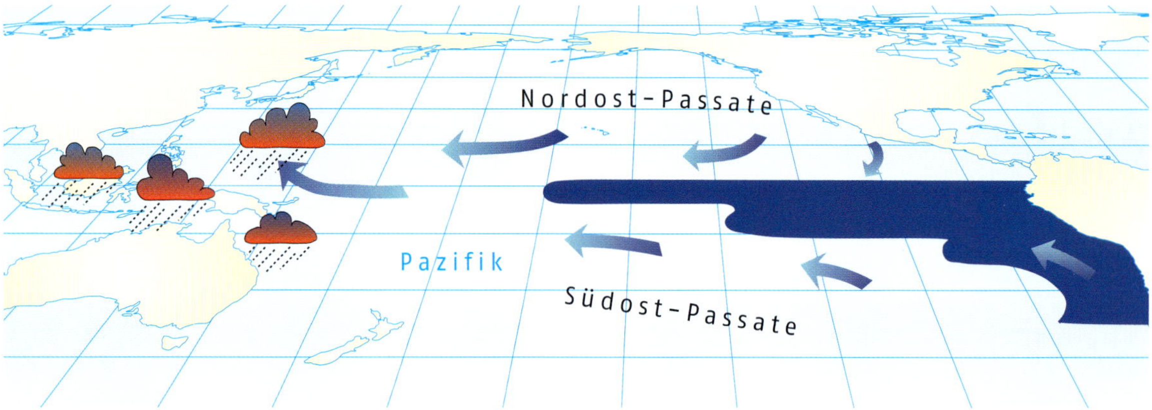

5.2 *Abkühlung des östlichen Pazifiks, Passatwinde und Konvektionsregen im westlichen Pazifik während La-Niña-Episoden.*

Doch wie sieht es in den Nachbarregionen des Pazifiks aus? In der chronisch trockenen Küstenwüste von Peru fällt der Regenmangel in La-Niña-Jahren nicht ins Gewicht. Die Flussoasen in dieser Gegend erhalten ihr Wasser von den andinen Eisfeldern, welche ihrerseits die Feuchtigkeit aus dem tropischen Tiefland im Osten aufnehmen. Bei den peruanischen Fischern sind die kalten Wassertemperaturen in La-Niña-Jahren sehr willkommen, denn sie versprechen einen Anstieg bei den üblichen Anlandungen aus dem kalten Perustrom. Ebenso sind in den hohen Anden und im Altiplano die reichlichen Niederschläge, die La Niña mit sich bringt, günstig für Ackerbau und Viehzucht, in diesem Fall die Lama- und Schafherden.

Weniger erfreulich sind die Auswirkungen von La Niña an der südamerikanischen Pazifikküste im Kleinen Norden (*Norte Chico*) von Chile. In dieser semiariden Region ist die Landwirtschaft darauf angewiesen, dass die Flüsse und wenigen Schneefelder in dem entsprechenden Andenabschnitt durch die bescheidenen Winterniederschläge aufgefüllt werden. Von Dürren in dieser Gegend weiß man seit etwa 1770. Ebenso lange lässt sich der Einfluss von Bodennutzung und Viehzucht auf fortschreitende Desertifikation und Bodendegradierung zurückver-

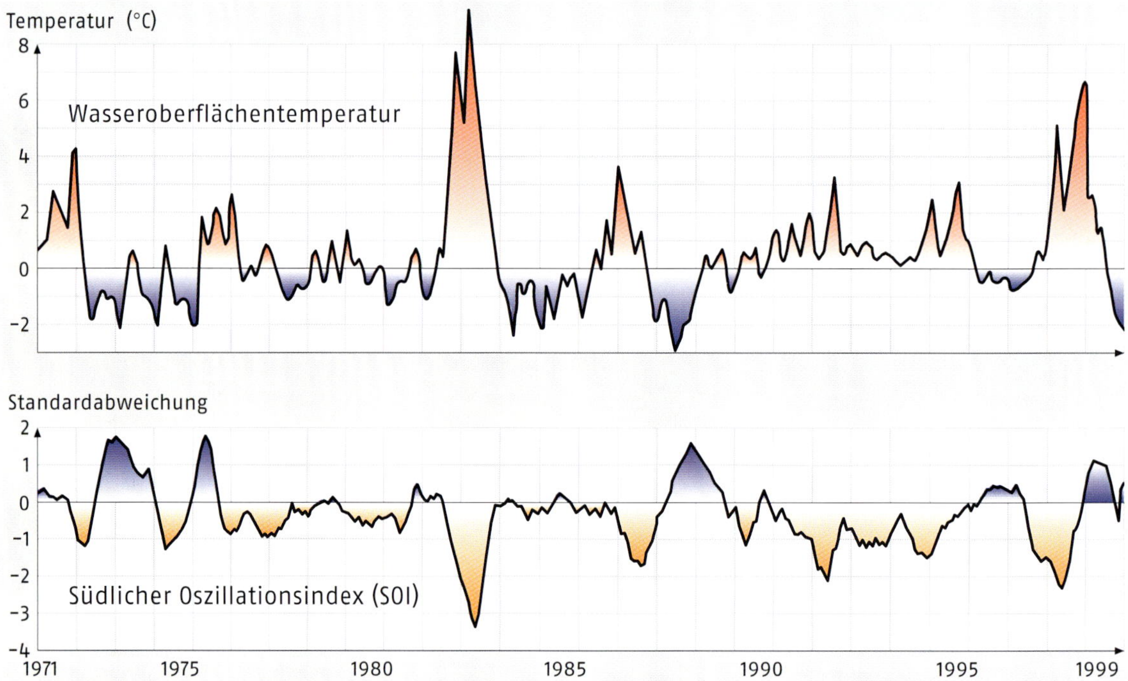

5.3 *Meeresoberflächentemperaturen in Chicama, Peru, und entsprechende Indexwerte der Südlichen Oszillation, 1971–1999. Man beachte die gegensätzliche Tendenz.*

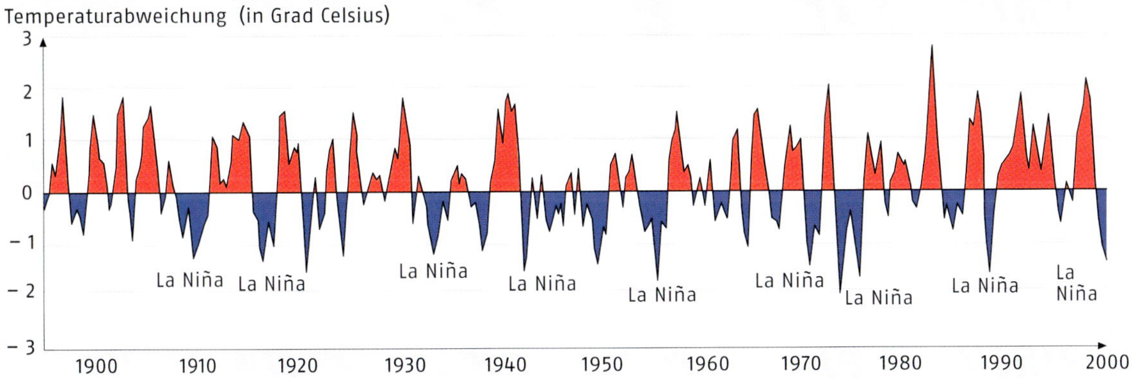

5.4 *Sequenz von El-Niño- und La-Niña-Episoden, 1890–2000 (nach einer Skizze von NOAA-CIRES).*

folgen. Ursprünglich war die Gegend gut geeignet für Viehzucht, vor allem von Rindern und Maultieren, wobei Letztere im Gold-, Silber- und Kupferbergbau eingesetzt wurden. Als mit der Zeit die Weiden immer mehr Land beanspruchten, die Kupfer- und Silberverhüttungsprozesse enorme Mengen von Harthölzern verbrauchten und der Bedarf an Holzkohle konstant anstieg, litt die natürliche Vegetation und der Desertifikationsprozess schritt voran. Mit dem Niedergang des Bergbaus am Ende des 19. Jahrhunderts ließ der Bevölkerungsdruck auf das Land allerdings nicht nach und Dürreereignisse wurden immer problematischer (Schneider 1982). Im Zuge der Kaltwasserepisoden im südöstlichen Pazifik und Blockierung der Regen bringenden Winterfronten wurden vor allem die mit La Niña verbundenen Dürren im Norte Chico häufiger und ausgeprägter.

Inzwischen hat die Zunahme von El-Niño-Ereignissen seit 1957 die Winterregen in dieser Gegend so ansteigen lassen, dass mit Hilfe von Stauseen ein modernes Exportzentrum für Trauben entwickelt werden konnte. Dies hat dazu geführt, dass die ehemals ländliche Bevölkerung heute vorwiegend in Städten lebt.

Während sich dies auf der pazifischen Seite von Südamerika abspielt, zeigt sich die Druckschaukelbeziehung mit dem tropischen Pazifik während La Niña auf der anderen Seite des Kontinents in einem Temperaturanstieg an der Wasseroberfläche des tropischen Atlantiks. Diese Erwärmung begünstigt die Entwicklung von Wirbelstürmen, was bedeutet, dass in La-Niña-Jahren mit vermehrter Hurrikan-Aktivität in der Karibik, vor der Westküste Mittelamerikas und in der Golfregion von Nordamerika zu rechnen ist.

Anfänglich war man der Ansicht, dass die Kälteepisoden im Pazifik halbwegs in der Mitte zwischen zwei El-Niño-Ereignissen stattfanden, doch in den 1970er Jahren wurde diese Annahme revidiert. Die Liste der auffälligen La-Niña-Ereignisse seit 1870 zeigt deutlich, dass die meisten Kälteepisoden kurz nach den größeren Wärmeereignissen im Pazifik folgten und 1964, 1956, 1938, 1924 und 1910 sogar unmittelbar vorher auftraten (Abb. 5.4). El Niño und La Niña sind offensichtlich zeitlich viel näher gekoppelt als früher vermutet. Die Frage, die sich nun stellt, ist: Wie lässt sich in dem riesigen Ozean solch ein schneller Wechsel von warmem Wasser zu kaltem Wasser erklären?

Plötzlicher Umschwung in den ozeanischen und atmosphärischen Systemen

Immer wieder haben wir das schnelle Auftreten von El-Niño-Ereignissen und den abrupten Übergang zu La-Niña-Bedingungen betont. Was bewirkt nun dieses „Umkippen“ von warmen ENSO-Phasen zu kalten, und wieso geht dies nicht langsam voran, wie wir es von den naturgeographischen Prozessen sonst gewöhnt sind?

Mathematiker haben sich mit diesem Problem beschäftigt und erklären solch abrupte Vorgänge anhand der *Chaos-Theorie*. Dieser Theorie zufolge hält die Normalität in natürlichen Systemen so lange an, wie kein störender Einfluss auftritt. Man stelle sich ein Pendel vor, das zwischen zwei Magneten aufgehängt ist: Es schwingt zwischen diesen beiden Anziehungspunkten hin und her. Platziert man nun einen dritten Anziehungspunkt in den

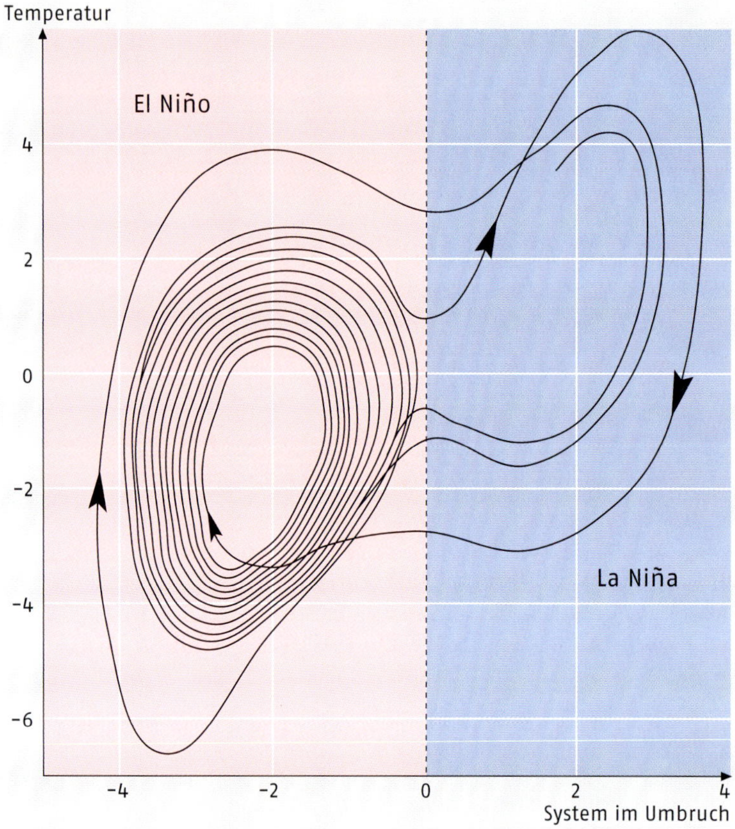

5.5 *Übergang von El Niño zu La Niña, nach der Chaostheorie von Geoffrey Vallis.*

Schwingbereich, so kann das Pendel die lineare Bewegung zwischen den beiden ursprünglichen Anziehungspunkten nicht mehr einhalten und gerät in unberechenbare Schwingungen, was wie eine chaotische Reaktion aussieht – es aber nicht ist!

Der plötzliche Übergang von Normalbedingungen im Wechselspiel zwischen Ozean und Atmosphäre zu „unnormalen" El-Niño- und La-Niña-Bedingungen lässt sich mit Hilfe des Gabeleffekts (*bifurcation effect*) in chaotischen Systemen erklären (Vallis 1986). Man geht davon aus, dass der tropische Ostpazifik unter normalen Verhältnissen kühl ist, eine flache Thermokline besitzt und die Ostpassate in dem Gebiet kräftig ausgebildet sind. Diese Merkmale sind sowohl einem jährlichen Zyklus unterworfen als auch dem drei- bis fünfjährigen Zyklus der Südlichen Oszillation. Das Wechselspiel zwischen den verschiedenen Zyklen erreicht einen Punkt, an dem das ozeanisch-atmosphärische System in einen Zustand der *Quasi-Periodizität* verfällt, der aber instabil ist und plötzlich in eine anormale Situation (Chaos) umkippen kann, bevor er zu dem – in unseren Augen – normalen Zustand zurückkehrt.

Die Erwärmungs- und Abkühlungsphasen in den Meeren spiegeln saisonbedingte Schwankungen in der Sonneneinstrahlung und den Windrichtungen wider. Da aber die Reaktionszeit bei den riesigen Wassermassen der Erde verlangsamt ist, können instabile Verhältnisse jahrelang anhalten, bevor sie sich in einem ausgewachsenen El Niño auflösen. Während solch instabiler Perioden genügt ein leichter Impuls im Meer – vielleicht ein Vulkanausbruch, erhöhte Sonneneinstrahlung oder eine Schwächung der großen Luftdruckzellen über dem Pazifik –, um das ganze System in einen anormal warmen oder kühlen Zustand zu versetzen (Tziperman et al. 1994). Das System verweilt für eine gewisse Zeit in dem anormalen El-Niño-Zustand, dann – wie das Pendel – schwingt es rapide hinüber ins andere Extrem, dem ebenfalls anormalen La-Niña-Zustand, und kehrt erst dann in den Normalzustand zurück (Abb. 5.5).

Die Tatsache, dass manche Winter auf der Nordhalbkugel im Anschluss an ein anhaltendes El-Niño-Ereignis mit wechselnden Temperaturen und viel Niederschlägen einhergehen, beruht darauf, dass der erhitzte Pazifik während der warmen El-Niño-Monate besonders viel Feuchtigkeit in die Atmosphäre abgegeben hat, die nun dem unmittelbar folgenden La-Niña-Ereignis in Form von Regen und Schnee zur Verfügung steht. Die Sonderfälle, wenn ein La-Niña-Ereignis *vor* einem El-Niño-Ereignis eintritt, lassen sich ebenfalls mit Hilfe der Chaos-Theorie erklären: Wenn die Südostpassate im Zusammenhang mit einem mehrere Jahre andauernden starken südpazifischen Hoch besonders kräftig waren und dann – wenn sich das Hoch (aus bisher unbekannten Gründen) abschwächt – plötzlich ihre Kraft verlieren, so dass der Auftrieb von warmem Wasser nachlässt, dann haben wir es in diesem Fall ebenfalls mit einem plötzlichen Übergang von einem Extrem zum anderen zu tun, nämlich dem Übergang von Kaltwasserbedingungen zu Warmwasserbedingungen im tropischen Pazifik.

Wenn der Umschwung von einem El Niño zu einer La Niña besonders abrupt verläuft, kommt es nicht nur in Europa zu strengen Wintern, sondern auch zu ungewöhnlichen Wetterentwicklungen im tropischen Atlantik.

Die Zyklonen der Kapverdischen Inseln

Die Erkenntnis, dass die Hurrikane, die in der Karibik, im Golf von Mexiko und entlang der mittelatlantischen Küste von Nordamerika ihr Unwesen treiben, ihren Ausgang vor der Küste von Afrika nehmen, ist noch gar nicht so alt. Heute kann man im Fernsehen oder anhand von Satellitenbildern verfolgen, wie im mittleren Atlantik aus einem tropischen Wirbel langsam ein Hurrikan heranwächst. Den Wetterfreunden sind auch die Kapverdischen Inseln ein Begriff. Diese Spitzen erloschener Vulkane, die bei 15° N vor der Küste von Senegal aus dem Meer ragen, sind extrem trocken, da sie vom kalten Kanarenstrom umspült werden und in der Bahn der trockenen Winde aus dem Azorenhoch liegen. Entdeckt wurden die Inseln im 15. Jahrhundert von den Portugiesen, denen es gelungen ist, an geschützten Stellen Zuckerrohr- und Bananenplantagen anzulegen.

Was die Inseln für uns so interessant macht – abgesehen von dem attraktiven portugiesisch-afrikanischen Bevölkerungsmix –, ist ihre Nähe zum Ursprungsort der tropischen Tiefs, die jeden Sommer und Herbst über den tropischen Atlantik gen Westen ziehen. Die Inseln liegen an einem wichtigen Knotenpunkt der randtropischen Zirkulation im Atlantik. Im Winter herrschen hier über dem kalten Wasser stabile Luftdruckverhältnisse und die Harmattanwinde bringen auch keinen Regen. Dann, nach der Sonnenwende im Juni, verschiebt sich das Azorenhoch nach Norden, die Nordostpassate lassen nach und der tropische Ostatlantik erwärmt sich. Nun kann die Innertropische Konvergenzzone nach Norden rücken und den Inseln ihren Sommerregen bringen. Während dieser Entwicklungen über dem Ozean kommt es in den oberen Luftschichten über Nordafrika zu größeren Veränderungen. Der aus dem Osten kommende *Tropical Easterly Jet* (TEJ) biegt über Liberia und Sierra Leone nach Nordwesten ab und setzt in der unteren Troposphäre die sogenannten östlichen Wellen (*easterly waves*) in Bewegung, und zwar bis zu 69 in einem Warmwasserjahr (La Niña), und mindestens 49 in Jahren, in denen der tropische Atlantik kühler ist (El Niño) (Avila und Clark 1989). Diese Wellen treiben die tropischen Zyklonen, die sich periodisch über dem sommerlich erhitzten Atlantik vor der Küste von Afrika bilden, auch nach Westen voran über den Atlantik, wo ihre Geschwindigkeit (wegen der Corioliskraft) in höheren Breiten zunimmt und sie innerhalb weniger Tage auf den karibischen Inseln angelangt sein können (Abb. 5.6). Zu diesem Zeitpunkt haben sich einige zu Hurrikanen ausgewachsen, während andere, wenn sie nach Norden abschwenken und auf der Breite der nördlichen Bahamas oder vor den Küsten von Florida, Georgia oder North Carolina mit kühleren Luft- und Wassermassen zusammentreffen, ihre zerstörerische Kraft verlieren und sich schließlich ganz auflösen.

Der Vormarsch der Wirbelstürme über den tropischen Atlantik kann einige faszinierende ökologische Begleiterscheinungen haben. So erlebten auf den Antillen schon die ersten Europäer sporadische Einfälle von Heuschrecken aus Afrika. Jahrhundertelang sah man ein solches Ereignis als ein böses Vorzeichen, da man eine naturwissenschaftliche Erklärung nicht liefern konnte. Bevor wir nun erläutern, wie Heuschrecken 4000 km über das offene Meer fliegen können, wollen wir uns erst mit den Gewohnheiten dieser Insekten in ihrer Heimat befassen.

Der optimale Lebensraum der Wüstenheuschrecke befindet sich in einem Streifen südlich der Sahara. In trockenen Jahren bleiben die Insekten in der Nähe des Ortes, an dem sie ausgeschlüpft sind. Aber schon bei leichtem Regen wird ihre Reproduktionsfähigkeit angekurbelt und bald ist das vorhandene Grün von den sukzessiven Generationen aufgefressen (Walsh 1986). Die hungrigen Heuschrecken tun sich in Schwärmen zusammen und wandern mit den Winden, die in den regnerischen Jahren von Ost nach West wehen, aus Ostafrika (Äthiopien und Sudan) langsam bis in die westliche Sahelzone vor (Abb. 5.7). Ihr Vormarsch wird nur von Pausen zur Reproduktion unterbrochen. Ihre letzte Landemöglichkeit sind die Kapverden, und wenn es dann die Windverhältnisse erlauben, setzen sie an zum Non-Stop-Flug über den Atlantik.

Auf den Antillen gab es 1948, 1949, Mitte der 1960er, 1974, 1978 und 1979 Heuschreckenplagen, alles Jahre, in denen der tropische Atlantik sehr warm war. Wissenschaftlich näher untersucht wurde die Wanderung, die im Laufe des La-Niña-Ereignisses vom Herbst 1988 stattfand. In jenem Jahr war der Regen in den Savannenlandschaften von Mali, Mauretanien und dem nördlichen Senegal sehr ergiebig, was das Pflanzenwachstum sowie auch die

5.6 *Vier Hurrikane im Nordatlantik am 26. September 1998 (GOES-8 Satellite Image).*

Fortpflanzungsfreudigkeit der Wüstenheuschrecken anregte. Nachdem die natürliche Vegetation aufgezehrt war, machten sich die Heuschrecken über die Felder her, doch nachdem auch diese abgeräumt waren, wurden sie immer unruhiger. Als Anfang Oktober der Regen nachließ und es kein grünes Blatt mehr gab, schwärmten sie mit dem Wind in südlicher Richtung nach Senegal, Gambia und Guinea-Bissau. Um die gleiche Zeit brach ein zweiter Schwarm im westlichen Sahel in Richtung Küste auf. Um den 3. Oktober erreichten Schwärme ausgewachsener Heuschrecken die Kapverden, gegen Ende des Monats folgten junge Schwärme.

Wie nun nutzten die Schwärme die zu dieser Zeit herrschenden Luftbewegungen für ihren Weiterflug? Die äquatoriale Tiefdruckrinne hatte sich im Sommer entlang der Küste von Westafrika bis 25° N vorgeschoben, wo sie in den tropischen Atlantik abbog und in der Mitte des Ozeans mit der ITCZ zusammenstieß. Anfang Oktober kamen dann die Landwinde des TEJ auf, die bei einer Geschwindigkeit von 20 bis 30 km/h Heuschreckenschwärme von der Küste Senegals und Mauretaniens innerhalb eines Tages auf die Kapverden beförderten (Richardson und Nemeth 1991). Nach einer kurzen Ruhepause stiegen die Schwärme am 9. Oktober von dort wieder auf und die ersten erreichten die Inseln über dem Winde am 13. Oktober. Andere Schwärme brachen am 10. Oktober auf und erreichten die Inseln unter dem Winde und die Großen Antillen am 14. Oktober.

Die Heuschrecken hatten die 4000 km innerhalb von nur fünf Tagen zurückgelegt, da Anfang Oktober 1988 die Ostwinde mehrere Tage lang konstant geblieben waren. Diese mit der ITCZ verknüpften Winde erleichterten den Start und lieferten den thermischen Auftrieb, der den Schwärmen in 200 bis 300 Meter über dem Ozean ein müheloses Auf- und Abgleiten ermöglichte. Als besonderer Umstand in diesem Jahr kam Hurrikan *Joan* dazu, der am 14. Oktober auf den Antillen an Land ging, wo er die Schwärme versprengte und ihnen das Überleben in der neuen Umgebung unmöglich machte.

Die faszinierende Geschichte vom Transatlantikflug der Heuschrecken mit Hilfe der Ostwinde veranschaulicht auch die Bahn von tropischen Zyklonen. Die Bedingungen im Oktober 1988 waren beispielhaft für ein La-Niña-Jahr. Im tropischen Atlantik war es warm und im tropischen Pazifik verhältnismäßig kühl. Südamerika erlebte einen der kältesten Winter der letzten fünfzig Jahre, mit Kaltlufteinbrüchen von der Südspitze her bis in die Hochländer von Brasilien und sogar bis nach Amazonien. Im tropischen Atlantik waren die Verhältnisse genau umgekehrt: Die Meerestemperaturen zwischen Afrika und dem Karibischen Meer waren ungewöhnlich warm und die Verdunstung besonders stark.

Kein Wunder, dass 1988 eines der aktivsten Hurrikan-Jahre war. Am 3. September nahm *Gilbert* in Verbindung mit einer östlichen Welle vor der Küste Afrikas seinen Anfang. Am 9. September hatte er nördlich der Guayanas Wirbelsturmstärke erreicht und am nächsten Tag wurde er südlich von Puerto Rico zum Hurrikan erklärt (Abb. 5.8). Westlich der Cayman-Inseln fiel der Druck auf 888 Hektopascal ab – der niedrigste im 20. Jahrhundert gemessene Wert. *Gilbert* nahm die Route über Yucatán und Texas und verlor erst über Oklahoma seine zerstörerische Kraft. Er hinterließ Überschwemmungen auf Jamaica, der Großen Cayman-Insel, an der Küste des Staates Taumalipas in Mexiko und auf der Padre-Insel vor Texas. Er forderte insgesamt 318 Menschenleben (202 davon in Mexiko). Die Schäden wurden auf 5 Milliarden Dollar in den USA geschätzt, plus jeweils 2 Milliarden in Jamaica und Mexiko.

Der zuvor erwähnte Hurrikan *Joan* hatte am 5. Oktober als tropisches Tief vor der Küste Afrikas begonnen und am 11. Oktober mitten im Atlantik Sturmstärke erreicht. Nach Überquerung der Inseln über dem Winde verfolgte *Joan* eine ungewöhnliche Bahn entlang des nördlichen Teils von Venezuela und Kolumbien, bevor der Hurrikan in Bluefields (Nicaragua) auf Land traf, Mittelamerika überquerte und schließlich am 26. Oktober den Ostpazifik erreichte. Nach diesem Gewaltmarsch hatte *Joan* 216 Menschenleben und 2 Milliarden Dollar auf dem Gewissen.

Da tropische Zyklonen und Hurrikane ihre Energie aus dem tropischen Atlantik beziehen, entwickeln sich verständlicherweise mehr Stürme, wenn die Wassertemperaturen an der Oberfläche des Ozeans wärmer sind und das Azorenhoch über dem subtropischen Atlantik geschwächt ist und näher an Afrika und Südeuropa liegt. In solchen Jahren beginnt die Hurrikan-Saison früh – schon

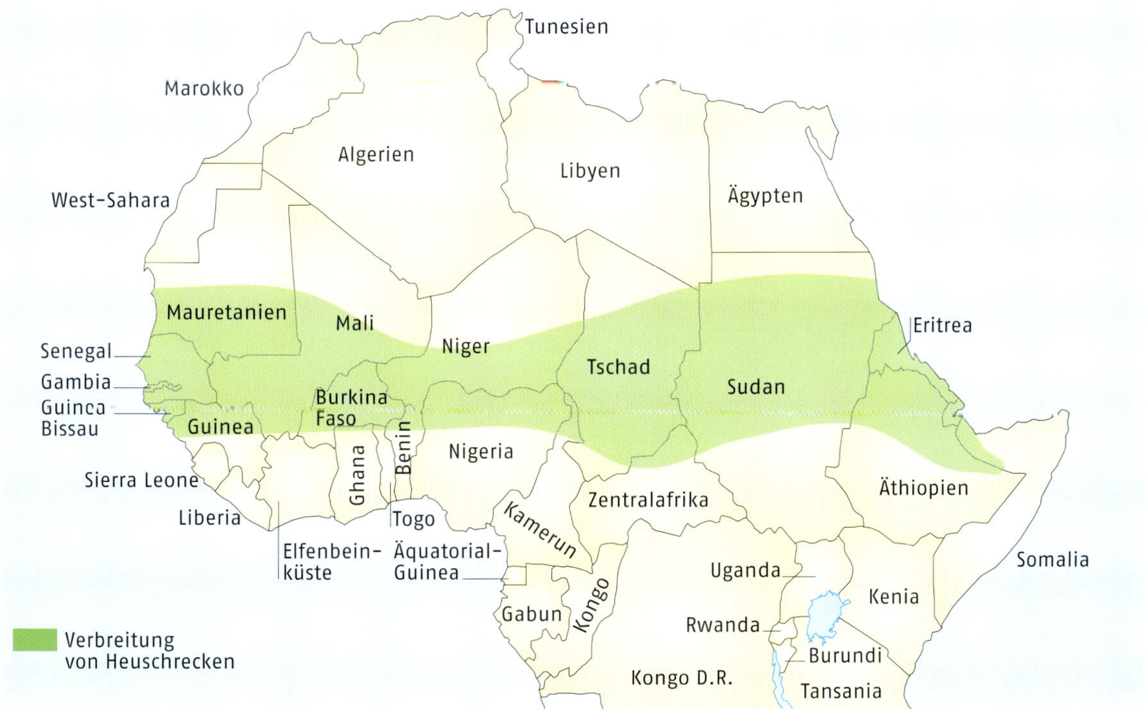

5.7 *Die Verbreitung von Heuschrecken in der nordäquatorialen Zone von Afrika.*

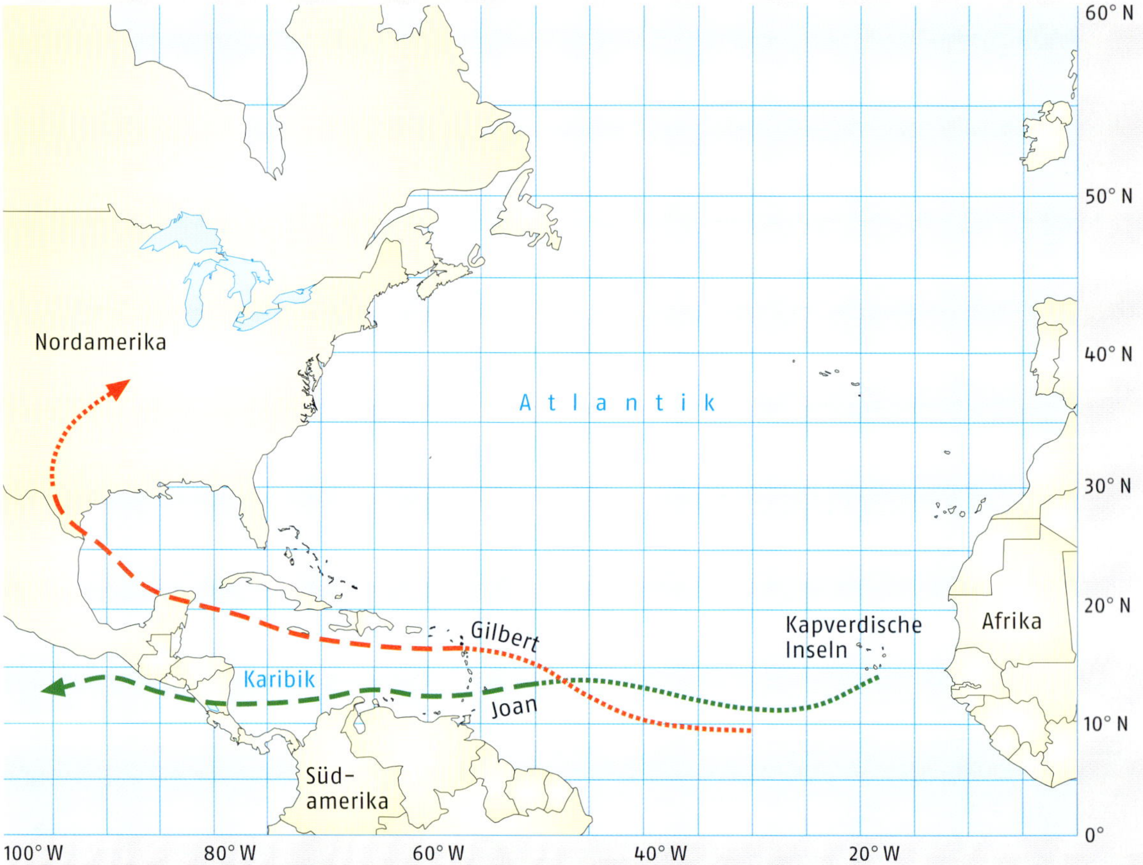

5.8 *Die Bahnen der Hurrikane Gilbert und Joan, 1988.*

im Juni – und dauert bis in den November. Die schlimmsten Stürme kommen Ende September und im Oktober. Ihre zerstörerische Kraft konzentriert sich – im Gegensatz zu anderen Jahren – weiter nördlich auf die äußeren Karibischen Inseln und auf die Ostküste der Vereinigten Staaten.

Eine weitere interessante Beobachtung stammt von Prospero und Lamb (2003). Anhand von Satellitenaufnahmen stellten die Forscher fest, dass der sommerliche Staubzyklus zwischen der Westküste Nordafrikas und Barbados alle drei bis fünf Tage auf den Fersen von östlichen Wellen folgt und dass die Staubpartikel etwa eine Woche brauchen, um die 4500 km Atlantik zu überqueren. Die größten Staubverfrachtungen erfolgen etwa ein Jahr nach einem starken El Niño, das heißt während einer La Niña.

Nachgewiesenermaßen war die Zahl der östlichen Wellen, Tiefs und Zyklonen in La-Niña-Jahren wie 1979, 1981 und 1988 definitiv höher als während der starken oder gemäßigten El Niños von 1972, 1977, 1982, 1983 und 1986. Dies untermauert die These, dass die Anzahl der Zyklonen im Atlantik von den ungewöhnlichen ozeanischen und atmosphärischen Bedingungen abhängt, die während eines ENSO-Ereignisses in den Tropen herrschen. In Abbildung 5.9 zeigt sich diese Beziehung deutlich: Während der El-Niño-Jahre von 1900 bis 1990 gab es eindeutig weniger Hurrikan-Tage als während der La-Niña-Jahre in dieser Zeitspanne. Wenn ein El-Niño-Ereignis im Pazifik vor sich geht, sind die Wassertemperaturen an der Oberfläche des nördlichen tropischen Atlantiks kühler als normal und die Winde aus dem Südatlantik-Hoch schieben die Zone des kühleren Wassers und der trockenen Luft an der Ostseite von Nord- und Südamerika weiter nach Norden.

Umgekehrt ist der tropische Atlantik während La-Niña-Ereignissen wärmer als üblich und begünstigt somit die Entwicklung von östlichen Wellen, Tiefs und Wirbelstürmen, die sich dann in Richtung auf die Karibischen Inseln, Mittelamerika und die

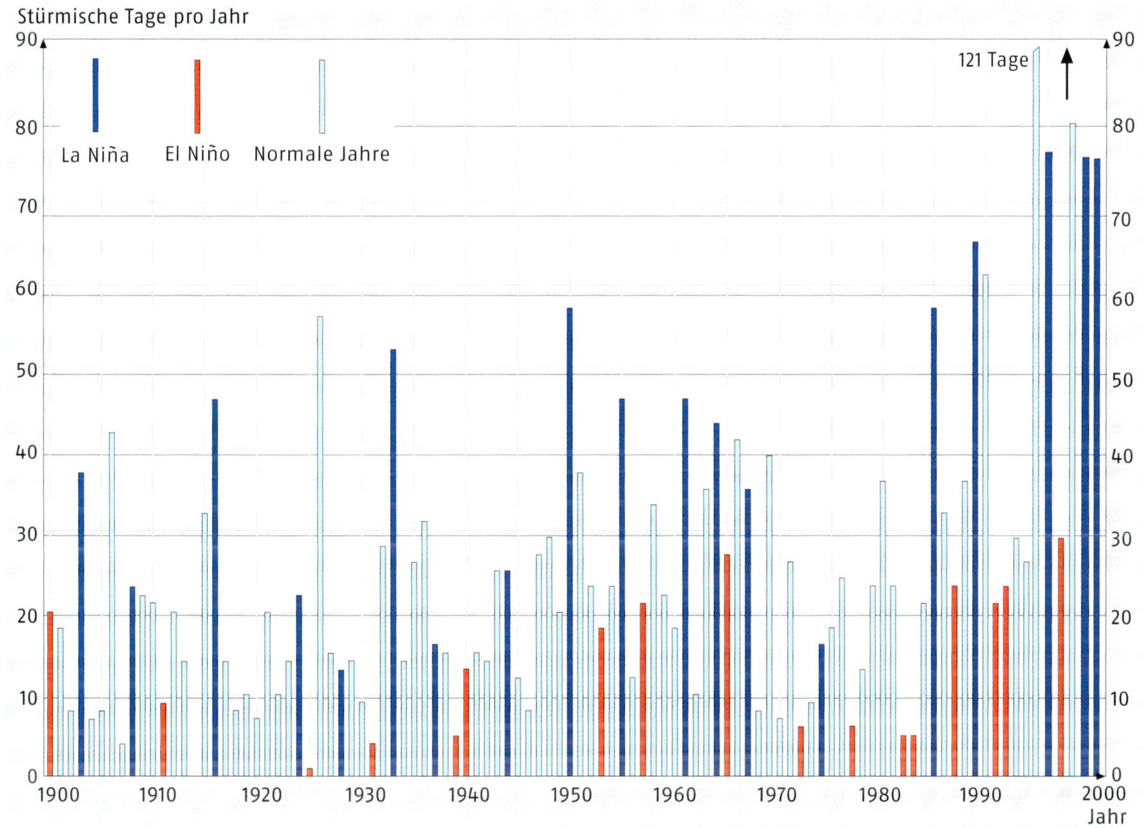

5.9 *Stürmische Tage im tropischen Nordatlantik, 1900 – 2000.*

Südostküste der USA fortbewegen. An dieser Stelle mag man fragen, ob unsere modernen wissenschaftlichen Erkenntnisse auch auf frühere Zeiten zutreffen. Im nächsten Abschnitt geht es um historische Quellen, in denen die Erwähnung von tropischen Stürmen uns hilft, das Auftreten von La-Niña-Ereignissen in der Vergangenheit nachzuweisen.

Tropische Wirbelstürme in der Vergangenheit

Auf seiner zweiten Reise zu den Karibischen Inseln im Jahr 1494 ließ Christoph Columbus einen kleinen Trupp seiner Leute an der Nordwestküste der heutigen Dominikanischen Republik zurück. Ende Juni wurde diesen Männern die zweifelhafte Ehre zuteil, als erste Europäer einen tropischen Wirbelsturm oder Hurrikan in der Neuen Welt erleben zu dürfen. Doch nicht nur sie dachten, ihre letzte Stunde sei gekommen, auch die Eingeborenen rannten in Panik umher und flehten ihren Gott Orkan an um Erbarmen. Columbus selbst erlebte auch einen solchen Sturm, als er im Oktober 1495 zurückkam.

In dem Maß, in dem sich die europäische Bevölkerung im karibischen Raum immer mehr ausbreitete und der Schiffsverkehr im Laufe der Zeit zunahm, hörte man mehr über diese zerstörerischen Stürme. Es sind speziell die Berichte von frühen Siedlern und von den Garnisonen, die es den modernen Wissenschaftlern ermöglichten, Listen dieser früheren Stürme aufzustellen. So lieferten als erste André Poey (1865) und Marcos Melero (1870) und neueren Datums Luis Salivias *Historia de los temporales de Puerto Rico y las Antillas, 1492 – 1970* (1972) und José C. Millás' *Hurricanes of the Caribbean and Adjacent Regions, 1492 – 1800* (1968) wertvolles Material, um die jährliche Zahl von Hurrikanen in der Vergangenheit aufzuspüren. Während die Pionierarbeiten aus historischem Interesse entstanden – man wollte erforschen, welche Örtlich-

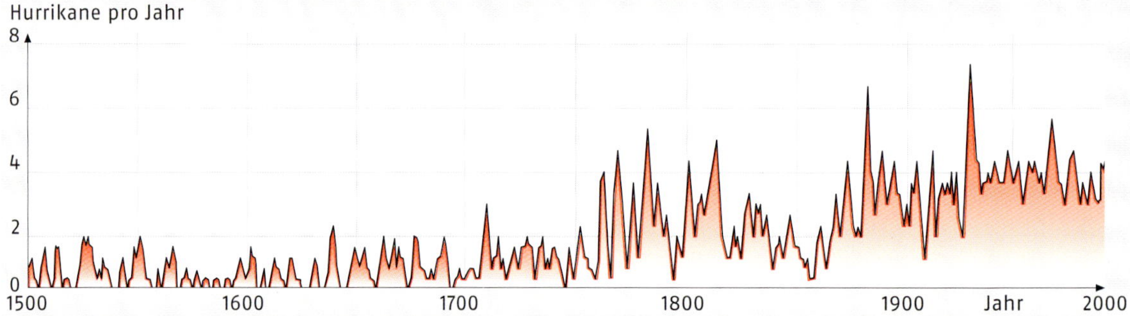

5.10 *Anzahl von starken Hurrikanen in der Karibischen See, 1500 – 2000.*

keiten zerstört worden waren, und einen Überblick über die Sachschäden und die Zahl der Menschenleben gewinnen, die die Katastrophen gefordert hatten –, werden in modernen Studien Fragen nach dem Warum und Woher der Stürme gestellt. So unterscheiden C. H. Neumann et al. in ihrem Buch *Tropical Cyclones of the North Atlantic Ocean, 1871 – 1986* (1988) zwischen „tropischen Tiefs", „tropischen Stürmen" und „Hurrikanen" und präsentieren anschauliche Skizzen der Sturmbahnen. 1991 wurde ein 500-Jahre-Überblick über das Auftreten von Hurrikanen nach Jahr und Monat im Zusammenhang mit den Niedrigphasen (El Niño) und Hochphasen (La Niña) der Südlichen Oszillation veröffentlicht (Caviedes 1991). Im Folgenden werden die Ergebnisse zusammengefasst.

Zuerst muss jedoch deutlich gesagt werden, dass solche historische Reihen von Natur aus nicht die zuverlässigsten sind. Da ferner die Möglichkeit, von einem Hurrikan betroffen zu werden, proportional zur Größe der Landmasse ist, gilt unsere Analyse, die sich auf die Großen Antillen konzentriert, nur für diese besonders gefährdeten Inseln.

Während der letzten einhundert Jahre hatte man in diesem Raum durchschnittlich drei große Hurrikane im Jahr, wobei ein Jahr mit mehr als sechs als „aktiv" gilt und drei in Zeiten klimatischer Ruhe viel sind. Man muss auch zwischen Hurrikan-Häufigkeit und Hurrikan-Intensität unterscheiden. Das El-Niño-Jahr 1992, zum Beispiel, gilt als ein Jahr geringer Häufigkeit, aber hoher Intensität. Es gab nur drei Hurrikane mit Namen und von denen traf nur *Andrew* auf Land, und zwar in Südflorida, wo er allerdings die schlimmsten Zerstörungen seit Jahrzehnten anrichtete. Als dann der Umschwung von El Niño 1997 – 98 zur La Niña 1998 – 99 stattfand, gab es Ende September 1998 gleichzeitig vier große Hurrikane im subtropischen Atlantik, wie man in Abbildung 5.6 deutlich erkennen kann.

Unterschieden werden muss auch zwischen *Hurrikan* und *tropischem Sturm*. Zwar beginnen beide als Tief, das sich im Zusammenhang mit einer östlichen Welle über den Atlantik fortbewegt, doch je nach der Stärke, die sie im Laufe ihres Vormarschs nach Westen erreichen, werden sie verschieden klassifiziert. Als tropische Stürme gelten Winde zwischen 62 und 117 km/h, Hurrikanstärke beginnt bei 118 km/h und ab 175 km/h spricht man von starken Hurrikanen. Die Möglichkeit der genauen Messung der Windstärke besteht natürlich noch nicht lange, und so ist es nur wahrscheinlich, dass die Unterscheidungen in den historischen Berichten oft wohl nicht korrekt sind. Durchschnittlich entwickeln sich in einem Jahr etwa zwölf tropische Stürme, wobei es in El-Niño-Jahren weniger und in La-Niña-Jahren mehr sind.

In Abbildung 5.10 steigt die Zahl der tropischen Stürme pro Jahr nach 1770 stark an. Dies kann man auf die Zunahme der Bevölkerung auf den Inseln und des Schiffsverkehrs nach der Neuen Welt zurückführen – es gab nun mehr Beobachter –, man kann aber auch argumentieren, dass es sich dabei um die Folge eines Klima-Umschwungs handelt, nämlich dem Abklingen der Kleinen Eiszeit (siehe Näheres in Kapitel 7). Im 16. Jahrhundert lassen sich drei schwächere Anstiege in der Hurrikan-Häufigkeit um 1530, 1550 und 1570 als etwas verzögerte Reaktionen auf El-Niño-Ereignisse im tropischen Pazifik deuten. Bis Anfang der 1640er Jahre folgt eine Periode geringerer Hurrikan-Aktivität, welcher sich drei leichtere Anstiege in den Jahren 1656, 1680 und 1694 – 95 anschließen. Eine Untersuchung (Gimeno et al. 1998) der Zuckerpreise auf den Kanarischen Inseln – etwa 1600 km nördlich der Kapverden – erlaubt den Schluss auf besonders regenreiche Jahre im Osten des tropischen Atlantiks, nämlich 1638, 1642 und 1665. Das Hurrikan-reiche Jahr 1642 stimmt überein mit dem Niederschlagsanstieg von 1642, während die Hurrikan-Jahre von 1656 und 1657 sowie die schweren Regenfälle auf den Kanarischen Inseln im Jahr 1654 im Anschluss an El Niño 1652–53 auftraten. Andererseits soll aber auch nicht verschwiegen werden, dass andere größere El-Niño-Ereignisse im 17. Jahrhundert – 1607, 1624 und 1687–88 – nicht mit erhöhter Hurrikan-Aktivität in der Karibik verbunden waren.

Im 18. Jahrhundert gab es generell weniger Hurrikane. Eine Ausnahme war das Jahr 1714 während einer klimatisch unruhigen Periode, die in den El Niños von 1713 und 1715 gipfelte. Erst gegen Ende des Jahrhunderts traten die beiden Hurrikan-Saisons 1786 und 1790–92 in zeitlicher Nähe eines mäßigen (1785–86) und eines starken El Niño (1791) auf. Die El-Niño-Ereignisse von 1701, 1720, 1728 und 1775 scheinen keinen Widerhall im Hurrikan-Geschehen gefunden zu haben. Doch aus der Zeit zwischen 1766 und dem Ende des Jahrhunderts sind wieder mehr Hurrikane bekannt. So zählte man acht im Jahr 1772, fünf im Jahr 1780 – in historischen Quellen das „Große Hurrikan-Jahr" genannt – und sieben im Jahr 1787. Dieser Anstieg ist auch aus Readings (1990) Aufstellung ersichtlich und untermauert die Behauptung, dass um 1770 das Klima weltweit umschlug.

Auch der Anfang des 19. Jahrhunderts war ruhig, dann erfolgte ein langsamer Sturm-Anstieg, der Ende der 1830er Jahre seinen Höhepunkt erreichte – was die Annahme zulässt, dass die Hurrikane hervorrufenden Mechanismen im Zusammenhang mit einer vorübergehenden Erwärmung der Nordhalbkugel (Esper et al. 2002) auflebten. In den 1850er Jahren war das Klima in vielen Teilen der Welt kühler und dementsprechend war auch die Hurrikan-Häufigkeit gering. Danach zeigt sich ab den 1870er Jahren ein deutlicher Anstieg der Hurrikan-Anzahl, was nicht nur mit den verbesserten Beobachtungs- und Meldungsmöglichkeiten zusammenhing, sondern mit einem erneuten weltweiten Klima-Umschwung. Die Hurrikan-Aktivität stieg deutlich an in den Jahren 1878, 1887, 1893 und 1898, wobei 1877–78 ein starker El Niño im tropischen Pazifik stattfand und 1893 und 1898 La-Niña-Bedingungen im Pazifik herrschten. Betont werden soll an dieser Stelle nochmals, dass der Trend zu mehr Hurrikanen im Anschluss an größere ENSO-Ereignisse im tropischen Pazifik im letzten Jahrzehnt des 19. Jahrhunderts immer deutlicher wurde.

Dank der weiteren Verbesserung der Informationsmöglichkeiten im 20. Jahrhundert zeigten sich die Verbindungen zwischen dem tropischen Atlantik und dem tropischen Pazifik immer klarer.

In dem Diagramm von Abbildung 5.9 lässt sich die Intensität der Hurrikan-Saisons im 20. Jahrhundert erkennen. In diesem Jahrhundert stieg die Anzahl der Hurrikane deutlich an, denn der Atlantik war in den 1920er und 1930er Jahren recht warm und der Pazifik kühl und arm an ENSO-Episoden. Bis 1928 stimmen Jahre mit weniger Hurrikan-Tagen gut mit El-Niño-Ereignissen überein, während die beiden Hurrikan-reichen Jahre 1899 und 1906 den El Niños von 1900 und 1907 vorangingen und die Hurrikan-reiche Saison von 1916 kurz nach dem gemäßigten El Niño von 1915 folgte.

In den 1920er Jahren entwickelten sich nur wenige tropische Stürme im Atlantik mit Ausnahme von 1926, kurz nach dem El Niño 1925–26. Die 1930er Jahre begannen mit dem gemäßigten El Niño von 1932 und einer Dürre in Nordostbrasilien. Von 1931 bis 1933 war nicht nur die Zahl der Hurrikane hoch. Der Mittlere Westen der USA erlebte die *Dust-Bowl*-Bedingungen, die sich als eine Katastrophe für das ganze Land erwiesen.

Wie zu erwarten war die Zahl der Hurrikane während des starken El Niño 1940–42 gering, doch der anschließende Anstieg in Zyklonenaktivität von 1942 bis 1945 lässt sich als Reaktion auf die vorangegangene Erwärmung interpretieren. Während der verbleibenden Dekade gab es viele Hurrikane im tropischen Atlantik, aber kaum warme ENSO-Entwicklungen im Pazifik. Die anhaltende Erwärmung des tropischen Atlantiks in Kombination mit häufigeren La-Niña-Ereignissen von Anfang der 1950er bis in die 1960er Jahre dient als Bestätigung dafür, dass die Entwicklung von Wirbelstürmen und Hurrikanen im tropischen Atlantik mit Kaltwasser-Jahren im Pazifik einhergeht. Zweifellos fiel das gehäufte Auftreten von ENSO-Ereignissen zwischen 1965 und 1995 in eine Periode, während der eine Reihe verheerender Hurrikane Geschichte machte, wenn auch ihre absolute Zahl – mit Ausnahme von 1979, 1981 und 1988 – nicht besonders hoch war. Bemerkenswert an diesen jüngsten La-Niña-Ereignissen ist der Umstand, dass sie dicht auf El Niños folgen. Übrigens entdeckten Goldenberg et al. (2001), dass seit 1993 eine auffällige Hurrikan-Zunahme stattgefunden hat, und zwar infolge der rezenten Erwärmung des Atlantischen Ozeans und einer womöglich mehrere Jahrzehnte andauernden Klimaschwankung.

Edward B. Bennet vermutete schon 1966 einen gewissen Zusammenhang zwischen den Klimasystemen im tropischen Pazifik und im Atlantik. Als Vorzeichen eines El-Niño-Ereignisses im Pazifik zitiert er starke Hochdruckbedingungen über der südlichen Karibik, was die Nordostpassate anregt, den Isthmus von Panama zu überqueren und in die Tiefdruckrinne zu konvergieren, die sich infolge der Wassererwärmung über dem tropischen Pazifik bildet. Anfang der 1980er Jahre erkannte William Gray aus Colorado den Zusammenhang zwischen der *Quasi-Biennalen Oszillation* (QBO) im Pazifik und Hurrikan-Häufigkeit im tropischen Atlantik. Die QBO ist die Umdrehung der zonalen Strömungen in der oberen Troposphäre über dem äquatorialen Pazifik im Rhythmus von fast zwei Jahren (20 bis 22 Monate). Wenn die Westwindphase mit einem El Niño zusammenfällt, entstehen im Atlantik deutlich weniger tropische Tiefs und Hurrikane. In La-Niña-Jahren dagegen wehen die Höhenwinde von Ost nach West, und dies sind die Strömungen, die die Heuschrecken im Oktober 1988 für ihren Transatlantikflug nutzten.

Die Wissenschaftler haben sogar festgestellt, wie lange dieser Puls schon schlägt! Eine Analyse von Meeressedimenten vor der Küste Venezuelas lässt vermuten, dass der Einfluss von ENSO-Variationen auf den tropischen Atlantik schon seit Anfang des 14. Jahrhunderts besteht, genau die Zeit, zu der im Nordatlantikbereich die Mittelalterliche Wärmezeit zu Ende ging und die Abkühlungsvorgänge der Kleinen Eiszeit einsetzten (Black et al. 1999). Damit ist der Beweis für das Auftreten von Hurrikan-reichen und Hurrikan-armen Jahren im Zusammenhang mit El Niño schon seit etwa 700 Jahren erbracht.

Die historischen Beispiele in diesem Kapitel zeigen, dass die höheren Hurrikan-Vorkommen meist in La-Niña-Jahren auftreten, das heißt kurz nach oder kurz vor einem El-Niño-Ereignis. Im Hinblick auf die in neuester Zeit stattfindende ENSO-Aktivierung im Pazifik ist auch die Intensivierung der atmosphärischen und ozeanischen Zirkulation im Atlantischen Ozean in den letzten Jahrzehnten keine Überraschung. Ob diese Aktivierungen auch auf der anderen Seite des Atlantiks für Klimakrisen mit ernsthaften Folgen verantwortlich sind, soll in den beiden nächsten Kapiteln untersucht werden.

Spuren von El Niño in der Weltgeschichte

Wenn Historiker von dramatischen Ereignissen in der Weltgeschichte berichten, bei denen Klimaanomalien eine Rolle spielten, so sehen sie dieselben höchst selten im Zusammenhang mit einer El-Niño-Episode. Das ist verständlich, denn nur wenige dieser Wissenschaftler sind ausreichend über den Einfluss von ENSO auf Umwelt, Wirtschaft, Politik und die soziale Gesellschaftsordnung weltweit informiert.

Dank unseres heutigen Wissens um die Art und Weise, in der diese Klimamechanismen arbeiten, können wir nun manch ein historisches Geschehen mit Klimaanomalien globalen Umfangs in Verbindung bringen. Rückblickend lässt sich erkennen, wie die Protagonisten der Geschichte oft dadurch, dass sie gewisse Klimabedingungen außer Acht ließen, schicksalhafte Folgen heraufbeschworen.

Dieses Kapitel befasst sich zunächst mit drei speziellen historischen Ereignissen, bei denen ganz offensichtlich eine klimatische Anomalie von ENSO-Prägung mitspielte. Alle drei entstammen der jüngsten Vergangenheit, was ihre Untermauerung durch zuverlässige Messungen oder durch ihren Zusammenhang mit anderen ungewöhnlichen Begebenheiten erlaubt. Als Erstes wenden wir uns dem Desaster von Stalingrad im Zweiten Weltkrieg zu, dann dem Unglücksfeldzug Napoleons bis Moskau und schließlich dem Sturz von Kaiser Haile Selassie von Äthiopien. Diese politischen Entwicklungen waren natürlich nicht die unmittelbare Folge der herrschenden Wetterverhältnisse und man kann auch nicht behaupten, die Katastrophen hätten sich abwenden lassen, wenn die Verantwortlichen bei ihrer Planung die jeweils aufgetretenen Klimakrisen mit einkalkuliert hätten. Da Militärhistoriker und Sozialwissenschaftler in ihren Analysen der Weltgeschichte bis vor kurzem Umweltfaktoren ziemlich außer Acht gelassen haben, kann die klimahistorische Perspektive dieses Kapitels nur eine Bereicherung darstellen. Diese Betrachtungsweise ist in letzter Zeit sogar in Mode gekommen, und zwar sowohl bei seriösen Akademikern wie R. Cowley, *Was wäre gewesen, wenn? Wendepunkte der Weltgeschichte* (2000), K. Hsü, *Klima macht Geschichte. Menschengeschichte als Abbild der Klimaentwicklung* (2000) und N. Stehr und H. von Storch, *Klima, Wetter, Mensch* (1999) als auch bei populärwissenschaftlichen Autoren wie J. Klage, *Wetter macht Geschichte. Der Einfluss des Wetters auf den Lauf der Geschichte* (2002) und E. Durschmied, *Als die Römer im Regen standen. Der Einfluss des Wetters auf den Lauf der Geschichte* (2002).

Hitlers Kriegsglück wendet sich in Stalingrad

Eine der blutigsten Schlachten des Zweiten Weltkriegs tobte im Herbst 1942 um Stalingrad, dem heutigen Wolgograd. Die Stadt liegt am westlichen Rand der innerasiatischen Steppe, wo sie im Sommer der kontinentalen Hitze und im Winter eiskalten Luftmassen ausgesetzt ist. Es ist kaum zu glauben, dass in dieser Gegend ein solch brutaler Kontrast zwischen Sommer und Winter auftritt und die Jahreszeiten so abrupt wechseln, ist sie doch weiter südlich gelegen als klimatisch durchaus angenehme europäische Großstädte wie London, Brüssel, Paris, Frankfurt oder Prag. Im Mittelalter war das Städtchen Tsaritsyn an der Wolga gegründet worden, um den Austausch von Waren mit den Nomaden aus dem Inneren Asiens zu ermöglichen und um Mongolen-, Türken- und Kosakeneinfälle auf die dünn besiedelte östliche Flanke des russischen Kaiserreichs abzuwehren. Während der bolschewistischen Revolution, 1917–1920, wurde es heftig umkämpft, bis es den Revolutionären unter der Führung von Joseph Stalin schließlich gelang, die letzten zaristischen Widerstände zu brechen. Zum Dank für seine „Befreiung“ nannte Tsaritsyn sich von nun an Stalingrad – wie auch andere Städte, zum Beispiel Togliattigrad oder Leningrad, ihre Namen zugunsten einer der Vaterfiguren des internationalen Kommunismus aufgegeben hatten.

Was brachte Deutschlands Sechste Armee an diesen entlegenen Ort? Nachdem er sich seiner Widersacher im Westen recht schnell entledigt hatte, wandte sich Hitler im April 1941 Russland zu. Mit der Unterstützung alliierter Truppen aus der Ukraine, Rumänien und Ungarn waren die Deutschen

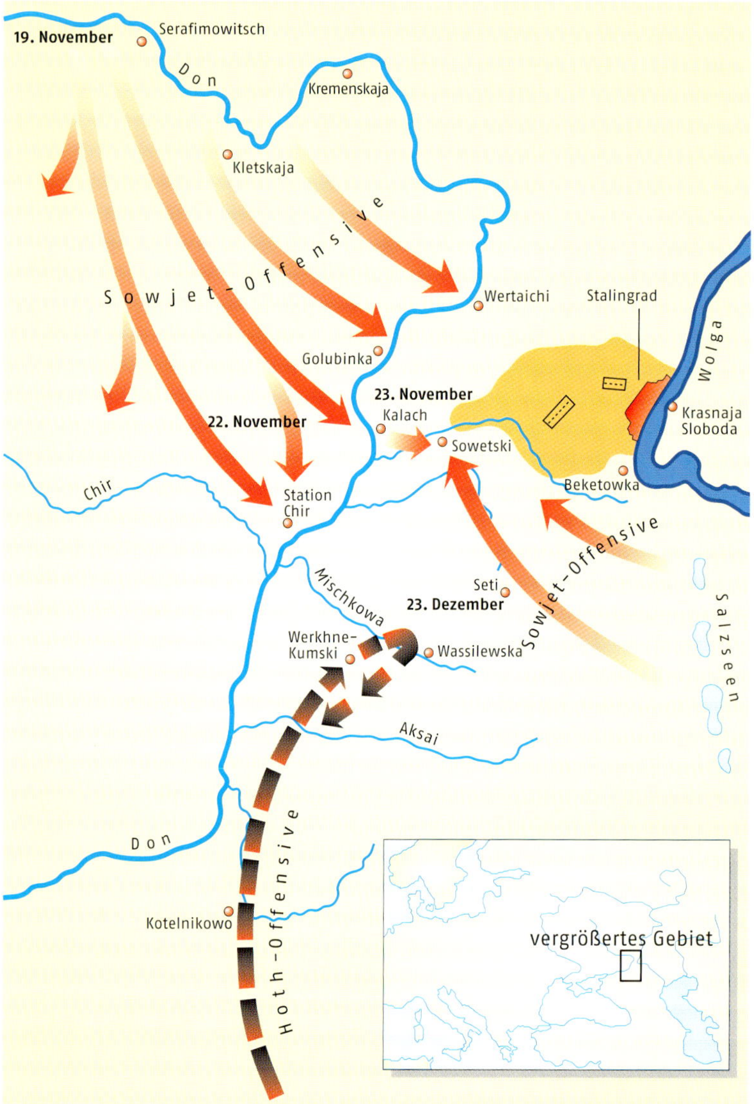

6.1 *Die deutsch-russische Front am Don und der Stalingrad-Kessel im Herbst 1942. Nach einem Entwurf von W. Craig, 1973.*

schon im Sommer 1941 bis ins Herz des europäischen Teils von Russland vorgedrungen. Doch von da an wurde ihr Vormarsch durch zahlreiche Kleinangriffe von Seiten der Sowjet-Truppen behindert, die es nur selten zu einem offenen Gefecht kommen ließen. Trotzdem standen sie gegen Ende des Sommers vor Moskau, aber die Stadt selbst einzunehmen, gelang nicht. Zu diesem Zeitpunkt gab Hitler – gegen den Rat seines Generalstabs – den Befehl, einen Teil der Truppen, die dabei waren, die sich auf dem Rückzug befindlichen Russen einzuschließen, nach Südosten abzuziehen, um die Kohlengruben am Donez und die Erdölfelder im Kaukasus einzunehmen. Anfänglich schien dies eine gute Entscheidung: Die südliche Ukraine fiel schnell und die motorisierten Truppen drangen bis zum Kaukasus vor. Doch dort wurden sie durch eine massive russische Gegenoffensive gezwungen, sich zurückzuziehen und westlich von Moskau den Winter über in Stellung zu gehen.

Im Mai 1942 begann ein Teil der südlichen Armee ihren Vormarsch in Richtung Krim und Kaukasus. Wieder war der Beginn vielversprechend, doch im Laufe des Sommers trat ein Stillstand ein und die geplante Eroberung von Stalingrad rückte in weite Ferne. Generalfeldmarschall Friedrich Paulus, der sich an der Westfront ausgezeichnet hatte, wurde zum Befehlshaber der Sechsten Armee an die Ostfront beordert und beauftragt, Truppen vom Kaukasus-Kontingent abzuziehen und Stalingrad – damals eine wichtige Zentrale zur Herstellung von Motoren für Traktoren, Panzer und Artilleriegeschosse sowie für chemische Produkte – einzunehmen. Anfänglich machte auch er schnelle Fortschritte entlang des Don (Abb. 6.1) und befand sich schon Ende August nahe der Wolga.

Angesichts dieser Offensive ordnete Stalin an, dass die Stadt, die seinen Namen trug, unter keinen Umständen aufgegeben werden dürfe; nicht einmal ein strategischer Rückzug kam in Frage. Verstärkung für die bedrohte Stadt kam von Krasnaja Sloboda am Ostufer der Wolga. Doch nur einem Teil der Truppen gelang es, den 4 km breiten Fluss zu überqueren, das Blut der anderen färbte das Wasser rot. Den ganzen September und Oktober hindurch tobten die Straßenschlachten in Stalingrad und auf beiden Seiten gab es enorme Verluste. Doch es gelang den Deutschen nicht, die Stadt vollständig einzunehmen, und bald waren ihre Kräfte und ihre Moral angesichts der ungewohnten und brutalen Kampfweise erschöpft. Paulus sah die Sinnlosigkeit des Unterfangens ein und versuchte, unterstützt von mehreren Generälen, Hitler von der Notwendigkeit eines strategischen Rückzugs vor Ausbruch des Winters zu überzeugen. Vergeblich! Der Führer tobte, ein Rückzug komme in Erwartung des baldigen Sieges nicht in Frage und sei sowieso unter der Würde des deutschen Soldaten!

Die militärischen Analytiker stimmen heute überein, dass Stalingrad im Gesamtbild des Krieges keine große Bedeutung zukam. Vielmehr scheint es, dass Hitler und Stalin gleichermaßen von dieser

Stadt besessen und einfach nicht aufzugeben bereit waren.

Die Entscheidung, Stalingrad zu belagern, zwang die Angreifer dazu, tief im Feindesland eine mehr als 960 km lange Front zu unterhalten, eine Aufgabe, mit der vornehmlich die schlechter ausgestatteten ungarischen, italienischen und rumänischen Truppen betraut wurden. Östlich der Front sammelten die Sowjets, die bisher schwere Verluste erlitten hatten, alle menschlichen und materiellen Kräfte und warteten auf den Winter, Russlands altbewährten Helfer. Die Deutschen versuchten sich indes vorzustellen, wie sie fünf eisig kalte Monate in einer zerstörten Stadt und ohne Nachschub überleben sollten. Schon Ende Oktober begann die Wolga zu vereisen, ein Zeichen, dass dieser Winter noch kälter werden sollte als der vorherige.

Welche Rolle spielte nun das Wetter in der Katastrophe von Stalingrad? Eine Analyse der Großwetterlagen über Osteuropa im Herbst und Winter 1942 zeigt, dass genau zu der Zeit einer der im vorigen Kapitel beschriebenen plötzlichen Umschwünge von El Niño zu La Niña stattfand. Die Wetterentwicklung von November 1942 bis Januar 1943 – den entscheidenden Monaten in der Stalingrad-Misere – ist aus den täglichen Aufzeichnungen des Deutschen Wetterdienstes ersichtlich, die seit Anfang der 1930er Jahre veröffentlicht werden. Zwar gelten diese Wetterberichte speziell für Mitteleuropa, doch ihre Anwendung auf Stalingrad am Ostrand Europas ist zulässig (Tabelle 6.1).

Die Deutschen begannen ihren Vorstoß in Richtung der Erdölfelder des Kaukasus und Stalingrad im August 1942 über eine von der Sommerhitze ausgedörrte Steppenlandschaft. Im September und Oktober war das Wetter weiterhin gut, klarer Himmel erleichterte die Operationen zu Land und in der Luft. Der erste Kälteeinbruch aus Zentralasien kam Ende Oktober mit heftigem Regen, der sich aufgrund des Zusammenpralls mit feuchten Luftmassen aus dem Westen und Südwesten bildete und den Boden in Schlamm verwandelte. Anfang November gab es schon Anzeichen, dass ein besonders harter Winter bevorstand: Die heftigen Wechsel von einer Wetterlage zur anderen zeugten von einer klimatischen Instabilität, wie sie typisch ist für anormale Jahre. Heute weiß man, dass die abklingende Phase eines ENSO im tropischen Pazifik strenge Winter mit außerordentlichem Schneefall und wiederholten Kälteeinbrüchen in Europa hervorruft – das Szenario schon im Winter zuvor, als sich der ausgedehnte El Niño von 1940–42 durch schwere Schneefälle im kontinentalen Europa bemerkbar machte. Diese besonders harten Winterbedingungen waren einer der Gründe für das schnelle Schwinden der Reserven an Mann und Material gewesen und das Einstellen der Angriffe auf Moskau. Nach diesem feuchten Winter von 1941–42 sollte der Winter von 1942–43 wegen der eisigen Begleiterscheinungen von La Niña noch schlimmer werden.

Im November war das Wetter meist wechselhaft. Manche Tage waren unter dem Einfluss der Südwestwinde mild, aber bedeckt, was die Luftoperationen erschwerte; an anderen Tagen brachten Winde aus dem Nordwesten Eisregen und Schneefall. Mitte November saß ein Teil der Sechsten Armee in Stalingrad fest und die italienischen, rumänischen und ungarischen Truppen lagen weit verstreut entlang des Don. Am 19. November, einem stürmischen Tag mit Schneewehen, setzten die Russen zur Gegenoffensive an und innerhalb von vier Tagen hatten sie die rumänischen Truppen und Paulus' nördliche Brigade überrollt und eine viertel Million Angreifer eingekesselt. Die einzige Verbindung zur Außenwelt in dem 65 km langen und 32 km breiten Kessel waren zwei Landebahnen, über die all diese Menschen versorgt zu werden hofften.

Erst jetzt erkannte Hitler den Ernst der Lage und befahl Feldmarschall Erich Manstein an der kaukasischen Front, eine Panzerdivision nach Stalingrad zu schicken. Die sollte von außen eine Bresche in den Kessel schlagen und Paulus sollte den Ausbruch von innen her versuchen. Die Panzerdivision, die unter General Hermann Hoth am 27. November losgerollt war, kam in den schweren Schneefällen, die durch einen zu dieser Zeit über Mitteleuropa lagernden Trog verursacht wurden, bald kaum mehr vorwärts. Im Kessel selbst war der Rest von Paulus' Sechster Armee so ausgehungert und so knapp an Munition und Öl, dass an einen Durchbruch ihrerseits kaum zu denken war. Den deutschen Versorgungsflugzeugen gelang wegen des schlechten Wetters fast keine Landung mehr im Kessel. Die Wetterberichte für Dezember zeigen wiederholte schnelle Wechsel zwischen schweren Schneefällen ausgelöst durch Sturmtiefs aus West-Südwest und Kälteeinbrüchen aus dem Inneren Asiens. Die Russen nutzten die Kälte, um Nachschub über die vereiste Wolga nach Stalingrad zu

Datum	Großwetterlage	Operationen und Bedingungen im Gelände
1. – 3. November	zyklonale Südwestlage: Regen	blutige Straßenkämpfe um einzelne Stadtviertel
6. – 8. November	nass und kalt	erste Eisbildungen auf der Wolga kündigen den Winter an
9. – 15. November	meridionale Hochdruckbrücke: kalt und klar	Russen stoßen in Vorbereitung der Gegenoffensive zum Don vor
16. – 23. November	Nordwestlage: zyklonale Druckwellen: böig-windig, kälter als normal	19. Nov. Angriff der Russen an der deutsch-rumänischen Front, 20. Nov. Angriff der Russen von Süden her, 250 000 deutsche Soldaten sind im Kessel eingekreist
24. – 28. November	Zentralhoch: klar, kalt, trocken, gefrorene Schneefelder	Versorgung der deutschen Truppen aus der Luft über zwei Landebahnen im Kessel, Manstein eilt von Süden her den Eingeschlossenen zu Hilfe
28. – 30. November	Höhentrog über Europa: Schneefall und Eisregen	Luftbrücke muss ausgesetzt werden, russische Panzer überrollen die rumänische Front
1. – 3. Dezember	Höhentrog: Schneeschauer und Eisregen	Russen überqueren die zugefrorene Wolga und erobern Teile von Stalingrad
4. – 5. Dezember	Zentralhoch: kalt und trocken	Gen. Hoths Vormarsch gestoppt durch feindliche Attacken und Treibstoffmangel
6. – 9. Dezember	abwechselnde Hochs und Tiefs	Luftbrücke wird ausgesetzt, verstärkte Panzerangriffe der Russen
10. – 14. Dezember	zyklonale Südwestlage: Schneefall	Vorstoß der Russen aus dem Norden in Richtung des deutschen Stützpunkts in Rostow
15. – 18. Dezember	zyklonale Südlage: mild und feucht	Zusammenbruch der italienischen Front am Don
19. – 22. Dezember	zyklonale Südwestlage: Schneefall	deutscher Ausbruchsversuch aus dem Kessel gescheitert
23. – 24. Dezember	Zentralhoch: klar, sehr kalt, trocken	Hoth kehrt bei Wassilewska, 30 km vor dem Kessel um, die Truppen von General Paulus sind dem Untergang geweiht
25. – 28. Dezember	meridionale Hochdruckbrücke: Schnee	Luftbrücke wird wegen mangelnder Sicht eingestellt
29. – 31. Dezember	Höhentrog: Eisregen und Schneestürme	Rückzug der deutschen Panzer und Infanterie aus dem Kaukasus
1. Januar	zyklonale Westlage: starker Schneefall	Russen bereiten die endgültige Befreiung von Stalingrad vor
2. – 5. Januar	Höhentrog: Eisregen und Schnee	die Deutschen haben keinen Proviant und keine Munition mehr
6. – 8. Januar	Nordwestlage: zyklonale Druckwellen: kalt, klar, böige Winde	Paulus weist die Kapitulationsbedingungen der Russen zurück
9. – 10. Januar	Zentralhoch: kalt, Schneewehen	die Deutschen erliegen der Kälte und dem Hunger
11. – 18. Januar	Südlage: mild, leicht bewölkt	die Russen nehmen die Landebahn von Pitomnik ein
19. – 21. Januar	zyklonale Südwestlage: mild, Schneefall	die Russen nehmen die Landebahn von Gumrak ein, die Deutschen sind vollkommen abgeschnitten
22. – 24. Januar	Nordosthoch-Ausläufer: kontinentale Kältewelle	letzte Straßenkämpfe in Stalingrad
25. – 31. Januar	zyklonale Südwestlage: starker Schneefall	am 31. Januar kapituliert Generalfeldmarschall Paulus im Stadtzentrum

Tabelle 6.1: Wetter in Osteuropa und militärische Operationen um Stalingrad 1. November 1942 bis 31. Januar 1943.

schaffen und am 17. Dezember einen massiven Gegenangriff zu starten, der Mansteins Divisionen einkreisen und den Fluchtweg der Truppen im Kaukasus zum Schwarzen Meer hin abschneiden sollte.

Konfrontiert mit der Möglichkeit, alle seine Truppen in Südrussland zu verlieren, genehmigte Hitler schließlich den Rückzug nach Westen. Am 23. Dezember – nur 30 km von den eingekesselten Kameraden entfernt – kehrten Hoths Panzer um und die Sechste Armee blieb ihrem Schicksal überlassen. Das Gemetzel von Stalingrad beschäftigte die Russen noch weitere fünf Wochen und machte den Rückzug Mansteins aus dem Kaukasus möglich. Nachdem auch die letzte Landebahn im Kessel an die Rotarmisten gefallen war, kapitulierte Paulus am 31. Januar 1943. Mit der massiven Niederlage an der Ostfront, deren Auftakt der Misserfolg von Moskau im Winter zuvor war, war das Schicksal Deutschlands besiegelt.

Die Gründe für den Niedergang der deutschen Armee sind offensichtlich in strategischen Fehlentscheidungen, Missplanungen und logistischen Fehlern zu suchen, aber diese menschlichen Irrtümer wurden ganz eindeutig durch die natürliche Komponente Wetter verstärkt. Normalerweise wechseln im Winter länger anhaltende Westwindlagen mit Vorstößen von Luftmassen aus Ost und Nord. Der Winter von 1942–43 aber war gekennzeichnet durch gemischte Zirkulation, das heißt von Luftmasseneinbrüchen aus verschiedenen Richtungen, was zu dichten Wolken, Schneefällen, Eisregen und Schneestürmen führte. Während gelegentlicher antizyklonaler Wetterlagen – welche im winterlichen Mitteleuropa klare Himmel und eiskalte Temperaturen bringen – vereiste der Altschnee und Straßen und Bauten wurden unter dicken Schneewehen begraben. Solche unberechenbare Wechsel sind typisch für die Endphase einer El-Niño-Episode. Die Indexwerte der Südlichen Oszillation kehrten erst im Oktober 1942 – nach mehr als zweieinhalb Jahren niedriger Werte – wieder in den positiven Bereich zurück. Das bedeutet, dass im Herbst und Winter dieses Jahres einer der in Kapitel 5 behandelten abrupten Wechsel von El Niño zu La Niña stattfand.

Die militärischen Etappen im Kampf um Stalingrad von Anfang November 1942 bis Ende Januar 1943 sind den historischen Werken von William Craig (1973) und Anthony Beevor (1998) entnommen und in Tabelle 6.1 zusammen mit den damals herrschenden Großwetterlagen chronologisch aufgeführt. Die schnelle Aufeinanderfolge der Großwetterlagen ist typisch für die Wetterdynamik während des Übergangs von einem El Niño zu einer La Niña. Wie die Telekonnektion zwischen einem ENSO-Ereignis und dem fernen Europa zustande kommt, lässt sich anhand von modernen Studien besser verstehen. So hat der Meteorologe Klaus Fraedrich die Auswirkungen von extremen ENSO-Phasen auf das Klima Europas untersucht. Seine synoptischen Analysen und statistischen Testdaten deuten darauf hin, dass in Mitteleuropa die erhöhte Zyklogenese während einer warmen ENSO-Episode (El Niño) in mildem und nasserem Winterwetter resultiert, während das vorherrschende antizyklonale Geschehen während einer kühleren ENSO-Episode (La Niña) meist zu kalten und trockeneren Wintern führt (Fraedrich 1994, Fraedrich und Müller 1992). Die vorherrschende Tiefdrucklage und die sich daraus entwickelnden Stürme im Zusammenhang mit einem El-Niño-Ereignis im Pazifik bedeuten, dass sich die Zyklonenbahn, die normalerweise über dem Nordatlantik verläuft, nach Süden über die Britischen Inseln, Skandinavien und das östliche Mittelmeer verschiebt. Die feuchtigkeitsträchtigen Tiefs überqueren den Balkan, die nördliche Türkei und die Ukraine bis zum Kaspischen Meer (Abb. 6.2). Es waren eben diese Wettersysteme, die für die Eisregen und schweren Schneefälle während des Kampfs um Stalingrad verantwortlich waren. Die sehr kalten Luftmassen, die zwischendurch klare Himmel brachten, entstanden unter dem Einfluss des Hochdrucks, der sich über dem Inneren des Kontinents breit macht, wenn die zyklonalen Tiefs in einem La-Niña-Jahr weiter nördlich als sonst, nämlich über Skandinavien und Nordrussland, ziehen.

Auch nach der Kapitulation der Truppen in Stalingrad blieb die Wettersituation weiterhin recht interessant. Die im Anschluss an El Niño 1940–42 einsetzende La-Niña-Episode ermöglichte durch ihre für diese Phase typischen stabilen Wetterverhältnisse in Mitteleuropa den deutschen Truppen einen einigermaßen geordneten Rückzug vom Kaukasus und dem Schwarzen Meer und während der nächsten beiden Winter – die zwar weiterhin sehr kalt, aber nicht so wechselhaft waren – der Roten Armee zu trotzen. Nach dem endgültigen Zusammenbruch des deutschen Heeres allerdings dauerte es nicht lange, bis die Russen durch die Ukraine, Rumänien, Un-

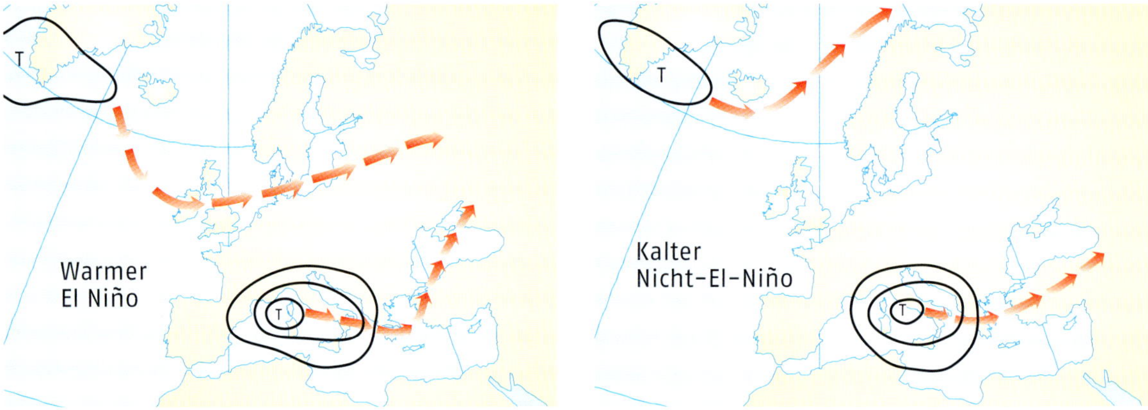

6.2 *Tiefdruckbahnen über Europa während El-Niño- und Nicht-El-Niño-Jahren. Nach Fraedrich und Müller 1992.*

garn und Polen vorgestoßen waren und im April 1945 vor den Toren Berlins standen.

Immer wieder sprechen die Kommentatoren des Kriegsgeschehens von der Furcht des deutschen Militärs vor dem russischen Winter. Diese Furcht steckt den Deutschen in den Knochen, denn in diesen endlosen Weiten hatten sie schon einmal ihre Kampferfahrungen gemacht, und zwar mehr als ein Jahrhundert vorher im Dienste von Napoleons *Grande Armée*. Und so soll im Folgenden untersucht werden, unter welchen Umständen die Truppen des Zaren, der russische Winter und El Niño gemeinsam die Eroberungsträume eines anderen europäischen Despoten zerstörten.

Das Scheitern Napoleons bei Moskau

Innerhalb weniger Jahre hatte sich Napoleon Bonaparte, ein etwas klein geratener Artilleriehauptmann aus Korsika, dank seiner Kühnheit und politischen Schläue in die oberen Ränge der französischen Revolutionsarmee emporgedient. Danach zeichnete er sich in Toulon gegen die Engländer (1792) und im Feldzug gegen Österreich und seine norditalienischen Alliierten (1796–97) aus. Im Jahr 1799 wurde er Konsul zusammen mit Chamacérès und Lebrun; drei Jahre später beseitigte er die beiden anderen und ließ sich allein zum Konsul auf Lebenszeit ernennen; im Dezember 1804 krönte er sich zum Kaiser.

Napoleons schneller Aufstieg zur absoluten Macht wurde unter anderem durch die Unterwerfung kleiner Staaten und Königtümer erreicht, die Ende des 18. Jahrhunderts zahlreich waren. Dies führte natürlich zur Kollision mit den Großmächten Österreich, Preußen, Russland und England. Doch Napoleon mit seiner klugen Allianzpolitik und seinen bestens ausgerüsteten Armeen unterwarf eine nach der anderen, so dass 1810 alle Länder von der Iberischen Halbinsel bis Schweden und vom Ärmelkanal bis Ägypten entweder direkt oder durch eine Scheinregierung von Frankreich beherrscht wurden. England, das einzige Land, das den Franzosen trotzte, wurde durch eine Kontinentalsperre isoliert.

Um die Sperre zu durchbrechen, erklärte im April 1812 Zar Alexander I. Frankreich den Krieg und marschierte sogleich in Polen und Litauen ein. Russland fand einen willigen Verbündeten in Frankreichs altem Feind England, das sowieso schon den Widerstand in Portugal und Spanien schürte und die Türken unterstützte, welche den Franzosen im Balkan und im östlichen Mittelmeer die Stirn boten. Unter der Bedingung, nach Beendigung der Feindseligkeiten Norwegen zugesprochen zu bekommen, versprach auch Schweden seine Kooperation. Da sah Napoleon den Moment gekommen, sich Russland, dem Urheber dieser Machenschaften, zuzuwenden.

Zunächst kamen Napoleons Truppen schnell voran, denn die *Grande Armée* war verstärkt durch internationale Kontingente aus Italien, Polen, Litauen, Holland, Belgien, der Schweiz, Kroatien, Österreich und verschiedene deutsche Truppen aus Westfalen, Sachsen, Hessen, Bayern und Württemberg. Sogar die ehemaligen Feinde Österreich und Preußen ließen sich zum Beitritt überreden, denn sie hatten ein Interesse daran, ihre Besitzungen im östlichen Europa sicherzustellen und überhaupt England vom Kontinent fern zu halten. Vor allem für die Preußen war dies eine schwierige Entscheidung, hatten sie doch in früheren Kriegen gegen Frankreich oft dem Zaren ihre Hilfe angeboten und dabei unter den russischen Truppen die preußische Disziplin und strategische Exzellenz verbreitet, deren sie sich seit Friedrich dem Großen rühmen durften.

Der Vorstoß ins Innere Russlands startete in Weißrussland, in einem zwischen Polen und der Mittelrussischen Platte gelegenen sumpfigen und dicht bewaldeten Gebiet. Auf dem Weg nach Moskau mussten Flüsse, enge Schluchten und vor allem die Pripjet-Sümpfe südlich von Minsk überwunden werden (Abb. 6.3). All dies brachten die Truppen hinter sich, ohne je auf den Großteil der russischen Armee zu treffen, welche sich – um eigene Verluste auf ein Minimum zu beschränken – zunächst für einen strategischen Rückzug entschieden hatten.

Der Vorstoß der verbündeten Einheiten erfolgte auf drei Fronten: Die erste durch Litauen wurde von französischen und preußischen Einheiten gehandhabt; die Hauptarmee unter Napoleon selbst drang vom nördlichen Polen über Witebsk und Smolensk in direkter Richtung auf Moskau vor und der dritte Vorstoß erfolgte durch die österreichischen Alliierten von Galizien aus durch die Pripjet-Sümpfe.

Angesichts des relativ schnellen Vorankommens insbesondere der mittleren Front wiegte sich Napoleon in der Hoffnung, die Einnahme Moskaus und die endgültige Kapitulation der Russen ließe sich innerhalb weniger Wochen bewerkstelligen – der gleiche Irrtum, dem Hitler 130 Jahre später anheim fallen sollte. Während die meisten preußischen Generäle im Dienst des Zaren zur alsbaldigen Gegenoffensive rieten, bestand der Zar zunächst weiterhin auf seinen strategischen Rückzugsmanö-

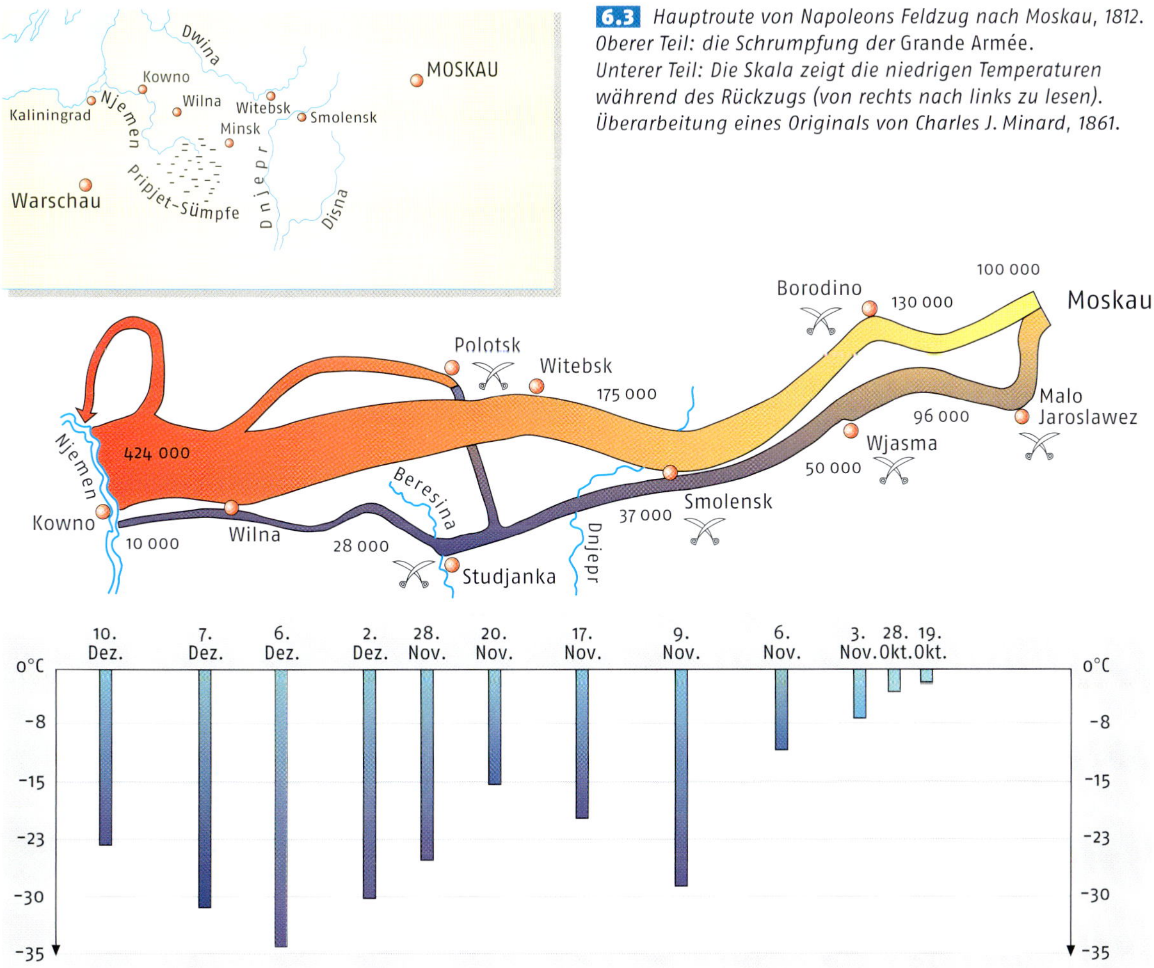

6.3 *Hauptroute von Napoleons Feldzug nach Moskau, 1812. Oberer Teil: die Schrumpfung der* Grande Armée. *Unterer Teil: Die Skala zeigt die niedrigen Temperaturen während des Rückzugs (von rechts nach links zu lesen). Überarbeitung eines Originals von Charles J. Minard, 1861.*

vern. Dies erwies sich als ein kluger Plan, denn die Angreifer hatten sich inzwischen über große Flächen verteilt und mit jedem Tag weiter von dem ihnen freundlich gesinnten Polen und Litauen sowie ihrem Nachschub entfernt. Und dann, mit Beginn des Herbstregens, verwandelten sich die Straßen in Schlammfallen.

Endlich, am 14. September 1812, zog Napoleon mit 128 000 Mann in Moskau ein. Die Stadt war praktisch verlassen. Dazu brachen überall Großfeuer aus, die die erschöpften Soldaten löschen mussten, um wenigstens einen Teil der zurückgelassenen Vorräte zu retten. Napoleon sah, dass seine nur für einen Sommerfeldzug ausgerüsteten Truppen in dieser Geisterstadt den Winter nicht überleben würden, und zog am 19. Oktober, mit inzwischen kaum noch 96 000 Soldaten, über eine südliche Straße in Richtung Smolensk.

Doch Anfang November waren sie mit großer Mühe nur bis Wjasma gekommen, 160 km vor ihrem Ziel, denn mit den Schneestürmen hatten sich auch die Angriffe der Russen vermehrt. Napoleons *Grande Armée* war inzwischen auf nur 60 000 kampffähige Männer zusammengeschrumpft, weitere etwa 30 000 Mann schleppten sich mühsam in der Nachhut voran. In Wjasma erfuhr Napoleon, dass General Claude Malet während seiner Abwesenheit einen Putsch versucht hatte, und erwog, nach Paris zurückzukehren.

Während der nächsten Etappe des Rückzugs waren die Flüsse zugefroren, die Pferde, die noch nicht verhungert waren, wurden an die gesünderen Soldaten verfüttert, während die entkräfteten Nachzügler den Kosakenbanden zum Opfer fielen. Am 9. November kamen nur noch 41 500 Soldaten in Smolensk an, wo nach Abzug der Bevölkerung erneut kaum Nahrung, Viehfutter oder Feuerholz zu finden waren. Die Russen hatten inzwischen Witebsk und die Straße nach Wilna eingenommen, was die restlichen 37 000 Mann dazu zwang, über Orscha, eine ihnen unbekannte Route, umzukehren. Nach der Überquerung des Dnjepr erreichten sie am 20. November Studjanka an der Beresina nordöstlich von Minsk. Hier warteten die Russen und eine grausame Schlacht tobte vom 26. bis zum 28. November. 5000 Franzosen blieben auf dem Schlachtfeld, ebenso zahllose verwundete und entkräftete Männer. Nur noch 7000 Mann waren kampffähig und 21 000 demoralisierte alliierte Soldaten befanden sich in Auflösung. In dieser hoffnungslosen Lage verließ Napoleon seine Leute und eilte am 29. November zurück nach Paris, um zu sehen, was dort noch zu retten sei.

Unter der Führung von General Joachim Murat zogen die restlichen Truppen nach Wilna. Dort war es jedoch so unsicher, dass der Rückzug weiter in Richtung des Njemen angeraten schien, welcher sich noch in Händen der preußischen Verbündeten befand. Als deren Führer General Yorck von Wartenburg jedoch den erbärmlichen Rest der *Grande Armée* sah, unterzeichnete er in Tauroggen das Neutralitätsabkommen mit Russland. Damit war das Schicksal Frankreichs besiegelt und Napoleons Russlandfeldzug hatte sein tragisches Ende gefunden.

Zwar inszenierte Napoleon einen letzten kurzen Gegenangriff mit frischem Nachschub aus Frankreich und errang bei Dresden tatsächlich noch einmal einen Sieg gegen die drei Koalitionsarmeen (Russland, Preußen und Österreich), doch dies war sein Schwanengesang. Im Juni 1813 unterzeichnete er den Waffenstillstandsvertrag von Poischwitz und am 6. April 1814 kapitulierte er in Fontainebleau vor dem britischen Grafen Wellington, dem preußischen General Wittgenstein im Dienste des Zaren, General Schwarzenberg von Österreich und seinem ehemaligen Verbündeten General Blücher von Preußen.

Der Russlandfeldzug Napoleons ist eines der meistanalysierten militärischen Unternehmen der Neuzeit. Im Jahr 1861 fertigte der französische Ingenieur Charles J. Minard eine Skizze, die einem die fortschreitende Schrumpfung der *Grande Armée* graphisch vor Augen führt (Abb. 6.3). Im Sommer 1812 waren ca. 424 000 Mann aus Kowno losgezogen, Ende des Jahres kaum 10 000 nach Wilna zurückgekehrt. Eine Skala zeigt die geschätzten Temperaturen während der verschiedenen Rückzugsetappen und man sieht deutlich, dass die schwersten Verluste zu Zeiten der extremsten Minuswerte stattfanden. Forensische Untersuchungen von Massengräbern napoleonischer Soldaten, die im Jahr 2003 bei Wilna entdeckt wurden, bestätigen als Ursache der gehäuften Todesfälle an dieser Stelle Erfrierungen, nicht Kampfverletzungen!

Eine maßgebliche Analyse des Unglücksfeldzugs wurde von dem General der preußischen Armee Karl von Clausewitz durchgeführt, selbst einer der Protagonisten und später ein berühmter Kriegsstratege. Von Clausewitz kritisierte das verantwortungslose Vordringen Napoleons tief ins Feindesland ohne Sicherstellung des benötigten Nachschubs und pries die Rückzugsstrategie der Russen angesichts der feindlichen Übermacht: Als sie sich ihr endlich stellten, hatten die Weite des Landes und die Strenge des Winters dem Angreifer schon das Rückgrat gebrochen. In Anbetracht der Tatsache, dass das Werk Clausewitz' Pflichtlektüre für Generationen von preußischen und deutschen Offizieren gewesen war, müssen Hitlers Generäle ihre Ohnmacht verwünscht haben, als sie ihren fanatischen Führer die gleichen Fehler machen sahen.

Die Analysen sind sich einig, dass der Winter Russlands stärkster Verbündeter war, und so stellt sich die Frage: Trug der besonders extreme Winter von 1812 die Schuld an der Katastrophe oder waren es die taktischen und strategischen Fehler der Führung? Sicher war es das Wetter nicht allein, vielmehr wirkten sich die extremen Wetterverhältnisse zugunsten der Landesbewohner aus und verschlimmerten die Fehlentscheidungen der Angreifer.

Weltweit war das Klima zu Beginn des 19. Jahrhunderts besonders ruhig gewesen. Die unberechenbaren Schwankungen des vorausgegangenen Jahrhunderts hatten sich normalisiert und die Auswirkungen eines El Niño im Jahr 1803–04 beschränkten sich auf den östlichen Pazifik. Doch um 1810 wurde ein bestehender Abkühlungstrend durch einen Aschenschleier in der Atmosphäre von Vulkanausbrüchen auf Saint Vincent (Antillen) und Celebes (Indonesien) verstärkt. Außerdem war die Zahl der Sonnenflecken zwischen 1809 und 1812 besonders niedrig. Im Zusammenhang mit der verstärkten Abkühlung und den daraus erfolgenden Änderungen in der atmosphärischen Zirkulation verursachte ein mäßiger El Niño im tropischen Pazifik im Jahr 1812 eine schlimme Dürre in Indien, und mit dem rapiden Umschwung zu La-Niña-Bedingungen stieg die Anzahl der Hurrikane in der Karibik im Jahr 1813.

Für Napoleons Vormarsch nach Mittelrussland gibt es keine systematischen Wetterdaten. Auf die näheren Bedingungen muss aus den Beschwerden der leidgeprüften Soldaten geschlossen werden: Eisige Temperaturen, Eisregen, Schneefälle, schneidende Winde und dazwischen Schneestürme verschlimmerten die übrigen Entbehrungen der Männer und beschleunigten den Hungertod der für den Transport von Proviant und Waffen absolut notwendigen Pferde (Nafziger 1998). Die Parallelen zwischen dem Russlandfeldzug der Deutschen und dem der Franzosen sind frappierend: Beide Male klappte die Versorgung nicht, und der kontinentale Winter setzte jeweils besonders früh ein. In beiden Fällen fand der Angriff in einem Jahr statt, in dem einer der zuvor beschriebenen schnellen Umschwünge von einem El Niño zu einer La Niña im Gange war. Fraedrich und Müller (1992) fanden heraus, dass während einer La-Niña-Episode die wandernden Tiefs, die in Mitteleuropa für das schlechte Wetter verantwortlich sind, weiter nördlich verlaufen als sonst und somit die Zahl der Regen- und Schneefalltage im nördlichen Mitteleuropa ansteigt. Solchen extremen Bedingungen waren die westeuropäischen Truppen einfach nicht gewachsen.

So kann man denn zusammenfassend sagen, dass in der Niederlage Napoleons und dem anschließenden Verlust seiner Macht nicht unbedingt ein Gottesurteil zu sehen ist – *Mit Mann und Ross und Wagen hat sie der Herr geschlagen* –, sondern das Ergebnis des Zusammentreffens von menschlicher Unzulänglichkeit mit einem extremen Klimaereignis.

Dürren im Sahel und der Sturz Haile Selassies

Seit Jahrhunderten und mit Regelmäßigkeit haben die Menschen am ariden Osthorn von Afrika, vor allem in Äthiopien, Dürren und Hungersnöte erfahren. In diesem Land wechseln sich die feuchten Sommermonsune aus dem Indischen Ozean mit den trockenen Harmattan-Winden von der Arabischen Halbinsel ab. Landwirtschaft und Viehzucht in den Hochländern Äthiopiens sind auf die Regenfälle in der *belg*-Saison (Februar bis Mai) und *kirmet*-Saison (Juni bis September) angewiesen, da Fluss-, See- und Grundwasserreserven karg sind. Wenn der Regen in diesen Monaten ausbleibt und der Sommermonsun schwach ausfällt, vertrocknen die Kaffeesträucher, die Feldfrüchte reifen nicht und das Vieh geht ein. In manchen Dürrejahren kommen auch noch Heuschreckenplagen hinzu (siehe Kapitel 5).

In Äthiopien bildet die Mischung von verschiedenen ethnischen Gruppen und Nationalitäten eine zerbrechliche politische Einheit. In den inneren Hochländern leben die Oromos, nördlich von ihnen die politisch vorherrschenden Amharen und noch weiter nördlich die Tigre. Der Südosten ist die Domäne der Somali und der extreme Süden die der Sidamos. Im Westen entlang des Blauen Nils schließlich hat sich das nilotische Volk der Shankellas niedergelassen. All diese Völker haben ihre eigenen kulturellen und religiösen Gebräuche und verdienen ihren Lebensunterhalt auf verschiedene Art und Weise. Während die Oromo im Inneren des Landes koptische Christen sind und Ackerbau betreiben, ziehen im Norden, Osten und Südosten islamische Nomadenvölker umher. An der Grenze zum Sudan und zu Kenia leben vornehmlich animistische Hirten-Nomaden (Abb. 6.4).

Hungersnöte und Seuchen sind schon in der frühchristlichen und arabischen Geschichtsschreibung überliefert und viele von ihnen haben Bezug zu Klimakrisen in anderen Teilen der Welt, die seit dem Mittelalter in schriftlichen Überlieferungen festgehalten sind. Richard Parkhust (1990) hat die frühen Quellen untersucht und Hinweise auf klimabedingte Hungersnöte in den Jahren 831–49, 1252, 1271–73, 1344–72, 1435 und 1454–68 gefunden. Obwohl die genaueren Begleitumstände oft nicht bekannt sind, so lässt sich doch in vielen Fällen eine Übereinstimmung mit globalen Klimakrisen feststellen.

Mit der Ankunft von europäischen Missionaren im 16. Jahrhundert wurden die Hinweise auf Klimakrisen zuverlässiger und somit vergleichbar. Diesen Quellen zufolge erlebte Äthiopien im Jahr 1540 eine katastrophale Dürre und Heuschreckenplage, die den Viehbestand im Norden des Landes dezimierte. Dabei kann man von einer globalen Anomalie sprechen, denn aus demselben Jahr sind ein El-Niño-Ereignis aus Nordperu sowie eine ausgedehnte Trockenheit in Indien dokumentiert. Eine weitere Dürre mit anschließender Hungersnot fiel zusammen mit El Niño 1567–68 (Wolde-Mariam 1986).

Im 17. Jahrhundert fanden Dürren gleichzeitig mit ENSO-Ereignissen in den Jahren 1618, 1625–1627, 1633–35 und 1653 statt, während die Hungersnöte von 1611, 1650 und 1678 unabhängig von Anomalien im Pazifik auftraten. Die Dürren von 1700 und 1702 waren wohl ein Widerhall des globalen El-Niño-Ereignisses von 1701, während fünf weitere Trockenperioden im 18. Jahrhundert – mit Ausnahme der von 1747 – nicht mit ENSO-Ereignissen zusammenhängen. Ein El Niño aus dem Jahr 1791, der in den pazifischen Randgebieten sehr stark ausgeprägt war, schien keinen Einfluss auf Äthiopien gehabt zu haben.

Eine Zunahme von Trockenereignissen im Zusammenhang mit klimatischen Anomalien weltweit ist im 19. Jahrhundert zu verzeichnen. Die erste Dürre fand 1812 statt, dem Jahr, in dem Napoleon in Russland scheiterte; eine weitere im Jahr 1828–1829, die den Viehbestand reduzierte und von einer Cholera-Epidemie begleitet war, befiel das Land zur Zeit eines starken ENSO-Ereignisses im pazifischen Raum; und 1850 – einem besonders kalten Jahr in Europa – herrschte ausgedehnte Trockenheit, aber die Menschen wurden diesmal verschont. Ein ausgesprochen schlimmes Ereignis mit anschließender Hungersnot ist von 1888 bis 1892 gut dokumentiert. Diesmal waren mehrere erschwerende Umstände zusammengetroffen: Erst brach die Rinderpest aus, als die Italiener im Norden und in Eritrea mit infizierten Pferden aus Indien einfielen und die für den Subsistenzfeldbau des Landes unbedingt notwendigen Tiere wurden stark dezimiert. Dann gab es im Sommer 1890 nicht genügend Regen und im nächsten Sommer wegen des starken El Niño von 1891 noch weniger. Schließlich fiel das letzte Grün den Heuschrecken und Raupen zum Opfer. Cholera, Typhus, Ruhr und Pocken rafften die entkräftete Bevölkerung dahin; Hyänen, Löwen und Leoparden machten sich nicht nur über die Leichen her, sondern wagten sich sogar an die Lebenden. Vor allem die ländlichen Bezirke Gojjam, Shoa und Harerghe waren bald menschenleer. Insgesamt verlor Äthiopien ein Drittel seiner Bevölkerung. Politische Folgen blieben nicht aus: Menelik, der damalige Kaiser Äthiopiens, nutzte die Gelegenheit, um sich entvölkerte Territorien von Somalia und Kenia anzueignen, und die Italiener, die seit 1885 den Hafen Massawa im Norden besetzt hielten, trafen bei ihrem Vorstoß ins Innere des Landes kaum auf Widerstand.

Von den Dürren, mit denen sich Äthiopien im 20. Jahrhundert geschlagen sah, waren die von 1916 und 1920 wohl entfernte Echos der El-Niño-Ereignisse von 1917 und 1918. Die Dürre von 1927–28, die im Nordteil von Wollo großen Schaden anrichtete, folgte dicht auf den starken El Niño von 1925–1926. Dann gab es zwei Dürren – 1934–35 und 1947–50 –, die mit keinerlei ENSO-Entwicklungen in Zusammenhang standen, aber ein Jahr nach der ersten brach eine schlimme Trockenheit in Indien

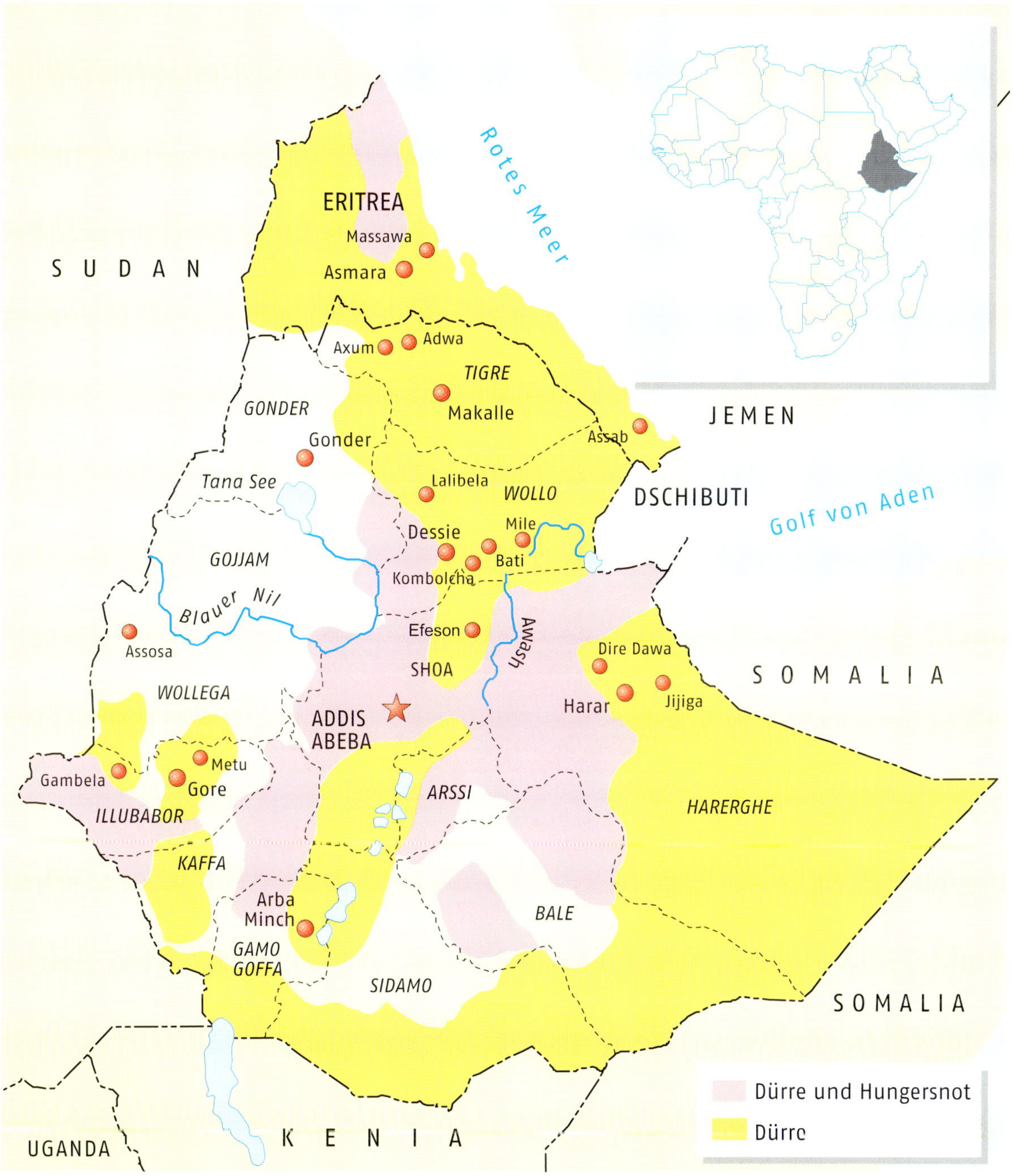

6.4 *Die von Dürren und Hungersnöten am häufigsten betroffenen Gebiete Äthiopiens und Eritreas.*

aus. Die nächste Dürre, die ebenfalls den Nordteil von Wollo, Tigre und Eritrea heimsuchte und mit Heuschreckenplagen und Epidemien einherging, trat wieder in einem El-Niño-Jahr auf, nämlich 1957–58. Von neuem zeigte sich die Unfähigkeit der Regierung, die den Ernst der Lage verkannte und die ihr gewährte internationale Hilfe verschwendete. Die Todesopfer dieser Dürre beliefen sich auf 397000 (Wolde-Mariam 1986).

Die Dürren in der zweiten Hälfte des 20. Jahrhunderts traten alle im Zusammenhang mit atmosphärischen Störungen weltweiten Ausmaßes auf. So erfolgte die Dürre von 1965–66 während des gemäßigten El-Niño-Ereignisses 1965 und als der

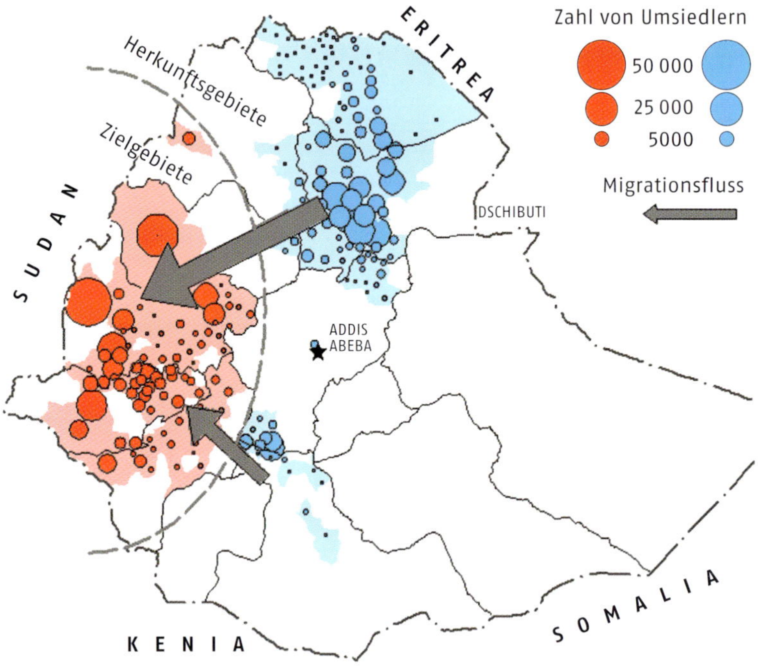

6.5 *Herkunfts- und Zielgebiete der von Dürren und politischen Wirren vertriebenen Äthiopier.*

starke El Niño 1972–73 ausbrach, waren die Folgen im Sahel katastrophal. Die ersten Anzeichen erfolgten im September 1972 in Form von ungenügendem *kirmet*-Regen im nördlichen Wollo. Das war drei Monate bevor sich El Niño im östlichen Pazifik bemerkbar machte. Wie schon zuvor wurden die Warnzeichen in Addis Abeba nicht beachtet und bis zum Ende des Jahres war auch der Westen von Wollo extrem trocken. Als Anfang 1973 schließlich noch der Frühjahrsregen ausblieb und der Osten und Süden ebenfalls austrockneten, flohen die Bauern und Viehzüchter in die Kaffeeregionen im Inneren des Landes und in den feuchteren Südwesten. Erst nachdem Kaiser Haile Selassie im November des Jahres das Elend in Wollo persönlich inspiziert hatte, wurden Maßnahmen angeordnet, um die schlimmste Not zu lindern und die Abwanderungen zu bremsen. Doch oft kam jede Hilfe zu spät oder landete in den falschen Händen.

Schon jahrelang hatte das Volk die Unfähigkeit seines alternden und immer zurückgezogener lebenden Regenten mit Verbitterung beobachtet. Die Armee, auf die er seine autoritäre Herrschaft stützte, war seit den 1960er Jahren von den Sowjets ideologisch unterlaufen. Damals hatte Haile Selassie im Anschluss an die Suez-Kanal-Krise und den Yom-Kippur-Krieg Ratgeber aus der Sowjetunion ins Land geholt. Die *Dergue* (ein Militärbund, dessen Name „Komitee" die Quelle der Inspiration verriet) warteten nur darauf, die Macht an sich zu reißen. Die Gelegenheit bot sich, als angesichts der Notlage die Moral und Disziplin in der Armee versagten und man der Aufstände verschiedener ethnischer Gruppen nicht mehr Herr wurde.

Im September 1974 setzten die militärischen Führer den Kaiser einfach ab und übernahmen selber die Macht. Der politische Wechsel brachte allerdings keine merkliche Erleichterung für die geplagte Bevölkerung. Die knappen Lebensmittel und Hilfe aus dem Ausland wurden an die Armee verteilt, die damit beschäftigt war, in zwölf der vierzehn Regionen des Landes Aufstände und Abspaltungsbewegungen niederzuschlagen. Der Oberbefehlshaber der *Dergue*, General Mengistu Haile Mariam, ging mit äußerster Brutalität gegen die Widersacher vor. Als nach vier Jahren Hungersnot und Anarchie immer noch keine Besserung in Sicht war, wandten sich sogar ehemalige Anhänger des Coups gegen die Militärs, und auch die islamischen Völker, die vorher gegen Haile Selassies Herrschaft rebelliert hatten, protestierten nun im Hinblick auf Mengistus Verbindung mit der atheistischen Sowjetunion. Ende der 1970er Jahre kämpften mindestens acht Völker um ihre Unabhängigkeit von Äthiopien, darunter die Eritreer, die Somali, die Tigre, die Oromo und die Gojjam. Der Diktator musste versuchen, nicht nur mit all diesen Rebellen fertig zu werden, sondern auch mit den Unruhen unter der ausgehungerten Landbevölkerung, die man in bester kommunistischer Tradition in Umsiedlungsprogrammen aus ihrer Heimat deportiert hatte.

Und dann kam die nächste Dürre im Jahr 1984 als Auswirkung des starken El Niño 1982–83. Der Wassermangel im Distrikt Korem in Wollo forderte 60 000 Menschenleben, während in anderen Hochlandregionen der *belg*-Regen ausblieb und Tausende von Hungerflüchtlingen gen Westen nach Gojjam, Wollega und Illubabor zogen (Abb. 6.5). Die Trockenheit jedoch holte sie dort im Frühjahr 1985 ein und der Flüchtlingsstrom ergoss sich jetzt in den Sudan, von wo Sudanesen und Äthiopier nun gemeinsam in Richtung zum Blauen Nil flohen. Mengistus Truppen unternahmen wenig, um diesen Massenexodus zu stoppen, denn in ihren Augen handelte es sich sowieso um „Feinde des Regimes". Im Jahr 1985 fielen einigermaßen normale Niederschlagsmengen, aber 1987–88 war infolge des gemäßigten El Niño vom Vorjahr wieder zu trocken. Der Flüchtlingsstrom in den Sudan nahm erneut zu und die Landbevölkerung aus dem Innern, die vorübergehend in Behelfslagern im Norden von Sidamo und Bale untergebracht war, floh ins benachbarte Somalia. Missernten, Hungersnöte und die Zwangsumsiedlungen hatten die Bevölkerungsstruktur merklich verändert. Vor allem der vorher dünn besiedelte Westen von Äthiopien hatte starken Zuwachs bekommen. Diese demographische Umordnung während der 1980er Jahre ist als das Ergebnis des Zusammentreffens einer Naturkatastrophe (El-Niño-Fernwirkungen) mit den politischen Zwangsmaßnahmen einer Diktatur zu betrachten (Comenetz und Caviedes 2003).

Als es 1993–94 noch einmal zu einer Dürre kam, diesmal im Zusammenhang mit dem zwar milden, aber länger anhaltenden ENSO-Ereignis von 1991–93, war das Leidenspotential Äthiopiens erschöpft. Im Mai 1991 wurde General Mengistu Haile Mariam von seiner eigenen *Ethiopian People's Revolutionary Democratic Front* (EPRDF) gestürzt. Das Fazit seiner Herrschaft ist erschütternd: Fast eine Million Menschen waren verhungert oder in den Wirren umgekommen und mehr als zwei Millionen waren in Nachbarländer geflohen (wo die Zustände noch schlimmer waren). Eritrea hatte sich 1983 selbständig gemacht.

Doch auch die EPRDF musste Lehrgeld zahlen. Im Jahr 1997–98 verursachte die nächste Dürre während des starken El Niño dieser Jahre einen Schaden im Wert von 27 Millionen US-Dollar und infolge der Überschwemmungen im Jahr 1998 litten 7 Millionen Menschen Hunger (Wolde-Georgis et al. 2001). Die moderne Geschichte bietet kaum ein besseres Beispiel für die sozialpolitischen und demographischen Auswirkungen von ENSO.

Hoch- und Niedrigwasser am Nil

Nach diesem Nachweis für den Zusammenhang zwischen den Dürren im Afrika südlich der Sahara, den politischen Wirren in Äthiopien und den ENSO-Ereignissen im tropischen Pazifik wollen wir nun in noch weiterer Entfernung vom Pazifik nach Telekonnektionen forschen.

William H. Quinn (1992) verglich die Daten der Hochwasserstände am Nil (622 bis 1900), die in Kairo aufbewahrt werden, und Pegel-Messungen am Blauen Nil und am Atbara (ab 1900) mit den Phasen der Südlichen Oszillation. Beide Ströme nehmen Zuflüsse aus dem westlichen Eritrea und aus den äthiopischen Hochländern Gonder, Gojjam, Wollega und Shoa auf, das heißt, sie spiegeln die dortigen Niederschlagsschwankungen wider. Die Trockenperioden, von denen oben die Rede war, führen zu Hochwasserschwankungen am unteren Nil. Doch der Frühjahrsregen in den Hochländern von Äthiopien, deren Flüsse sich im Blauen Nil vereinigen, wirken sich nicht auf den Wasserstand des Nils in Ägypten aus. Erst mit steigender Erwärmung des Kontinents füllen die *kirmet*-Regen die Flüsse und Bäche, die von den Gebirgen in die Ebenen fließen, wo sie von den Hirten-Nomaden im westlichen Äthiopien und Sudan sehnlichst erwartet werden. Im Juni/Juli tritt der untere Nil über die Ufer und verleiht den Böden dort die außergewöhnliche Fruchtbarkeit, die schon seit Jahrtausenden die Ernährung der gesamten Bevölkerung Ägyptens gewährleistet.

Was den Beitrag des Weißen Nils zur Wasserführung der Flüsse und Dicke der Sedimentablagerungen im nördlichen Sudan und oberen Ägypten betrifft, so ist dieser schwer zu bestimmen, da der Fluss die weiten Sümpfe von El Sudd im südlichen Sudan durchquert.

Nach dem Niedrigstand im Winter ist das Anschwellen des Nils im Frühjahr schon immer ein willkommener Anblick gewesen: Damit war die Erneuerung der fruchtbaren Ablagerungen und das Auffüllen der zahlreichen Brunnen, Zisternen und künstlichen Teiche gesichert, die den Feldanbau den Sommer hindurch ermöglichen. Wenn im östlichen Sahel und in den Hochländern von Äthiopien wenig Regen fällt, genügten die Nilanschwemmungen nicht für den Bedarf der Landwirtschaft. Da wir nun wissen, dass die Dürreperioden in Ostafrika und im Sahel durch das Ausbleiben des Sommermonsuns im Westindischen Ozean verursacht werden und dass die Dürreperioden in der östlichen Hälfte von Afrika mit einer Änderung in der Sommerzirkulation in Südostasien zusammenhängen, lassen sich berechtigterweise Telekonnektionen mit der Südlichen Oszillation im Pazifik vermuten. Wenn deshalb die Oberflächentemperatur im tropischen Ostpazifik ansteigt und die Verdunstung zunimmt – das heißt, wenn ein El-Niño-Ereignis stattfindet –, dann können sowohl Ostafrika als auch die Länder am Rande des Indischen Ozeans mit Regenmangel und Trockenheit rechnen. Es ist also anzunehmen, dass die in historischen Quellen erwähnten ungewöhnlich niedrigen Niveaus des Nils in Zusammenhang standen mit den negativen Phasen der Südlichen Oszillation und die hohen Niveaus mit deren positiven Phasen.

Die Wasserstände des Nils wurden schon in hellenistischen Zeiten kontrolliert. Unter den Römern nahm eine Kaste koptischer Christen die Messungen im Nildelta und auch in Thebes, Mittelägypten, vor. Die Araber, die später das Land beherrschten, waren sich der Bedeutung des Nilwassers für den Feldanbau im unteren Ägypten wohl bewusst und registrierten deshalb gewissenhaft die Wasserstände mit den Nilometern in der Nähe von Kairo. Seit Beginn der islamischen Ära im Jahr 622 hinterließen auch arabische Geographen und Reisende zahlreiche Hinweise auf ungewöhnliche Wasserstände am Nil.

Die Aufzeichnungsdaten von niedrigen Wasserständen am Nil erlauben den Vergleich mit den zuvor ausführlich behandelten Dürre- und Hungerjahren in Äthiopien. Quinn zufolge hatte der Nil besonders niedrige Wasserstände um 650 und dann 689, 694, 842, 903, 967, 1096, 1144, 1200, 1230 und 1450. In Äthiopien weiß man von entsprechenden Hungersnöten aus den Jahren 831–49, 1145 und 1454–68. Viele der frühen Niedrigwasserepisoden fanden während der Mittelalterlichen Wärmeperiode (1000–1250) statt. Die Beobachtung stimmt mit unserem heutigen Wissen über El Niño überein, dass nämlich diese Episoden während globaler Warmzeiten an Häufigkeit und Intensität zunehmen.

Unter der Herrschaft der Ottoman-Türken im 16. Jahrhundert wurden die Hochwasserstände des Nils nicht mehr sorgfältig kontrolliert, so dass Hinweise auf Niedrigstände aus den Jahren 1553, 1641, 1650 und 1694 – welche alle mit ENSO-Ereignissen im Pazifik zusammenfallen – nur aus Anekdoten bekannt sind. Was die geringe Zahl dieser Extreme anbetrifft, so erinnert Quinn daran, dass damals die Kleine Eiszeit auf der ganzen Nordhalbkugel zu einer Abkühlung führte und somit die für einen ENSO typischen Energieausbrüche milderte.

Mit Beginn des 18. Jahrhunderts ließ sich der Zusammenhang zwischen den verschiedenen Niveaus der Hochwasserstände am Nil und den klimatischen Anomalien in den Tropen deutlicher erkennen, da auch die Nildaten wieder besser wurden. Drei starke El-Niño-Ereignisse – 1720, 1728 und 1791 – spiegelten sich in extremem Niedrigwasser am Nil und in weit verbreiteten Dürren in Indien, die in Kapitel 4 behandelt wurden. Ein niedriger Hochwasserstand im Jahr 1769–70 hat kein Gegenstück in Quinns Aufstellung, aber Hamilton und García (1986) listen in diesen Jahren einen El Niño, der für eine Dürre in Indien verantwortlich war. Auch Kapitän James Cooks Logbuch enthält den Eintrag, dass er 1769 auffallend warme Wassertemperaturen im mittleren Pazifik antraf. Die Möglichkeit, dass der Zentralpazifik um 1770 eine Erwärmung erfahren haben könnte, die sich nicht in den östlichen Pazifik fortsetzte, ist interessant, denn damals fand auch ein sehr deutlicher Hurrikan-Anstieg im tropischen Atlantik statt (Caviedes 1991). Die schwächeren ENSO-Ereignisse von 1737, 1743–44 und 1782–83 spiegeln sich – nach Whetton und Rutherfurd (1994) – ebenfalls in den Hochwasserständen des Nils wider.

Was das 19. Jahrhundert anbetrifft, so stimmt El Niño 1824–25 sowohl in Quinns als auch in Whetton und Rutherfurds Reihen mit niedrigen Hochwasserständen am Nil und Trockenheit in Indien und Australien überein. Damals fielen also fast in der gesamten östlichen Hemisphäre der Südlichen Oszillation ungewöhnlich geringe Niederschläge. Eine weitere Periode niedrigen Hochwasserstandes am Nil gegen Ende der 1820er Jahre fällt zusammen mit dem starken El Niño von 1827–28 und die von 1837 mit dem ENSO-Ereignis desselben Jahres. Die Schwächung der ENSO-Ereignisse zwischen den 1840er und 1860er Jahren sehen einige Wissenschaftler im Zusammenhang mit dem Ausklang der Kleinen Eiszeit. Trotzdem wurden 1844–46, 1854 und 1864–68 am Nil die niedrigsten Hochwasserstände seit 1700 gemessen. Die Verknüpfung mit Ereignissen im tropischen Pazifik zeigte sich wiederum deutlich, als der starke El Niño von 1877 und ebenfalls in den El-Niño-Jahren 1888, 1891 und 1899–1900 mit extrem niedrigen Hochwasserständen am Nil einherging, was mit der vorherrschenden Meinung übereinstimmt, dass der Widerhall von ENSO-Ereignissen nach den 1870er Jahren weltweit spürbarer wurde.

Im 20. Jahrhundert zeigte sich diese Tendenz noch deutlicher, obwohl inzwischen der Assuan-Damm gebaut worden war. So stimmen die Niedrigphasen am Nil in den Jahren 1913, 1925, 1940–

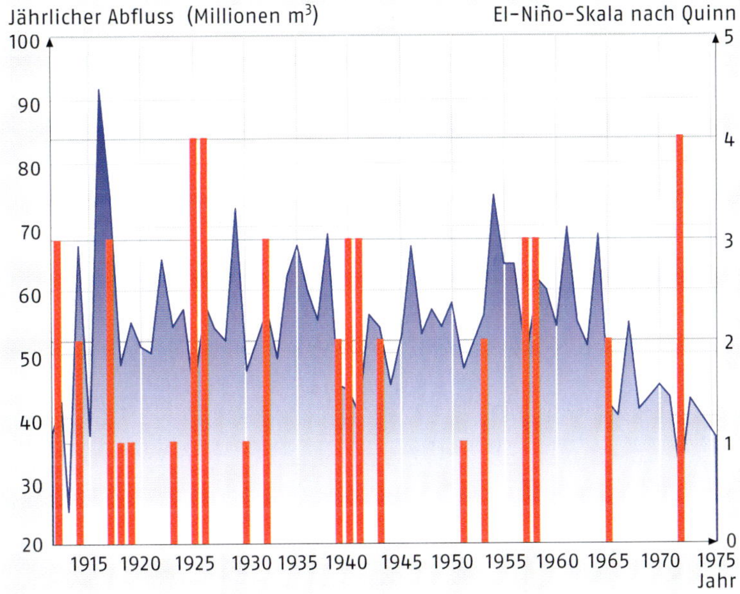

6.6 *Jährlicher Abfluss des Nils in Dongola, Sudan, und Intensität der El Niños, 1912 – 1975. Rote Säulen entsprechen El-Niño-Jahren. Nach Quinn 1992.*

1941, 1957, 1966 und 1972 mit El-Niño-Ereignissen überein, während die Hochwasserereignisse genau in den La-Niña-Jahren 1916, 1929, 1938, 1954 und 1964 eintraten. Quinns Serie endet zwar Anfang der 1970er Jahre, doch bis dahin zeigt sich eindeutig, dass die Verbindung mit dem Rhythmus des Nils und mit den Luftdruck- und Feuchtigkeitsschwankungen im tropischen Pazifik enger ist als vermutet (Abb. 6.6). Es leuchtet also ein, dass die Schwankungen in den Hochwasserständen des Nils mit den Monsunwinden und der Südlichen Oszillation zu tun haben und auch Temperaturschwankungen während der Kleinen Eiszeit und der Mittelalterlichen Wärmeperiode widerspiegeln.

Unwetter während der Kleinen Eiszeit

Das 17. Jahrhundert war in Europa nicht gerade angenehm: Heimgesucht von einem Krieg nach dem anderen, war es den ausgebluteten Völkern nicht einmal vergönnt, sich in den kurzen Friedensintervallen zu erholen, denn da wüteten Seuchen und Hungersnöte und forderten weitere Opfer. Selbst das Klima in diesem Jahrhundert war ungewöhnlich mit seinen bitterkalten Wintern und verregneten oder erstickend heißen Sommern, die die Ernten ruinierten und Brände entfachten, wie das berüchtigte „Große Feuer von London". Die Stürme tobten über den Meeren, zerstörten die Küstenlandschaften und sandten zahlreiche Schiffe in den Abgrund.

Historiker und Geologen nennen dies die *Kleine Eiszeit*. Die Tatsache, dass der Begriff von dem Quartär-Spezialisten F. E. Matthes weniger aufgrund von empirischem als von historischem Beweismaterial eingeführt wurde, verleiht auch unserer Rekonstruktion der Umweltbedingungen vergangener Epochen anhand historischer Quellen mehr Glaubwürdigkeit.

Während auf der wasserreichen Südhalbkugel der „Südliche Ozean" (Südpazifik, Südatlantik und südlicher Indischer Ozean) eine mildernde Wirkung hatte, war die Kleine Eiszeit vor allem auf der Nordhalbkugel ausgeprägt, wo der um vieles größere Anteil an Landmassen schneller auf polare Kälteeinflüsse reagiert. Im kontinentalen Europa und angrenzenden Atlantik spiegeln die Anzeichen der Kleinen Eiszeit die gestörten weltweiten Klimabedingungen dieser Periode wider. Dabei nimmt Europa eine geographische Sonderstellung ein, ist es doch wie kein anderer Kontinent der mittleren Breiten den verschiedensten Einflüssen ausgesetzt: den Meeresströmungen des Atlantiks, der mildernden Wirkung des Golfstroms, der Westwinddrift aus den höheren Breiten, den Kälteeinbrüchen aus den eurasischen Ebenen und den subpolaren Luftmassen aus Grönland und Skandinavien. Aus diesem Grund sind die europäischen Geschichtsquellen von großer Bedeutung für die Klimarekonstruktion dieser Epoche.

Einige Merkmale der klimatischen Verschlechterung in Europa während der Kleinen Eiszeit sind besonders wichtig für die Erklärung bestimmter Umweltreaktionen. Es wird angenommen, dass der Nordatlantik zwischen Island und Nordschottland etwa 5 °C kälter war als heute und dass der Golfstrom vor Nordamerika weiter südlich abbog, und zwar auf der Höhe der Insel Nantucket. Diese beiden Umstände hatten eine Verlagerung der ozeanischen Nordatlantikfront (der Zone, in der die Meeresmassen aus den subpolaren und den mittleren Breiten aufeinander treffen) und der atmosphärischen Polarfront nach Süden zur Folge. Diese Verlagerung verschärfte wiederum den Zusammenprall der polaren und gemäßigten Luftmassen über dem Nordatlantik. Frontenentwicklungen und Stürme nahmen deutlich zu, ebenso die Abbrüche von Eisbergen.

J. R. Birch und J. R. Marko (1986) untersuchten die Wirkung der atmosphärischen und ozeanischen Dynamik im Nordatlantik in einer Studie über Eisbergmobilität in der Labrador-See. Die Autoren erläutern, wie in El-Niño-Jahren, wenn das Islandtief besonders stark ausgebildet ist und der Baffin- und Labrador-Strom an Energie gewinnen, mehr Eisberge am südlichen Packeisrand in Bewegung geraten und weiter südlich als sonst in Richtung der Großen Neufundlandbank driften. Die Behauptung der Forscher, dass diese Bedingungen nach besonders starken El-Niño-Ereignissen bis ins folgende Frühjahr andauern, wurde durch die Ereignisse am 15. April 1912 erhärtet: Es ist anzunehmen, dass die *Titanic* nicht ihr tragisches Ende gefunden hätte, hätte sie nicht gerade in diesem Frühjahr den Atlantik dort durchquert, wo sich – als eine Auswirkung des El-Niño-Ereignisses von 1911 – die größte Anzahl von Eisbergen zwischen 1900 und 1929 befand (Abb. 6.7). Somit dient auch die *Titanic*-Tragödie als eine Bestätigung für den Zusammenhang zwischen den Luft- und Meeresbedingungen im Nordatlantik und denen im entfernten tropischen Pazifik (Newell 1996).

Bedingt durch den Temperaturrückgang während der Kleinen Eiszeit häuften sich auch die Blockierungssituationen infolge der Stärkung der Nordatlantischen Antizyklone, was eintritt, wenn die Westwinddrift ihre normale Bahn verändert und stattdessen über den Nordatlantik oder über eine Achse zwischen Skandinavien und dem Mittelmeer zieht. In beiden Fällen wehen die Winde in meridionaler Richtung, was polare und temperierte Luftmassen aufeinander treffen lässt und zum Entstehen von Fronten beziehungsweise Tiefs führt. Hubert Lamb (1995) wies anhand historischer Quellen nach, dass die Südwestwinde, die für die milden Temperaturen auf den Britischen Inseln verantwortlich sind, während der Kleinen Eiszeit schwächer wurden und die Winde aus Nordwest beziehungsweise Nordost stärker; kein Wunder, dass im 17. Jahrhundert über der Nordsee und dem Nordatlantik die schlimmsten Stürme tobten.

Die Veränderungen in den Zirkulationsbedingungen während der Kleinen Eiszeit übten natürlich auch in anderen Regionen einen starken Einfluss auf die Umwelt aus. In Kanada zum Beispiel verschoben sich die Borealwälder nach Süden und die Tundravegetation aus dem Norden rückte nach. In Island gingen wegen des Nachlassens ihrer Regenerationsfähigkeit und gleichzeitigem Ansteigen des Brennholzbedarfs die Waldbestände stark zurück. In Skandinavien wanderte die Grenze des Getreideanbaus, die während der Mittelalterlichen Wärmeperiode den 63. Breitengrad erreicht hatte, wieder nach Süden. In den schottischen Hochländern führten Missernten und Hungersnöte zum Verfall von Ortschaften und Höfen. Aus dem Süden Englands verschwand der Weinbau, der dort bis ins späte Mittelalter möglich gewesen war. Auf dem europäischen Festland fielen die Sommer reihenweise so kühl aus, dass die Ernten nicht zur Reifung gelangten und Hungersnöte ausbrachen. In die Geschichte eingegangen sind vor allem die sehr kalten Jahre 1613–14, 1683–85 und 1784–85, wobei die beiden letzteren mit El-Niño-Ereignissen zusammenfielen (Pfister1999).

In Nordamerika hat man anhand von Baumring-Analysen die sogenannte „Megatrockenzeit des 16. Jahrhunderts“ (Stahle et al. 2000) nachgewiesen. In diese Zeit fällt die Dürre von 1587–89, der die britische Kolonie auf Roanoke Island in North Carolina zum Opfer fiel, und eine sieben Jahre währende Dürre, die 1607 zur Aufgabe der „verlorenen Kolonie“ Jamestown führte (Stahle et al. 1998). Dies sind zwei Beispiele für die Stärke der Einbrüche, mit denen die einzelnen Phasen der Kleinen Eiszeit wiederkehrten. Der Grund ist im subtropischen Atlantik zu suchen, wo sich während einer positiven Phase der Nordatlantischen Oszillation (NAO) eine starke Hochdruckzelle breit macht, so dass in den mittleren Breiten des Atlantiks die Frühjahrs- und Sommerstürme zunehmen (Ruiz-Barradas et al. 2000) und der Golfstrom weiter nördlich verläuft. Dies regt die Vermischung zwischen dem kalten Wasser des Nordatlantiks mit dem warmen Wasser aus den Subtropen an mit dem Resultat, dass mehr Stürme in die Nordsee eindringen (Dickson et al. 2000). Taylor et al. (1998) bestätigen den Zusammenhang zwischen Klimavariationen im tropischen Pazifik und ozeanisch-atmosphärischen Anomalien im Nordatlantikbereich mit dem Nachweis, dass sich im Anschluss an ein warmes ENSO-Ereignis (El Niño) der Golfstrom nach Norden verlagert.

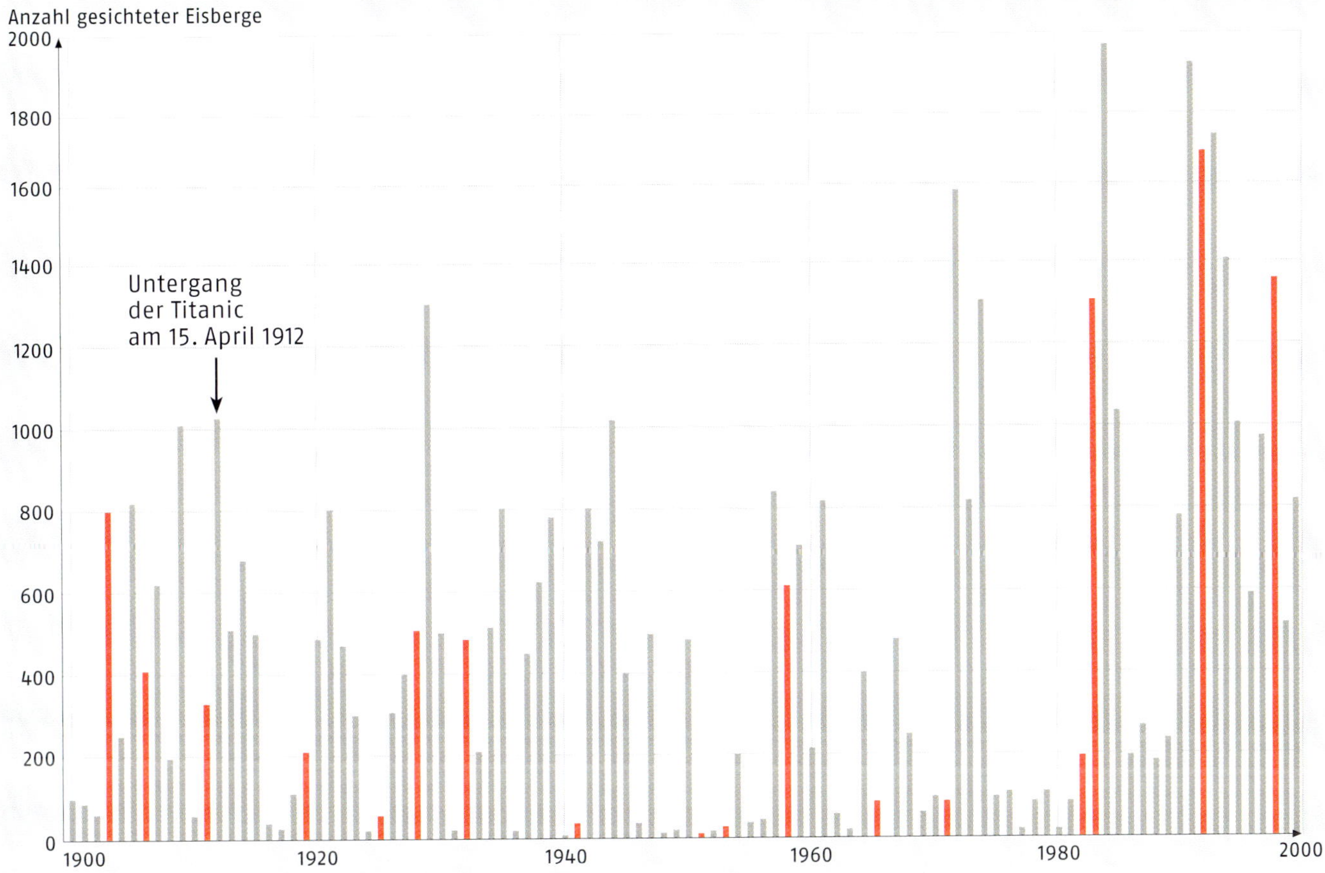

6.7 *Anzahl der Eisberge im Nordatlantik, 1900 – 2000.*

Zwischen 1530 und 1799 waren die Meere Westeuropas besonders stürmisch. Hubert Lamb hebt als die schlimmsten Jahre 1588, 1694, 1703, 1717, 1756, 1791, 1792 und 1795 hervor. Von historischem Interesse sind die Stürme vom August 1588, die die Flotte der spanischen Armada nordwestlich des Golfs von Biscaya vernichteten. Ihr Auftreten hing zusammen mit den gehäuften Tiefs, die sich aus dem für die Kleine Eiszeit so typischen Richtungswechsel der Westwinde ergaben. Die nun in meridionaler Richtung verlaufenden Winde verursachten nicht nur mehr Seeunglücke (siehe Kapitel 3), sie überschwemmten auch die Küstenlandschaften vor allem in Norddeutschland und den Niederlanden.

Die Störungen in der atmosphärischen Zirkulation über dem nördlichen Atlantik zeigten sich in Windrichtungsänderungen, häufigeren Blockierungssituationen und verstärktem Aufeinanderprallen von Warm und Kalt, was zu größerer Sturmhäufigkeit in den Wintern und zu niedrigeren Temperaturen in den Sommern führte. Die intensive Trockenheit in Perioden antizyklonalen Wettergeschehens verursachte Katastrophen wie die schon erwähnten von Roanoke Island und Jamestown sowie die Große Seuche von 1665 und das Feuer von London im Jahr 1666. Der Vorstoß der subpolaren Zirkulation in Richtung Äquator, das heißt nach Norden auf der Südhalbkugel und nach Süden auf der Nordhalbkugel, muss eine Schrumpfung des Tropengürtels herbeigeführt und den zonalen Luft- und Wasseraustausch im Pazifik und im Indischen Ozean intensiviert haben. Im lang gestreckten Atlantik jedoch muss der Austausch in meridionaler Richtung erfolgt sein und zu einer turbulenteren Vermischung von Warm und Kalt geführt haben. Dies ist somit die Erklärung für die Häufung von Fronten- und Sturmentwicklungen im Nordatlantik während der Kleinen Eiszeit.

Die weltweiten Auswirkungen während der Kleinen Eiszeit hatten einen Rückgang von El-Niño-Ereignissen und den Anstieg von La-Niñaähnlichen Ereignissen zur Folge. Die kühlen Episoden im Pazifik verursachten Trockenheit nicht nur in den mittleren Breiten – wie die obigen Beispiele aus Europa und Nordamerika zeigen –, sondern auch in den Tropen, in Indien, Äthiopien und Nordostbrasilien. Ferner führten die klimatischen Extreme der Kleinen Eiszeit zu einer Häufung abrupter Übergänge von Kältejahren mit erhöhter Frontenbildung und Sturmaktivität zu antizyklonal geprägten Jahresreihen mit vorherrschenden Trockenbedingungen. Bei den zahlreichen Frostereignissen und Trockenepisoden, die uns aus den historischen Quellen des kolonialen Mexiko sowie aus den chinesischen und japanischen Aufzeichnungen aus diesen Jahrhunderten überliefert sind, handelt es sich eindeutig um globale Anzeichen der Kleinen Eiszeit.

El-Niño-Echos im Fernen Osten

Zur Zeit von El Niño 1972–73 hatte die Volksrepublik China gerade begonnen, den „Bambusvorhang" zu lüften und sich dem Westen gegenüber zu öffnen. Hongkong war ein Fenster, durch das man einen Blick hinter diesen Vorhang werfen konnte. Studenten aus dieser südlichen Ecke von China machten mich darauf aufmerksam, dass in bestimmten Jahren, wenn der Pazifik unruhig war, auch ihr Land Trockenheit und Unwetter erlebte. Da wurde mir klar, dass die Auswirkungen von ENSO nicht an der Pazifikküste von Asien Halt machen. In den folgenden Jahren bekam man endlich Zugang zu den Studien, die chinesische Meteorologen über den Zusammenhang zwischen ENSO und Klimavariationen im Osten Asiens gemacht hatten. Von den gegenwärtigen Merkmalen des Phänomens beeindruckt, hatten auch sie in den historischen und anderen überlieferten Quellen ihres Landes nach Hinweisen auf El-Niño-Ereignisse in der Vergangenheit geforscht.

In Japan hingegen hatten die historischen Klimatologen seit Ende des Zweiten Weltkriegs Kontakte mit ihren Kollegen in Europa und Nordamerika gepflegt, und der Begriff „Telekonnektion" war ihnen nicht neu. Der bekannte japanische Meteorologe Masatoshi Yoshino, zum Beispiel, hatte Mitte der 1960er Jahre mit Prof. Hermann Flohn in Bonn gearbeitet. Nach seiner Rückkehr wusste er viele seiner Studenten für das Problem der Monsune Ostasiens und die Auswirkungen von El Niño auf die japanische Klimageschichte zu interessieren.

Im Folgenden werden die Forschungen aus China und Japan vorgestellt, die seit den 1980er Jahren nach Spuren von vergangenen El Niños gesucht haben.

Um die Klimavariationen zu verstehen, die China im Zusammenhang mit den warmen oder kalten ENSO-Phasen erlebt, muss man sich zuerst mit den Klimamechanismen in diesem weiten Land vertraut machen. Während der Nordwesten unter kontinentalem Einfluss steht und seine Temperaturen und Niederschläge nicht ENSO-abhängig sind, liegt das übrige China im Einzugsbereich der Monsune und Meeresströmungen aus dem westlichen Pazifik, die von den Schwankungen der Südlichen Oszillation und El Niño abhängig sind. Die Auswirkungen dieser beiden Einflüsse sind jedoch in diesem großen Land keineswegs einheitlich.

In den vom Monsun dominierten Regionen fallen die Niederschläge vor allem in den Sommermonaten, wenn sich die Polarfront nach Norden zurückzieht und die Luftmassen des Südwest-Monsuns aus dem feucht-warmen Indischen Ozean und dem Südchinesischen Meer ungehindert einfließen können. Der sogenannte Pflaumenregen (*Mei-Yu*-Regen) beginnt im Juni/Juli als Folge des Zusammentreffens von Südausläufern der sich zurückziehenden Polarfront mit den ersten Monsuneinbrüchen. Der gleiche Mechanismus beschert Japan den *Bai'u*-Regen. In der Mitte des Sommers werden Chinas jährliche Regenfälle von dem Feuchtigkeitsgehalt des Luftgemischs bestimmt, das sich aus den feuchten Südwestwinden und den Seewinden aus dem Pazifik zusammensetzt. In Jahren, in denen sich das Subtropenhoch im Westpazifik während dieser Zeit ausdehnt, bleibt die Küste Chinas trocken, während im Landesinneren heftige Niederschläge zu Überschwemmungen führen. Letztere folgen dem Hoch nach Norden und die Trockenheit sucht nun die Gebiete südlich des Jangtsekiang heim. In Jahren, in denen der Ostpazifik kalt und der Westpazifik warm ist, bekommt das Landesinnere reichlich Niederschlag und das Tibet-Plateau ungewöhnlich viel Schnee. Auch hier handelt es sich wieder um die jeweiligen Auswirkungen von El Niño und La Niña (Zhang und Crowley 1989).

In El-Niño-Jahren kommt es im Süden Chinas zu Überschwemmungen, während im Norden trocken-kalte Bedingungen herrschen. Im Westpazifik südlich von China und Japan entstehen auch mehr Stürme (Taifune) als sonst und vergrößern den Regenüberschuss in den Küstenregionen der beiden Länder. In La-Niña-Jahren bleibt der Süden Chinas trocken und im Norden entstehen Hochwasser. Während der Übergangszeiten zwischen den beiden Phänomenen kommt es im Mittleren China am Jangtsekiang zu Überschwemmungen, während der Rest des Landes unter Trockenheit leidet.

Auch in China hat man die instrumentalen Datenreihen mit Hilfe von verschiedenen Proxymethoden, die im 2. Kapitel erwähnt wurden, nach rückwärts verlängert. So konnte der Gelehrte Zhu-Kezhen anhand der Kirsch- und Pflaumenblüte die warmen und kalten Perioden der chinesischen Klimageschichte während der letzten 5000 Jahre herausfinden. Alte Chroniken aus Mittelchina seit Beginn der christlichen Zeitrechnung wurden von Wang und Zhao (1981) sowie Wang und Wang (1987) verwendet, um mit Hilfe von Temperatur- und Niederschlagsabläufen ENSO-Ereignisse leichter zu erkennen.

Einige auffällige Anomalien in den Niederschlagsreihen für Peking, die Hameed et al. (1983) für die Jahre 1450 bis 1974 (Abb. 6.8) aufstellten, erinnern an ausgeprägte ENSO-Vorkommen in denselben Jahren, und zwar die von 1578–79, 1624, 1671, 1747, 1844, 1877, 1891, 1905 und 1941. Von besonderem Interesse sind das Dürrejahr 1785, welches mit einem El Niño in Quinns Liste übereinstimmt, und der extrem kalte Winter von 1892, der dem starken ENSO 1891 auf den Fuß folgte.

Wenn man längere Zeitreihen betrachtet, zeigt sich, dass es um die Jahrtausendwende wärmer als gewöhnlich war, allerdings mit einigen kühlen Unterbrechungen. Die Tatsache, dass die Temperaturen zwischen 1450 und 1890 generell kühler waren als vorher und die Trockenheit demzufolge zunahm, lässt vermuten, dass die Kleine Eiszeit sich auch in Asien bemerkbar machte (Zhang und Crowley 1989). Der verstärkte Kältetrend im 17. Jahrhundert und gegen Ende des 19. Jahrhunderts ist sowohl in Europa als auch in Asien zu beobachten. Aber auch während der Kleinen Eiszeit in China traten Feuchteperioden auf, die in den Jahren 1482, 1662 und 1843 am Gelben Fluss und 1368 und1870 am Jangtsekiang zu katastrophalen Überschwemmungen führten – alle kurz vor oder kurz nach einem El-Niño-Ereignis. Im 17. Jahrhundert lassen Niederschlagsdefizite im nördlichen und westlichen China vermuten, dass damals die Sommermonsune vornehmlich den südlichen Teil des Landes beeinflussten. Dies hing wohl zusammen mit Ereignissen wie lang anhaltenden Schneesaisons in Eurasien (welche die Monsune im darauf folgenden Sommer schwächten) und der Verschiebung des Nordpazifikhochs nach Westen – einem der Indikatoren für ein feucht-warmes ENSO-Ereignis im tropischen Pazifik. Wenn die Monsune stark geschwächt waren, wurde China von ausgedehnten Dürren und Hungersnöten heimgesucht wie die von 1805, 1877 und 1891, Jahre, in denen Indien und Ostafrika das gleiche Schicksal teilten.

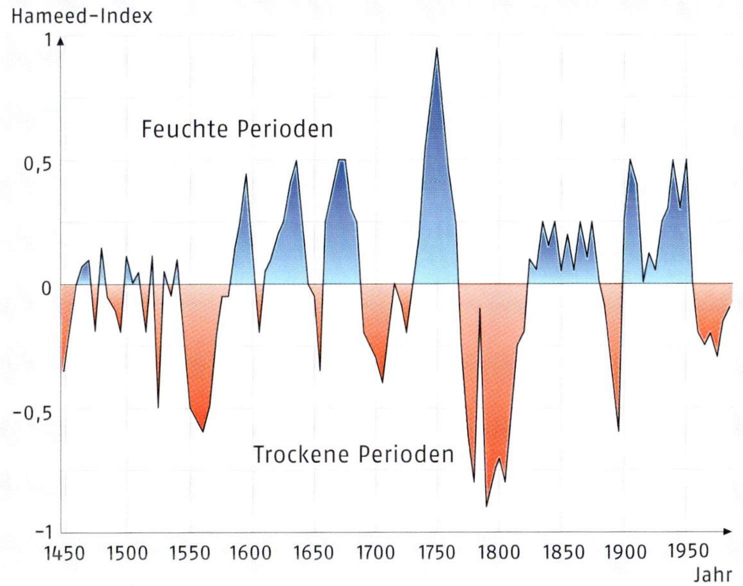

6.8 *Feuchte und trockene Perioden in Peking, 1450 – 1980.*

Wenn auch China zu den Regionen zählt, die eher schwache Echos von den ENSO-Ereignissen verspüren, so stehen doch nicht alle seine katastrophalen Trocken- und Feuchtigkeitsepisoden der letzten 1000 Jahre im Zusammenhang mit weltweiten Klimaschwankungen. So trat zum Beispiel eine Wärmezeit im 11. Jahrhundert, das heißt vor der Mittelalterlichen Wärmeperiode in Europa, auf und die Kleine Eiszeit erreichte in China ihren Höhepunkt um die Mitte und nicht, wie in Europa, am Ende des 17. Jahrhunderts. Diese Verschiebung beruht wahrscheinlich auf der Tatsache, dass der extreme Osten Asiens am Rande eines gigantischen Kontinents liegt und dem mäßigenden Einfluss des Pazifiks offen steht, während Europa den Schwankungen des kühleren Atlantiks unmittelbar ausgesetzt ist. Seit Beginn der weltweiten Temperaturzunahme im 20. Jahrhundert und dem Anstieg von ENSO-bedingten Schwankungen beobachtet man auch in China häufiger Klimaanomalien, die Auswirkungen von El Niño zu sein scheinen.

In Japan liegen die Verhältnisse etwas anders. Da die Inseln des Landes direkt vom Pazifik und dem warmen Kuro-Shio-Strom beeinflusst werden, verarbeiten sie die ENSO-Impulse auf eine andere Art und Weise als China. Japan liegt auch weiter nördlich als der tropische und subtropische Teil des asiatischen Festlands und wird von kontinentalen Störungen beeinflusst. Im östlichen Pazifik macht sich El Niño dadurch bemerkbar, dass der Warmwasserstau, der sich normalerweise auf den Westen des Ozeans beschränkt, während einer El-Niño-Episode bis zur Mitte des Pazifiks vordringt und dadurch den nördlichen Teil des Kuro-Shio-Stroms abschwächt. Im Winter dieser anormalen Jahre entsendet das Sibirische Hoch dann besonders kalte und trockene Luftmassen nach Japan und im Sommer verlieren die Südostmonsune, die normalerweise für die Niederschläge in Japan und China sorgen, an Stärke. Das bedeutet, dass auf die trocken-kalten Winter nun auch noch kühle Sommer folgen, während deren jedoch der frontale *Bai'u*-Regen erhalten bleibt.

In normalen Jahren hingegen stärkt der Warmwasserstau im Westpazifik den Kuro-Shio-Strom mit seinem mäßigenden Einfluss auf Japans Wintertemperaturen und das Land wird mit reichlich Niederschlägen versorgt. Die sommerlichen Niederschläge kommen dann mit dem normalen Monsun. Unter La-Niña-Bedingungen (wenn der Kontrast zwischen dem feucht-warmen westlichen Pazifik und dem kühleren östlichen Pazifik besonders stark ist) sind diese „normalen" Entwicklungen noch ausgeprägter. Auch der *Bai'u*-Regen dauert in solchen Jahren nur kurz an, aber im Spätsommer und Herbst entstehen tropische Wirbelstürme über dem überheizten Westpazifik und an der Pazifikküste Chinas und bringen reichlich Niederschläge.

Ebenso wie in China begann man auch in Japan schon viel früher als in Europa oder Ägypten bewusst von der Umwelt Kenntnis zu nehmen. Die Dauer der Kirschblüte zum Beispiel wurde Jahr für Jahr ebenso sorgfältig notiert wie auch trockene Sommer, die die Reisernte schädigten und somit zu regionalen Hungersnöten führten. Sogar über den Verlauf der Winter wurde genau Buch geführt, und zwar von religiösen Gruppen, die in solch natürlichen Ereignissen göttliche Zeichen sahen. Das Gegenstück zu dem chinesischen Datensammler Zhu Kezhen war H. Arakawa, der den Beginn und die Dauer der Kirschblüte in Kyoto seit dem 9., der Schneedecke in Tokio seit dem 17. Jahrhundert und der Vereisung des Suwasees seit dem Jahr 1443 in historischen Listen erfasste. Japanische Klimatologen nutzten tägliche Wetterbeobachtungsdaten aus den Archiven lokaler Han-Regierungen seit der Edo-Ära (1770–1880), um anhand von Beginn, Dauer und Intensität des *Bai'u*-Regens ungewöhnliche Klimabedingungen in der Vergangenheit aufzuspüren (Yoshino und Murata 1988).

Um Vergleiche mit Klimaanomalien in anderen Regionen durchführen zu können, wertete Gray (1974) verschiedene dieser rekonstruierten Umweltreihen aus. H. Arakawa (1954) rekonstruierte die winterlichen Temperaturverhältnisse um Tokio von 1440 bis 1950 mit Hilfe der Daten des Suwasees. Die Oberfläche dieses Sees, der westlich der Hauptstadt auf 500 m Höhe gelegen ist, gefriert normalerweise Anfang Januar. Frühere Vereisung kündigt einen strengen Winter an, eine später einsetzende und kürzer anhaltende Vereisung einen milderen. Solche milden Winter traten in Übereinstimmung mit ausklingenden ENSO-Phasen im tropischen Pazifik und der Rückkehr zu kühleren Meerestemperaturen im westlichen Pazifik in den Jahren 1578–79, 1614–15, 1624–25, 1652–53, 1701–02, 1804–05 und 1828–29 auf – alles El-Niño-Jahre. In Tokio gibt es kürzer anhaltende Schneephasen entweder im Frühwinter, wenn der tropische Pazifik kühl ist, oder gegen Ende Januar, wenn im Pazifik warme ENSO-Verhältnisse herrschen, wie es ganz deutlich wurde in den El-Niño-Jahren 1720–21, 1728–29 und 1791–92 (Hamilton und Garcia 1986). Yoshinos Analyse des *Bai'u*-Regens gibt außerdem Aufschluss über die Regenschwankungen während der letzten 400 Jahre in Japan, dem Gebiet um den unteren Jangtsekiang in China und in Südkorea. Es zeigt sich, dass interessanterweise die frühen Sommerregen in der ersten Hälfte des 17. Jahrhunderts reichlicher ausfielen als in der zweiten Hälfte und dass die Erwärmung, die das Ende der Kleinen Eiszeit gegen Ende des 18. Jahrhunderts ankündigte, zu einer Intensivierung der warmen ENSO-Ereignisse und damit zu einem Anstieg der Niederschlagsmengen in den pazifischen Randgebieten führte (Abb. 6.9). In den Datenreihen lassen sich auch der Niederschlagsrückgang während der beruhigten ENSO-Periode von 1820 und 1840 sowie auch der Rückgang im Anschluss an die aktiven 1870er Jahre deutlich erkennen.

Während der wärmeren Perioden der letzten 1500 Jahre, in denen die Häufigkeit von ENSO-Ereignissen zunahm, zeigten sich auch im Mittleren Japan Wärmetrends, wie etwa im ersten Viertel des 15. Jahrhunderts, zu Anfang des 18. Jahrhunderts, in den 70er und 80er Jahren des 19. und den 20er und 40er Jahren des 20. Jahrhunderts. Die kälteren Perioden (mit weniger ENSO-Entwicklungen) machten sich im Mittleren Japan durch Dürren und landwirtschaftliche Krisen zu Anfang sowie gegen Ende des 17. Jahrhunderts und auch von 1820 bis 1840 bemerkbar.

Mit Missernten und Hungersnöten im Zusammenhang mit kalten und trockenen Perioden hat sich Junsei Kondo (1988) befasst. Bei seinen Studien im Tohoku-Distrikt im Mittleren Japan entdeckte er, dass Ernteausfälle zwischen 300 und 1600 meist durch Trockenheit und weniger durch Überschwemmungen verursacht wurden, während sich im 17. Jahrhundert die beiden Naturkatastrophen etwa die Waage hielten. Zumindest hatten sie seit der Errichtung von Bewässerungsanlagen unter den Tokugawa-Shoguns um 1600 keine solch verheerenden Auswirkungen auf die Landwirtschaft mehr. Missernten in den letzten 300 Jahre waren eher die Folge von kühlen Sommern. Ein Temperaturrückgang von nur 1,5 °C reduzierte die Reisernte um 30 %, unter besonders ungünstigen Verhältnissen um bis zu 80 %.

Zu solch kühlen Sommern kommt es oft durch niedrigere Lufttemperaturen im Zusammenhang mit Blockierungssituationen, die entstehen, wenn ein stark ausgeprägtes Hoch den Rückzug der Polarfront nach Norden unterbindet. Kondo ist der Ansicht, dass viele kühle Sommer mit Vulkanausbrüchen zusammenhängen, da die in die obere Atmosphäre geschleuderten Aschepartikel einen Teil der Sonneneinstrahlung auffangen und dadurch die Erwärmung der darunter liegenden Schichten drosseln. So fanden die berüchtigten Hungersnöte der Jahre 1783–86 im Anschluss an den Ausbruch des Vulkans Asama im Mittleren Japan und des Vulkans Lakagiar auf Island statt. Nicht zu übersehen ist die Tatsache, dass sich in diesen beiden Jahren ein starker El Niño im Pazifik entwickelte. Drei

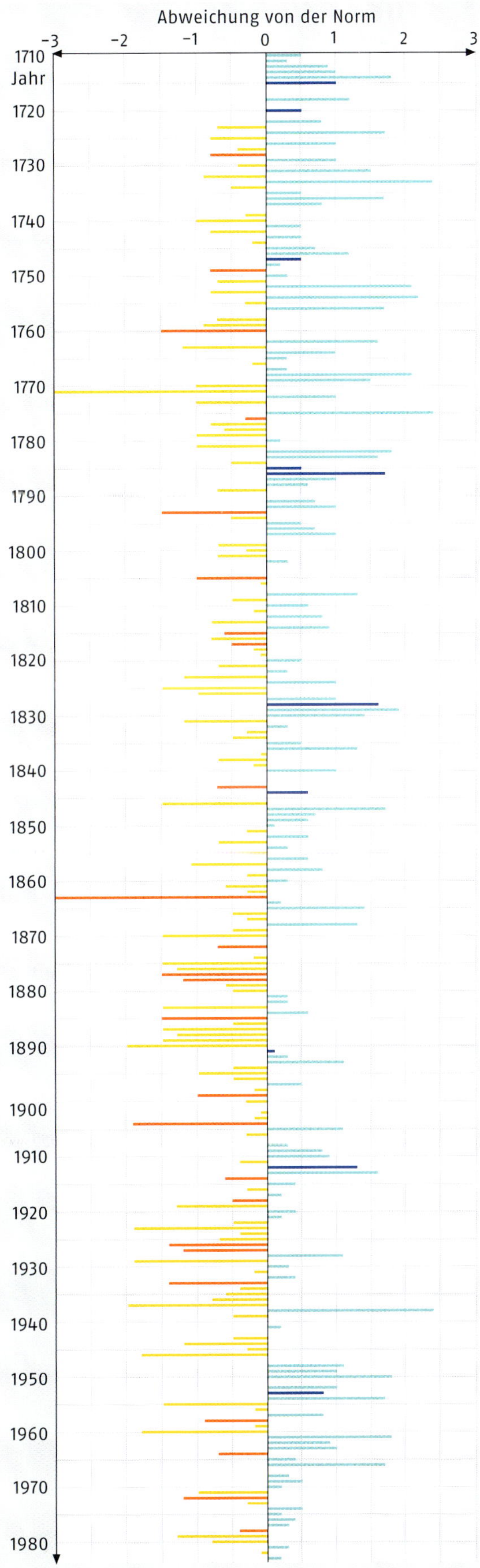

6.9 *Jährliche Niederschlagsabweichungen in Japan, 1710–1983. Dunklere Säulen entsprechen El-Niño-Jahren. Adaptiert aus Yoshino und Murata 1988.*

Jahre von Missernten (1835 bis 1838) werden, da die Sommertemperaturen in diesen Jahren bis zu 2,5 °C unter der Norm lagen, von Kondo im Zusammenhang mit dem Ausbruch des Coseguina in Nicaragua gesehen; in diesem Fall gab es allerdings keine ENSO-Entwicklung im Pazifik. Der berühmte Krakatau-Ausbruch in Indonesien aus dem Jahr 1883, welcher eine weltweite Abkühlung hervorrief, drückte die Sommertemperaturen in Japan und reduzierte die Reisernte. Eine Missernte im Jahr 1902 hingegen fiel wieder mit Vulkanausbrüchen zusammen – und zwar denen von La Soufrière und St. Vincent auf den Antillen, die beide mit der gemäßigten ENSO-Episode von 1902 in Verbindung gebracht werden. Auch die schlechte Ernte von 1912 sieht Kondo im Zusammenhang mit dem Vulkanausbruch des Novarupta-Katmai in Alaska und mit dem El Niño von 1911–12. Als das Klima zur Zeit von El Niño 1932 weltweit aus den Fugen geriet (vergleiche zum Beispiel die *Dust-Bowl*-Jahre im Mittleren Westen der USA), fielen auch die Reisernten in Japan schlecht aus. Kondos Daten zeigen auch einen Ernterückgang zu Beginn der 1940er Jahre, als zwar keine Vulkanausbrüche zu verzeichnen sind, aber der starke El Niño 1940–42 weltweite Auswirkungen hatte. Missernten in der jüngsten Vergangenheit fielen zusammen mit dem Ausbruch von Mount Saint Helens in den nördlichen Rocky Mountains im Jahr 1980 (damals war es im Pazifik ruhig) und dem Ausbruch des El Chichón in Mexiko im Jahr 1982, zu Beginn des stärksten El-Niño-Ereignisses des Jahrhunderts.

Zusammenfassend lässt sich sagen, dass die chinesischen und japanischen Studien häufig enge Zusammenhänge zwischen größeren Klimaanomalien im Pazifikbecken und historischen Klimavariationen in diesen alten, menschenreichen Ländern aufweisen – ein weiterer Beweis dafür, dass El Niño auch im Fernen Osten seine Spuren schon in der Vergangenheit hinterlassen hat.

Der Widerhall von El Niño in Europa

Vor den siebziger Jahren des 20. Jahrhunderts kam kaum jemand auf die Idee, dass das Wetter in Europa etwas mit den Klimaentwicklungen im fernen tropischen Pazifik zu tun haben könnte. Man glaubte, die Verschiebungen des Jetstreams über dem Nordatlantik und die damit assoziierten Rossby-Wellen seien die Hauptverantwortlichen für das Wettergeschehen in Europa. In extremen Wintern käme dann noch der Einfluss aus dem Inneren Asiens zur Geltung. Als jedoch die Jahre 1971–1974 und 1976 besonders heiß und trocken ausfielen und 1974 der Frühling ungewöhnlich früh einsetzte, begann man die Möglichkeit zu erwägen, dass in diesem Jahrzehnt eine Ausdehnung des Einflussbereichs von ENSO stattgefunden hatte. Man wusste ja inzwischen – nicht zuletzt infolge der katastrophalen Dürren und Hungersnöte im Sahel –, dass der starke El Niño von 1972–73 weltweite Auswirkungen gehabt hatte. Trotzdem herrschte bei den Klimaexperten noch eine gewisse Skepsis. Als dann aber El Niño 1982–1983 im Jahr 1983 und kurz darauf auch der schwächere El Niño 1986 in den beiden folgenden Jahren mit schweren Unwettern in Europa aufwarteten, akzeptierte man schließlich, dass die Telekonnektionen von ENSO sogar bis ins ferne Europa reichen.

So war denn in jungster Zeit die Klimaforschung eher bereit, bestimmte Wetteranomalien in Westeuropa, vor allem im Winter, als ferne Widerklänge des Wärme- und Feuchtigkeitsüberschusses aus dem überheizten Pazifik anzuerkennen. Auch der Gedanke, ENSO könne Einfluss haben auf die jahreszeitlichen Großwetterlagen im kontinentalen Europa, erschien nicht mehr absurd. Um diese These zu prüfen, muss untersucht werden, ob tatsächlich ein zeitliches Zusammentreffen zwischen den Anomalien in Europa und ENSO Variabilitäten im tropischen Pazifik besteht. Wenn ja, dann muss man die Mechanismen erläutern, die dies bewirken, wenn nein oder wenn die These nicht bewiesen werden kann, dann muss man auch den Grund dafür erklären.

Bevor wir uns mit der Frage befassen, sollen jedoch erst die Grundlagen für die Vernetzungen zwischen den beteiligten meteorologischen Kreisläufen behandelt werden.

Die Nordatlantische und die Arktische Oszillation

Zwischen den beiden großen Weltmeeren Pazifik und Atlantik besteht ein grundsätzlicher Unterschied: Während der Pazifik vor allem in den äquatorialen Breiten weit ausladend ist, wird sein Gegenstück durch die Verengung zwischen Nordostbrasilien und Sierra Leone in Nord- und Südatlantik aufgeteilt, wobei der nördliche „Flaschenhals" bis Skandinavien, Island und Grönland hinaufreicht.

Sehr wichtig für das Verständnis der jährlichen Schwankungen und der Ferneinwirkungen auf das jährliche Wetter in Europa ist der Schaltkreis der Nordatlantischen Oszillation (NAO), die Luftdruckschaukel zwischen Islandtief und Azorenhoch. Der sich in meridionaler Richtung abspielende Ausgleich zwischen den beiden Luftdruckzentren beeinflusst die Stärke der Westwinde und die Bahn der Tiefs, die für das Klima von Westeuropa so bestimmend sind. Während der südliche Nordatlantik unter dem Einfluss des Azorenhochs liegt, wird der nördliche Nordatlantik vom Islandtief beherrscht. Die Differenz der auf Meereshöhe gemessenen monatlichen Luftdruckwerte zwischen Ponta Delgada auf den Azoren (oder Lissabon) und Reykjavík auf Island ergibt den Nordatlantischen Oszillations-Index.

Wenn das Azorenhoch und das Islandtief ausgeprägt sind, so fallen die NAO-Indexwerte positiv aus. Im umgekehrten Fall, wenn die beiden Luftdruckzentren schwach sind, gleiten die Werte in den negativen Bereich. Der Wechsel von einer positiven zu einer negativen Phase führt im ganzen Nordatlantikraum zu deutlichen Veränderungen in Richtung und Stärke der Winde, und damit auch in deren Feuchtigkeitsgrad und Wärme. Die Anzahl der Stürme nimmt zu und ihre Zugbahnen ändern sich.

Während der positiven Phasen der NAO (Abb. 7.1) ist das Wasser im nördlichen Nordatlantik besonders kalt und im südlichen warm. So gerät der mittlere Atlantik unter den Einfluss konstanter

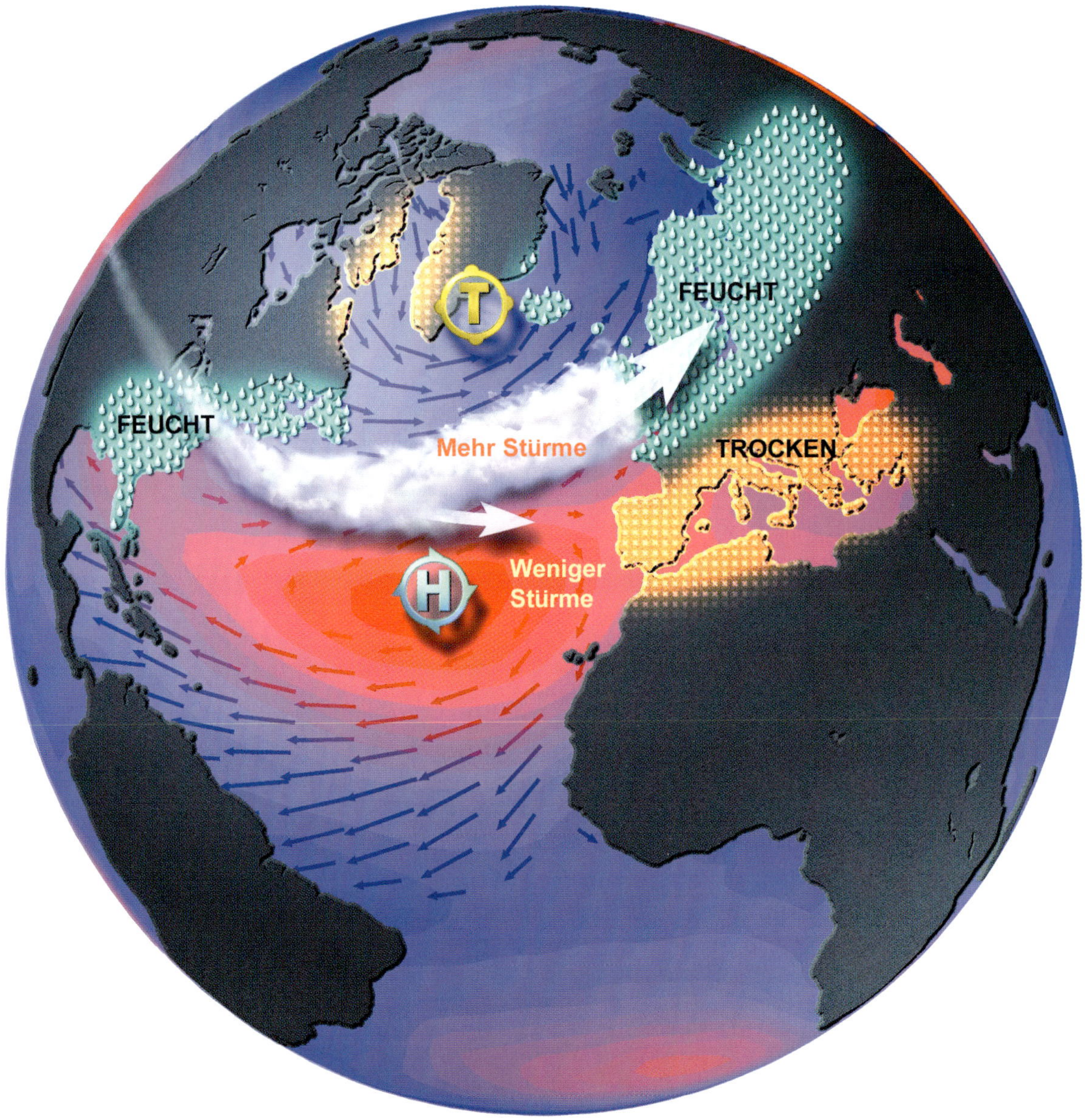

7.1 *Wetterverhältnisse im Nordatlantik und in Europa während der Hochphasen der Nordatlantischen Oszillation. Übermittelt von Dr. Martin Wisbeck, Lamont Geological Observatory, Columbia University.*

Westwinde und der südliche unter den Einfluss des robusten Azorenhochs. Wegen der häufigen Stürme fallen dann die Winter im nördlichen Europa mild und feucht, und im südlichen Europa trocken aus.

Während der negativen Phasen der NAO (Abb. 7.2) ist der Nordatlantik bei Grönland wärmer und im Süden kühler als normal. Die geschwächten Westwinde ändern ihre Richtung und wehen von Nordwest nach Südost, die Zyklogenese nimmt zu und die Sturmbahnen verlagern sich südwärts. Nordeuropa erfährt weniger Winterstürme und im Süden Europas ist das Wetter bei kühleren Temperaturen und mehr Niederschlag sehr wechselhaft.

Eine Langzeitanalyse des NAO-Indexes seit 1864 (Abb. 7.3) zeigt, dass die positiven und negativen Werte in Serien auftreten, wobei die negativen Werte von Anfang der 1950er bis Anfang der 1970er Jahre dominierten und die positiven seit Mitte der 1970er Jahre anhalten, also seit die ENSO- Ereignisse häufiger und in verstärkter Form auftreten. Das heißt, Westeuropa steht seither unter dem Einfluss einer zonalen Zirkulation mit milden, aber feuchten Wintern. Das trockenere und sonni-

7.2 *Wetterverhältnisse im Nordatlantik und in Europa während der Niedrigphasen der Nordatlantischen Oszillation. Übermittelt von Dr. Martin Wisbeck, Lamont Geological Observatory, Columbia University.*

gere Wetter in Südeuropa hat ebenfalls mit dem Anstieg von El-Niño-Ereignissen seit den 1970er Jahren und dem globalen Erwärmungstrend zu tun.

Sowohl die ozeanischen als auch die atmosphärischen Bedingungen, die von der Nordatlantischen Oszillation gesteuert werden, üben einen starken Einfluss auf das Klima Westeuropas aus. Könnten aber das Pulsieren der Druckzentren, die Bahnen der Westwinde und die Oberflächentemperaturen im Nordatlantik eventuell auch von überregionalen Einflüssen mitbestimmt werden? Obwohl die NAO in ihren Grundzügen schon in den 1930er Jahren von den Meteorologen Walker und Bliss erklärt wurde und Jerome Namias den Zusammenhang zwischen dem Islandtief und der Hochdruckzelle im subtropischen Atlantik schon 1969 aufdeckte, wurde der Zusammenhang zwischen NAO und ENSO erst Anfang der 1980er Jahre erkannt.

Der Mechanismus ist allerdings bis heute noch nicht einwandfrei geklärt. Fest steht nur, dass eine bipolare Telekonnektion zwischen den beiden besteht, und zwar reagiert der Atlantik sowohl kurz- als auch langfristig auf die Temperaturanomalien

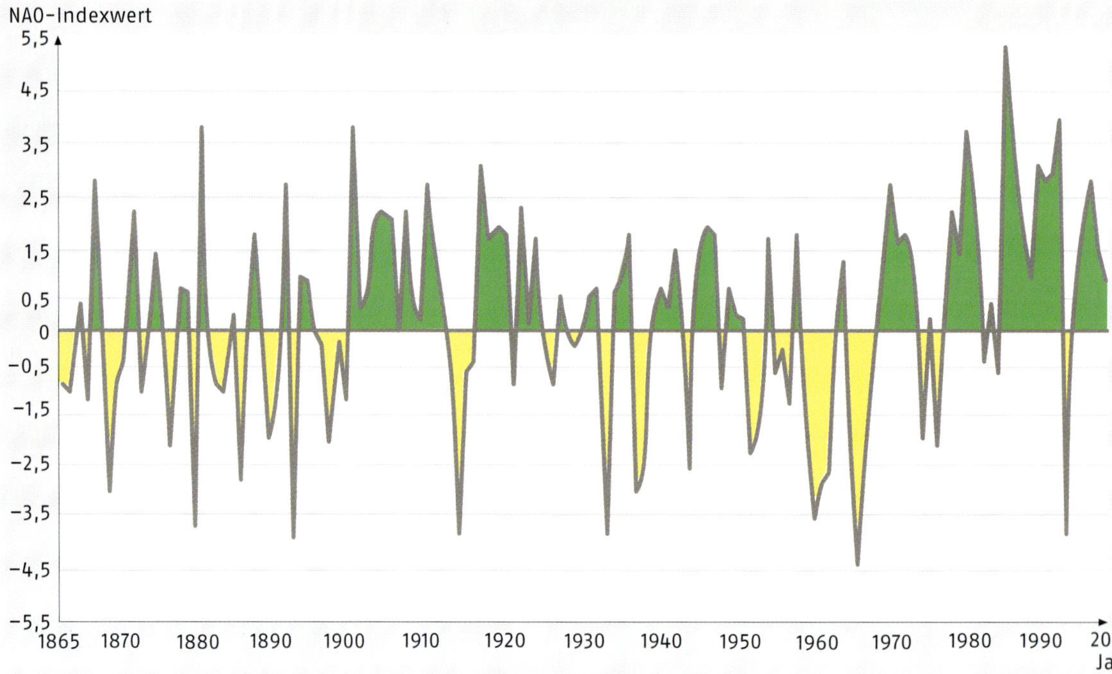

7.3 *Langjährige Indexwerte der Nordatlantischen Oszillation, 1865 – 2000.*

im tropischen Pazifik. Mojib Latif (2001) erklärt, wie die warmen bzw. feuchten Impulse des Pazifiks über eine „atmosphärische Brücke“ in den Atlantik gelangen, so dass hohe Wassertemperaturen im tropischen Pazifik mit geringerer Frischwasserlieferung und niedrige Pazifiktemperaturen mit höherer Frischwasserlieferung an den tropischen Atlantik gepaart sind. Dabei wird auch die *thermohaline Zirkulation* – das heißt die Zirkulation von Meereswasser, die durch Unterschiede in Temperatur und Salzgehalt reguliert wird – in Mitleidenschaft gezogen: Zu Zeiten eines negativen NAO-Indexes ist sie stark, weil durch den verminderten meridionalen Wasseraustausch die Zahl der Stürme zurückgeht.

Nun stellen sich weitere Fragen: Besteht eine Verbindung zwischen den Variabilitäten von ENSO, welche die ozeanischen und atmosphärischen Veränderungen im weiten Pazifik hervorrufen, und den Variabilitäten der NAO, die die ozeanischen und atmosphärischen Veränderungen im Nordatlantik verursachen? Wenn ja, durch welchen Mechanismus werden solche Schwankungen von einem Ozean zum anderen übermittelt; wenn nein, wieso nähmen die Anomalien im Nordatlantik eine Ausnahmestellung unter all den globalen Klimaanomalien ein, die – wie zuvor gezeigt – mit einer gewissen zeitlichen Verzögerung nach ENSO-Ereignissen eintreten?

Das Hauptargument zugunsten eines Zusammenhangs zwischen den beiden ist die Feststellung, dass die NAO das Pulsieren des Islandtiefs widerspiegelt und deshalb auch mit dem benachbarten Schaltkreis, der Arktischen Oszillation, und mit den Schwankungen der Rossby-Wellen in den mittleren Breiten verbunden sein muss, vor allem im Winter, wenn die NAO am beständigsten ist. Die Arktische Oszillation (AO) ist der Ausdruck der Schwankungen zwischen dem Polarhoch, dem Aleutentief und den Luftdruckfeldern von Mitteleuropa (Abb. 7.4). In der positiven Phase der AO sinkt der Luftdruck über der Arktis und steigt bei 55° N, was die zonalen Westwinde ankurbelt. Dadurch wiederum werden die Stürme im Nordpazifik und Nordatlantik nach Norden gedrängt und bestimmen das Wetter in Alaska und Skandinavien. Weniger kalte, doch feuchtere Luft gelangt nach Eurasien und bringt dort milde, schneereiche Winter. Nach Monaten oder sogar Jahren wechselt die AO in ihre negative Phase, was sich in trocken-kalten Wintern in Skandinavien und Mitteleuropa bemerkbar macht und die zyklonalen Sturmbahnen abdrängt, so dass sie dem Süden Europas mild-feuchte Winter bescheren (Thompson und Wallace 2001). Die Schwankungen

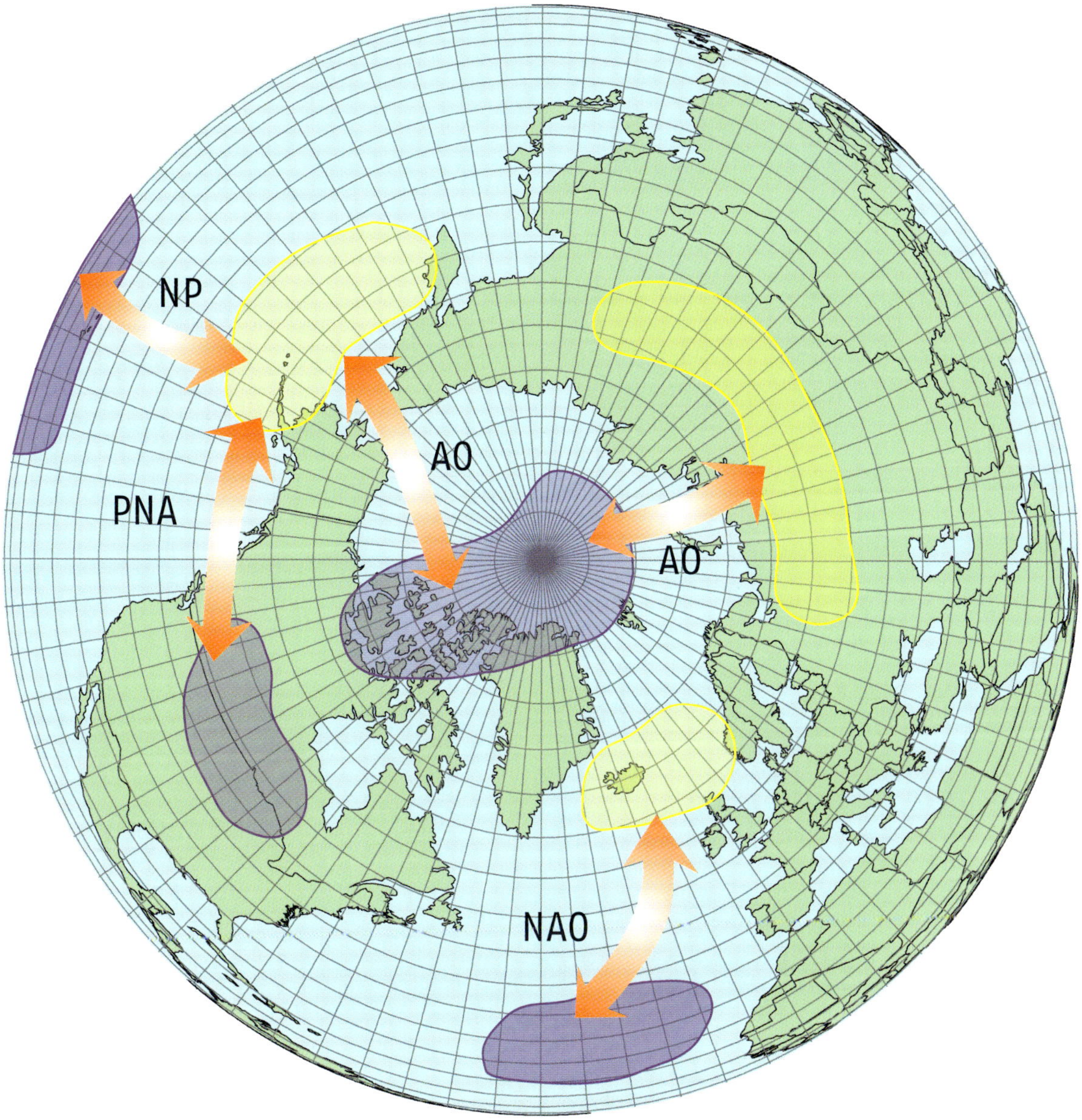

7.4 *Die für das Wetter in Nordamerika, im Nordatlantik und in Eurasien verantwortlichen Schaltkreise. NAO: Nordatlantische Oszillation; AO: Arktische Oszillation; PNA: Pazifik-Nordamerika-Oszillation; NP: Nordpazifische Oszillation.*

der AO gehen einher mit Schwankungen in der Pazifik-Nordamerika-Oszillation (PNA) und der Nordpazifischen Oszillation (NP), welche nun die Verbindung zwischen ENSO und den nordhemisphärischen Schaltkreisen schaffen (DeWeaver et al. 2000). Anhand von statistischen Verfahren (Kreuzspektrumanalysen) fanden kanadische Meteorologen eine Kohärenz von 5 bis 6 bzw. 2 bis 4 Jahren zwischen NAO und ENSO (Huang et al. 1998).

Wenn also ein Zusammenhang zwischen Anomalien im Pazifik und im Nordatlantik nachweisbar ist, so gibt es auch Anzeichen für einen Zusammenhang zwischen den Anomalien im tropischen Atlantik und im Nordatlantik. Denn auch im tropischen Atlantik kommt es zeitweise zur Erwärmung der Oberflächentemperaturen, wenn auch in deutlich geringerem Maße als im tropischen Pazifik (Abb. 7.5). Diese führt zur Intensivierung des subtropischen Jetstreams, zum Abflauen der Oberflächenwinde, zu verstärkter Konvektion im tropischen Ostatlantik (Ruiz-Barradas et al. 2000) und schließlich zu einer Zunahme der Rossby-Wellen, welche das Klima Europas bestimmen (Hakkinen 2000).

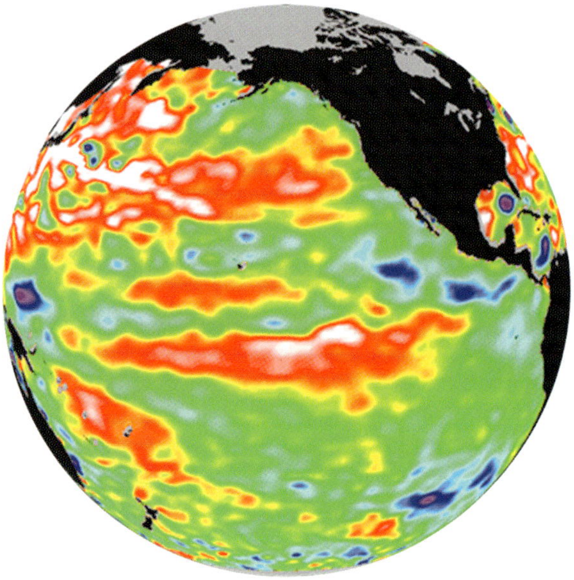

7.5 *Erwärmung des Pazifiks im Frühjahr 2002. Im Nordpazifik sind deutlich drei parallele Bänder zu sehen (Satellitenaufnahme: NOAA/NASA).*

Es ist von großer Bedeutung, dass durch die Windreibung die Oberflächenzirkulation im Nordatlantikbecken und dadurch der Osttransport von Wärme und Feuchtigkeit und die Entwicklung von tropischen Zyklonen angeregt wird. Diese Veränderungen wirken sich nämlich auf den Golfstrom aus, den Hauptverteiler des warmen Wassers im Nordatlantik. Taylor et al. (1998) fanden heraus, dass der Golfstrom im Anschluss an ein ENSO-Ereignis etwas nach Norden rückt und dass er sich, wenn der NAO-Index sinkt, ebenso wie die winterlichen Sturmbahnen nach Süden verschiebt. Dieser Befund stimmt mit der obigen NAO-Charakterisierung überein. Wenn der NAO-Index steigt, biegt der Golfstrom erst weiter nördlich vor der Küste Nordamerikas nach Osten ab und die subpolare ozeanische Zirkulation und das Oberflächenwasser im Meer von Labrador erfahren eine ungewöhnliche Aktivierung (Joyce et al. 2000). So ist es schließlich auch nicht zu verwundern, dass eine „erregte“ NAO mit einem häufigeren und eine „entspannte“ NAO mit einem geringeren Auftreten von tropischen Wirbelstürmen in der Karibik einhergeht (Elsner et al. 2000).

Schließlich kann man die Frage stellen: Welche Klimakontrollen wären in der nördlichen Hemisphäre wirksam, wenn ENSO überhaupt nicht existierte? Durch Entfernung der ENSO-Signale aus ihrer Langzeitanalyse von Meeresoberflächentemperaturen fanden die Forscher Enfield und Mestas-Nuñez heraus, dass die riesige Meeresoberfläche des Pazifiks die globalen Temperaturschwankungen auch über andere Wege beeinflusste, während die Temperaturanomalien im Nordatlantik südöstlich von Grönland – wenn man einen dekadalen Maßstab anwendet – den drittstärksten Einfluss auf globale Anomalien ausübten. Mit anderen Worten: Selbst wenn es ENSO nicht gäbe, würden die Anomalien im Pazifik auf alle Fälle die PNA-, NP- und AO-Schaltkreise beeinflussen und damit auch die NAO und den Nordatlantik erfassen. Der Pazifik und der Nordatlantik stehen also zweifellos miteinander in Verbindung und Fernverbindungen zwischen den beiden sind wahrscheinlich.

Diese Ansicht vertritt auch der Klimatologe Klaus Fraedrich (1994), der die Großwetterlagen über Europa mit den warmen (El Niño) und den kalten (La Niña) Phasen von ENSO korrelierte. Es zeigte sich, dass zyklonale Großwetterlagen in 60 % der Winter auftraten, die auf ein El-Niño-Ereignis im tropischen Pazifik folgten, und nur in 46 % der Winter, die auf ein La-Niña-Ereignis folgten. Wegen vorwiegend sonniger Tage erscheinen Letztere milder als die Winter, die auf einen El Niño folgen, welche durch unbeständiges und stürmisches Wetter gekennzeichnet sind. In einer weiteren Untersuchung über die Druckverhältnisse im Anschluss an beide ENSO-Phasen zeigten sich in den Wintern, die auf einen El Niño folgten, negative Luftdruckverhältnisse mit einem Anstieg in Niederschlags- und Temperaturwerten aufgrund der Südwärts-Verschiebung der Sturmbahnen über dem Nordatlantik (Fraedrich und Müller 1992). Zusammenfassend bestätigt Fraedrich (1994), dass es sich bei der Entwicklung von Zyklonen in europäischen Wintern, in denen ein warmes ENSO-Ereignis im tropischen Pazifik seinen Höhepunkt erreicht, und bei der antizyklonalen Wetterentwicklung in den europäischen Wintern, in denen im Pazifik ein kaltes ENSO-Ereignis stattfindet, um Fernwirkungen von ENSO handelt, die allerdings – so warnt er – durch den Einfluss regionaler und überregionaler Faktoren verwischt werden können. Auf alle Fälle beweisen auch Untersuchungen der räumlichen Ausdehnung und der Stärkegrade der westlichen Großwetterlagen über Europa einen engen Zusammenhang mit den Schwankungen der NAO (Werner et al. 2000), welche ihrerseits – wie bereits erwähnt – nicht unabhängig sind von den Variabilitäten im Pazifik.

Fraedrich und seine Mitarbeiter (2001) fanden auch, dass die Klimaschwankungen auf den Kontinenten in Nähe der NAO und der AO miteinander verknüpft sind. Dies macht sich besonders bemerkbar, seit El Niño ab den 1970er Jahren an Häufigkeit und Intensität zugenommen hat, und bedeutet, dass die von El Niño angeregte Luftdruckperiodizität der Pazifischen Dekadalen Oszillation (PDO) auch Fernauswirkungen auf Europa ausübt. Bei der PDO handelt es sich um eine langzeitliche Schwankung der Meerestemperaturen, des Luftdrucks und der Windreibung an der Meeresoberfläche, die – ähnlich wie ENSO – eine warme und einer kühle Phase durchläuft. Ist der tropische Pazifik warm, dann ist der Nordpazifik kalt und starke, kühle Winde streichen von West nach Ost über seine Oberfläche. Ist der tropische Pazifik kühl, dann ist der Nordpazifik (mit Ausnahme vor der Westküste Nordamerikas) warm und warme Winde wehen von Ost nach West. Die verschiedenen Phasen können sich über Jahrzehnte hinziehen und beeinflussen hauptsächlich den nordamerikanischen Kontinent und das arktische Becken. So herrschten von 1890 bis 1924 und von 1947 bis 1976 kalte Phasen, während warme Phasen von 1925 bis 1943 und von 1977 bis 1990 anzusetzen sind, wobei der letztere Zeitraum wieder derjenige ist, in dem die ENSO-Aktivität so stark zugenommen hat (Mantua et al. 1997).

Katastrophen der Gegenwart: der Schlüssel zur Vergangenheit

Der Sommer 2002 fiel offensichtlich aus dem Rahmen, wenn man die Regenfluten und Überschwemmungen in Mitteleuropa betrachtet. Dies war allerdings keine einmalige Katastrophe, sondern solche extreme Wettersituationen sind in letzter Zeit häufiger und schlimmer geworden, erinnern wir uns doch an 1997, 1991, 1981 und 1972–73. Auch hier fragt man wieder: Handelt es sich dabei nur um regionale Besonderheiten oder haben die Unwetter etwas mit den Anomalien in anderen Teilen der Welt zu tun?

Wie es der Zufall wollte, so bot mir im Sommer 2002 ein viermonatiger Aufenthalt in Berlin die Gelegenheit, die Entwicklung der Großwetterlagen in Europa aus nächster Nähe zu beobachten, nachdem ich schon um die Jahreswende die verdächtigen ozeanisch-atmosphärischen Verhältnisse im tropischen Pazifik und den Abfall des Südlichen Oszillations-Indexes verfolgt hatte. Der Winter in Europa war eher gemäßigt, wenn auch niederschlagsreich gewesen. Die Wassertemperaturen an der Meeresoberfläche im tropischen Atlantik waren kühler als es der Saison entsprach, während der Nordatlantik etwas wärmer als normal war. Die NAO-Werte hielten sich bis Anfang Mai im positiven Bereich, fingen dann aber an zu fallen und es entwickelten sich Sturmtiefs, die Ende des Frühjahrs in westlicher Richtung über den Nordatlantik zogen. Das stetige Absinken der PNA-Oszillation über Nordamerika deutete auf einen intensiven atmosphärischen Austausch zwischen Nordpazifik und Nordatlantik und verhieß nichts Gutes für den Sommer auf der Nordhalbkugel.

Anfang August bewegte sich das Azorenhoch zwischen Südeuropa und dem westlichen Atlantik hin und her. Während der schwächeren Phasen drangen kräftige Tiefs von Grönland oder Island nach Großbritannien und Nordwest-Europa vor und im Mittelmeerbecken zogen wandernde Zyklonen von Südwest nach Nordost. Eine von ihnen nahm zwischen dem 6. und 8. August ein enormes Ausmaß an (Abb. 7.6), und diese „Genua-Zyklone" (von den Meteorologen „Vb-Tief" genannt, gesprochen: *Fünf-B-Tief*) bewegte sich rasch nach Norden. Bei der Überquerung der Alpen, des Riesengebirges und der Karpaten gingen – wegen des orographischen Effekts – jenseits der Gebirge im Quellbereich zahlreicher Nebenflüsse großer Ströme heftige Niederschläge nieder, und der Wasserspiegel von Donau, Moldau und Inn stieg rapide an. Am 8. August kam es bei Passau zu Überschwemmungen.

Die Unwetter über den östlichen Alpen ließen nicht nach und am 10. August stieg die Donau zwischen Linz und Wien, und die Nebenflüsse Enns und Ybbs traten über die Ufer. Am nächsten Tag regnete es im Erzgebirge und an der sächsischen Elbe, und das Vb-Tief – inzwischen *Ilse* getauft – zog über Sachsen, Tschechien und den Westen Polens auf. In Österreich lagen zahlreiche Gemeinden entlang der Donau und ihrer Nebenflüsse unter Wasser. Am 12. August, als sich der Schwerpunkt der Unwetter noch weiter nach Norden vorschob, dauerten in Südostbayern (Passau), dem Vogtland und im östlichen Thüringen Regen und Überschwemmungen an.

Am 13. und 14. August war die Lage in ganz Mitteleuropa katastrophal. Während sich über das Gebiet zwischen der Donau bis nach Sachsen wei-

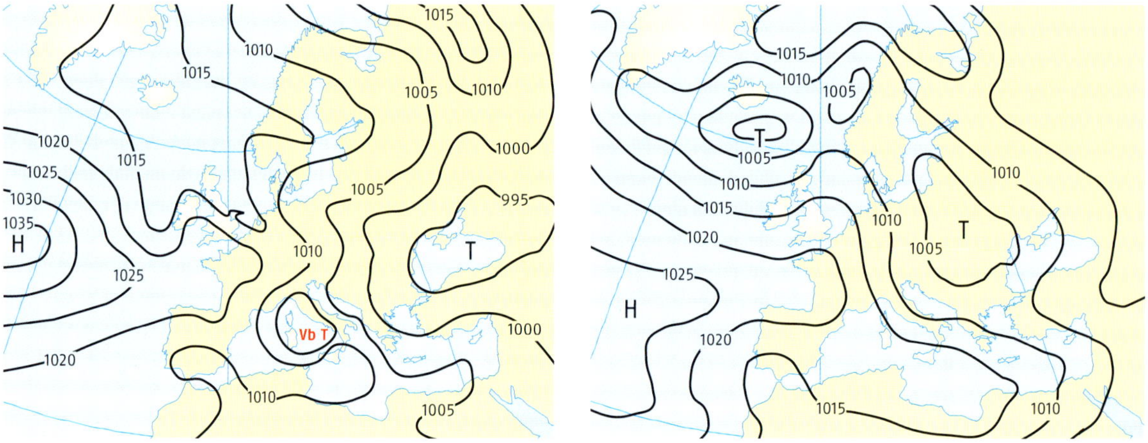

7.6 *Synoptische Karten vom 8. und 12. August 2002, mit Position des Vb-Tiefs (Luftdruck in Hektopascal).*

terhin sintflutartige Regen ergossen, kam es in Salzburg, Cham, Passau, Regensburg, Chemnitz und Dresden zu schweren Überschwemmungen. In Prag erreichte die Moldau ihren höchsten Stand und zerstörte Brücken. Das Nachlassen des Regens am 15. August hatte keine sofortige Wirkung, denn im Einzugsgebiet der Elbe war der Flussscheitel noch nicht erreicht. Deiche und seitliche Dammanlagen barsten in der Nähe von Wittenberg, Dessau, Bitterfeld und Magdeburg. Am 19. August kam es zu Deichbrüchen entlang Elster und Elbe. In weiten Teilen von Dessau, Wittenberg und Magdeburg herrschte immer noch Hochwasser, ebenso in Schnakenburg (Sachsen). Am 21. August war die Lage entlang der Elbe, von Obersachsen bis Sachsen-Anhalt, immer noch kritisch, denn wenn auch der Wasserspiegel langsam zurückging, so waren doch die Deiche gefährlich geschwächt. Inzwischen war die Elbeflut bis Niedersachsen und Schleswig-Holstein und in den südwestlichen Teil von Mecklenburg-Vorpommern vorgedrungen. Sogar Harburg bei Hamburg war gefährdet.

In den osteuropäischen Ländern beliefen sich die Schäden am Ende dieser zwei Wochen anhaltender Unwetter auf etwa 3,5 Milliarden Euro und allein in Tschechien wurden 210 000 Menschen obdachlos. In Deutschland waren rund 4 Millionen Menschen betroffen und der Sachschaden wurde auf insgesamt 21 Milliarden Euro geschätzt, 16,5 Milliarden davon entfielen auf Sachsen (Helfricht 2002). In hitzigen Debatten wurde erörtert, ob man die „Schuld" an dieser schlimmsten Katastrophe seit 300 Jahren (Kachelmann 2002) in menschlichem Versagen suchen sollte oder ob es sich um eine nicht vorhersehbare „Laune" der Natur handelte. Letztlich aber geht es um das Verhältnis zwischen Mensch und Natur: Hatte sich die Natur aufgebäumt gegen unsere kurzsichtigen Eingriffe wie Flussregulierungen und die Bebauung und Nutzung flussnaher Flächen? Wie dem auch sei, wichtig im Kontext dieses Buches ist die meteorologische Entwicklung, die der Katastrophe voranging: Eine negative NAO-Phase, gepaart mit einem warmen ENSO im Pazifik, hatte zur Bildung dieses Vb-Tiefs geführt, welches vom Mittelmeer ausgehend über weite Teile Mitteleuropas zog und immense Schäden anrichtete.

Auch wenn es solche Katastrophen schon immer gegeben hat, so ist die Frage nach menschlichem Verschulden berechtigt: Zumindest haben wir nicht aus der Vergangenheit gelernt. War es doch erst im Juli 1997 im Einzugsgebiet der Oder zu einem ähnlichen Hochwasser gekommen, der sogenannten Jahrhundert-Flut (Fuchs und Rapp 1997). Damals ergossen sich die Regenfluten in zwei, durch nur zwei Tage unterbrochenen Sequenzen über das Dreieck zwischen Riesengebirge, den Beskiden und dem Breslauer Hochland und richteten von Oppeln bis zum Oderbruch enorme Schäden an. Auch diese Katastrophe erfolgte im Zusammenhang mit einer – zu Beginn des starken El-Niño-Ereignisses von 1997–98 – geschwächten NAO, die dem Vordringen von sommerlichen Tiefs ins mitteleuropäische Bergland Vorschub leistete.

Etwas weiter zurück liegt das Unwetter, das 1991 in der Oberpfalz und in Niederbayern Verwüstungen anrichtete. 1988 gab es Überschwemmungen am deutschen Teil der Donau, 1981–82 regnete es ganz besonders stark in Südwestdeutschland, 1974 trat die Mulde über die Ufer, und 1973–

1974 waren Winter und Sommer in Baden-Württemberg besonders feucht gewesen. Alle diese Anomalien fielen mit El-Niño-Ereignissen im Pazifik zusammen oder, wie im Jahr 1986–87, mit der Übergangsphase zu La Niña. Das ist kein *Zufall*! Die Feststellung, dass seit Mitte der 1970er Jahre der Trend zu verstärkter globaler Erwärmung, und damit zu ozeanischen und atmosphärischen Unregelmäßigkeiten zugenommen hat, wurde in diesem Buch schon häufig gemacht. Für Europa und den Rest der Welt hat sich diese Tatsache nun in den 1990er Jahren erhärtet (Kundzwicz 2002). Deshalb kann man wohl behaupten, dass die extremen Klimaereignisse in Europa, die zeitlich gekoppelt mit warmen oder kalten ENSO-Phasen im Pazifikraum auftraten, auch im Zusammenhang mit Anomalien in anderen Regionen stehen, die die heutige Klimaforschung in Verbindung mit den ENSO-Phasen betrachtet.

Extreme Klimaereignisse in Europa und in der übrigen Welt

Um die zeitliche Übereinstimmung zwischen unnormalen Jahren in Europa und El-Niño-Ereignissen in den letzten 500 Jahren zu untersuchen, wurden die Klassifizierungen der Sommer und Winter als warm, kalt, feucht, trocken usw. den Werken von Pfister (1999), Glaser (2001), Jacobeit et al. (2001), Luterbacher et al. (2001) und Lamb (1991) entnommen.

Eine nähere Betrachtung der Zusammenhänge (Tabelle 7.1) zeigt, dass El Niño einen starken Einfluss auf die Temperaturen in Europa hat und besonders warme oder besonders kalte Jahre (Spalte 1 und 2) sowie besonders feuchte Jahre verursacht. Trockenheit (Spalte 4) ist keine häufige Auswirkung. Ohne Echo im europäischen Wettergeschehen blieben die allerwenigsten ENSO-Vorkommen im Pazifik. All dies resultiert aus der Anregung der atmosphärischen Zirkulation in den hohen Breiten der nördlichen Hemisphäre, vor allem in den Wintermonaten während eines ENSO-Ereignisses. So ist es nicht verwunderlich, dass die Übereinstimmung zwischen El Niño und feuchten Jahren in Europa relativ groß ist und nur wenige ENSO-Ereignisse gar kein Echo in Europa fanden. Dies deckt sich mit dem Befund, dass in den letzten 500 Jahren die Auswirkungen nur ganz weniger ENSOs auf den pazifischen Raum beschränkt blieben.

ENSO und besonders warme Jahre in Europa	ENSO und besonders kalte Jahre in Europa	ENSO und besonders feuchte Jahre in Europa	ENSO und besonders trockene Jahre in Europa	ENSO ohne Echo in Europa
1983	1957	2002	1976–77	1951
1930	**1941–42**	**1997–98**	1973	**1925–26**
1911	1919	1993	1953	1902
1868	1912	1986–87	1918	1899–1900
1852	1907	1965	1911	**1827**
1791–93	1888	1932	**1891**	1824
1782	1884	**1877–78**	1832	1814
1761	1871	1792	1803	1803–04
1748	1864	**1784–85**	1761	1775
1728	1860	1714	1681	1707
1671	1850	**1694–95**	1634	1701
1661	**1844–45**	1657	1630	
1652	1837	1650		
1630–31	1812	1614		
1624	1787	1592		
1618–19	1720	1567		
1607	1715	1525–26		
1577–78	1697			
1567–68	1693–94			
1552	1660			
1540	1641			
1531–32				

Tabelle 7.1: Warme Phasen der ENSO und Hauptklimamerkmale in Europa.

Diese qualitativen Behauptungen wurden mit Hilfe einer 2 × 2-Kontingenztabelle berechnet und der Grad der Beziehung mit einem statistischen Verfahren, dem Chi^2-Signifikanztest überprüft (Tabelle 7.2). Präzis formuliert lautete die Fragestellung: Mit welcher Wahrscheinlichkeit tritt in Jahren, in denen im Pazifikraum ein El-Niño-Ereignis stattfindet, in Europa ein anomaler Winter (besonders kalt und stürmisch) oder ein anomaler Sommer (kühl und regnerisch) auf? Der Test untersucht darüber hinaus, inwieweit die beiden Ereignisse voneinander abhängig sind.

Der Signifikanztest bestätigte folgende Trends: Im 20. Jahrhundert, in dem 21 größere El-Niño-Ereignisse stattfanden, zeigte sich in Europa ein deutliches Echo auf die Ereignisse im Pazifik. Die bedingte Wahrscheinlichkeit, dass in den in Frage kommenden Jahren die Winter in Europa mild ausfielen, war mit 64 % recht hoch. Die Sommer in den

	El Niño	Nicht El Niño	Signifikanz-(Chi²-)Test*
20. Jahrhundert			
Strenge Winter	36	59	2,81 > 2,71
Milde Winter	64	41	
Kalt-feuchte Sommer	58	70	0,71 < 2,71
Warm-trockene Sommer	42	30	
19. Jahrhundert			
Strenge Winter	67	70	0,16 < 2,71
Milde Winter	33	30	
Kalt-feuchte Sommer	56	36	0,71 < 2,71
Warm-trockene Sommer	44	64	
18. Jahrhundert			
Strenge Winter	60	60	1,38 < 2,71
Milde Winter	40	40	
Kalt-feuchte Sommer	38	52	0,75 < 2,71
Warm-trockene Sommer	62	48	
17. Jahrhundert			
Strenge Winter	53	50	0,13 < 2,71
Milde Winter	47	50	
Kalt-feuchte Sommer	50	48	0,09 < 2,71
Warm-trockene Sommer	50	52	
Höhepunkt der Kleinen Eiszeit			
Strenge Winter	89	50	3,96 > 2,71
Milde Winter	11	50	
Kalt-feuchte Sommer	72	66	0,50 < 2,71
Warm-trockene Sommer	28	34	
16. Jahrhundert			
Strenge Winter	30	72	4,82 > 2,71
Milde Winter	70	28	
Kalt-feuchte Sommer	13	58	4,49 > 2,71
Warm-trockene Sommer	87	42	

Tabelle 7.2: Wahrscheinlichkeit, dass unnormale Winter oder Sommer in El-Niño- oder Nicht-El-Niño-Jahren stattfanden.
**Wenn der errechnete Chi²-Wert den Grenzwert 2,71 überschreitet, dann betrachtet man die Prozesse als voneinander abhängig, wenn nicht, als voneinander unabhängig. 90 % Koinzidenzniveau.*

entsprechenden Jahren fielen kühl und feucht aus. Während La-Niña-Episoden waren die Winter überwiegend streng und die Sommer meist kühl und feucht.

Im 19. Jahrhundert war der Widerhall von ENSO nicht so deutlich. Strenge Winter traten in El-Niño-Jahren mit etwa der gleichen Wahrscheinlichkeit wie in Nicht-El-Niño-Jahren auf, und bei milden Wintern war es ebenso. Kühl-feuchte Sommer fielen überwiegend in El-Niño-Jahren an. Hier zeigt der Signifikanztest also die Unabhängigkeit des Wetters von den Ereignissen im Pazifik.

Im 18. Jahrhundert gilt für die strengen und für die milden Winter das Gleiche wie im 19. Jahrhundert. Dahingegen fielen die Sommer in El-Niño-Jahren meist warm und trocken aus. In dem durch die Kleine Eiszeit geprägten 17. Jahrhundert war in El-Niño-Jahren in etwa gleichem Maße mit strengen wie auch mit milden Wintern zu rechnen, das Gleiche gilt für die feucht-kühlen und die trocken-warmen Sommer. Der Signifikanztest bestätigt also wieder die Unabhängigkeit des Wetters in Europa.

Während des Höhepunkts der Kleinen Eiszeit, im Maunder-Minimum, fielen strenge Winter und feucht-kühle Sommer meist auf El-Niño-Jahre, es gab aber auch viele feucht-kühle Sommer in Nicht-El-Niño-Jahren. Hier zeigt der Signifikanztest einen Zusammenhang zwischen strengen Wintern in Europa und ENSO-Ereignissen im Pazifik.

Im 16. Jahrhundert schließlich war das Bild völlig anders. Milde Winter und trocken-warme Sommer traten vorwiegend in El-Niño-Jahren auf und strenge Winter und kühl-feuchte Sommer vorwiegend in Nicht-El-Niño-Jahren. Der Signifikanztest zeigt also einen deutlichen Zusammenhang von milden Wintern und milden Sommern mit warmen ENSO-Ereignissen im Pazifik.

Gestützt auf die bisher gewonnenen quantitativen Grundlagen können wir uns nun mit den Wetterbesonderheiten in Europa während spezieller El-Niño-Ereignisse im tropischen Pazifik befassen. Dabei werden wir – wie schon in Kapitel 2 – die aktualistische Betrachtungsweise benutzen. Diese Betrachtungsweise geht von einem Modell aus, das – basierend auf dem Verständnis der aktuellen Klimabedingungen – diese auf die Vergangenheit anwendet. Deshalb werden wir uns zuerst mit den allerjüngsten Auswirkungen von ENSO befassen – denn dessen Intensivierung im letzten Vierteljahrhundert hat auch das Echo in Europa verstärkt – und dann durch die Jahrhunderte zeitlich rückwärts gehen.

Die Wärmeperiode der Gegenwart

Temperaturrekonstruktionen für die Nordhalbkugel zeigen einen deutlichen Anstieg der Werte seit etwa 1900, dem Beginn der „gegenwärtigen Wärmeperiode“, die auf einen erhöhten Kohlendioxideintrag in die Atmosphäre zurückzuführen ist (Jones et al. 2001). Der Anstieg verlief allerdings

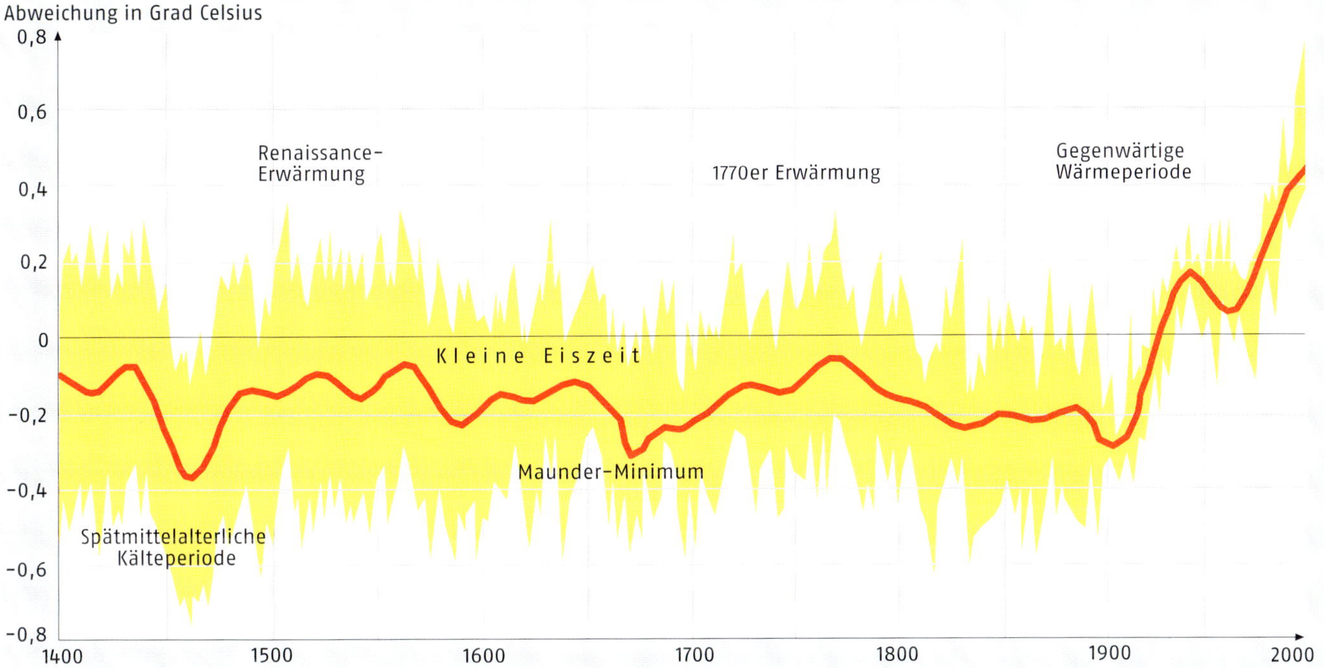

nicht gleichmäßig, sondern wurde unterbrochen in den 1960er Jahren, in denen auch ein Rückgang in der Sonnenfleckenaktivität festgestellt wurde (Crowley und Kim 1999). Seit den 1970er Jahren ist der Aufwärtstrend nicht nur wieder in vollem Schwung, er hat sogar den 30-jährigen Durchschnitt von 1961–1990 übertroffen, und damit leben wir zur Zeit in der wärmsten Periode der letzten tausend Jahre (Abb. 7.7). Wie zu Anfang des Kapitels ausgeführt, haben seit 1975 auch die El-Niño-Ereignisse im tropischen Pazifik und ebenso die Unwetter in Europa an Häufigkeit und Stärke zugenommen.

Dieser Trend spiegelt sich in der Tatsache wider, dass – wie schon öfters betont – die beiden letzten und stärksten ENSO-Ereignisse des 20. Jahrhunderts, 1982–83 und 1997–98, Auswirkungen auf das Klima in aller Welt hatten. In Mitteleuropa zeigten sie sich deutlich im Sommer 1997 in den Überschwemmungen an der Oder und im Frühherbst 1998 in den starken Niederschlägen in Mitteleuropa (Fuchs et al. 1998). Der anhaltende, wenn auch nicht starke El Niño von 1991–1993 führte in Europa zu milden Wintern (1991, 1992 und 1993) und warmen Sommern (1991 und 1993). Die Fernauswirkungen des starken El Niño 1982–83 zeigten sich in dem zuvor erwähnten feucht-warmen Sommer von 1983 und der Übergang zu La Niña im Jahr 1984–85 in den nassen Jahren von 1985 bis 1987.

Im Zusammenhang mit dem El-Niño-Ereignis davor waren die Jahre von 1971 bis 1973 niederschlagsarm (Glaser 2001) und Trockenheit in der Ukraine drückte die Weizenerträge (Caviedes 1982). Zu diesem Zeitpunkt erfolgte eine entscheidende Wende in der jüngsten Klimageschichte, die sich durch eine größere Anzahl von warmen ENSO-Ereignissen, durch Dürren in Afrika und Australasien und durch wärmere Sommer in Europa bemerkbar macht. Auch die tropischen Wirbelstürme im Atlantik haben zugenommen, was als eine Folge der häufigeren Umschwünge von El Niño zu La Niña im Zusammenhang mit der gegenwärtigen Erwärmung der Weltozeane anzusehen ist (Levitus et al. 2000).

1965 hatte ein milder El Niño einen sehr kühlen Sommer in Deutschland bewirkt und der vorherige El Niño von 1957 hatte den Nordatlantik mit heftigen Stürmen aufgewühlt und in Mitteleuropa das – nach Pfister (1999) – „zweite Jahr [in diesem Jahrhundert] ohne Sommer" hervorgerufen. Nach dem starken El Niño 1940–42 und dem Umschwung zu der kalten La Niña 1942 waren die restlichen Sommer dieses Jahrzehnts in West- und Mit-

7.7 *Rekonstruktion der Temperaturkurve für die nördliche Hemisphäre, 1400–2000. In Gelb der jeweilige Temperaturbereich; in Rot die Trendkurve. Nach einem Original von Briffa und Osborn 2002.*

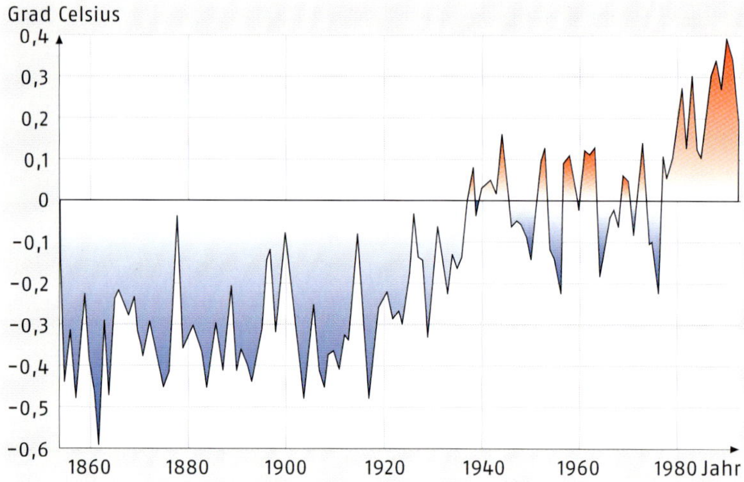

7.8 *Globaler Temperaturtrend, 1850–2000. Abweichungen vom Durchschnitt dieses Zeitraums.*

teleuropa mild und trocken. El Niño 1932 fiel zusammen mit Dürren in Nordostbrasilien und Indien, einem stürmischen Nordatlantik im folgenden Jahr und Trockenheit in Mitteleuropa in den beiden folgenden Jahren (Glaser 2001).

Der im tropischen Pazifik sehr stark entwickelte El Niño 1925–26 machte sich in Europa nur durch besondere Feuchtigkeit im Jahr 1927 bemerkbar, El Niño 1917 hingegen durch Trockenheit im folgenden und starke Kälte im übernächsten Jahr.

Bei El Niño 1911–12 waren die Auswirkungen vielfältig: Das Azorenhoch dehnte sich aus und verursachte in Mitteleuropa den niederschlagsarmen und heißen Sommer von 1911, und im Herbst führte der Umschwung der NAO in eine negative Phase zu Stürmen in der Nordsee (Lamb 1991). Diese beiden Umstände bewirkten, dass die „ozeanische Front" im Nordatlantik (die Zone, in der die Wassermassen aus dem subpolaren Bereich und den mittleren Breiten aufeinander stoßen) und die atmosphärische Polarfront nach Süden gedrängt wurden, wodurch sich die Häufigkeit und Intensität des Aufeinandertreffens von kalten und gemäßigten Luftmassen über dem Nordatlantik, und damit die Bildung von Fronten und Zyklonen in den mittleren Breiten verstärkte. Wie gesagt hätte die *Titanic* nicht ihr tragisches Ende gefunden, hätte sie nicht gerade in diesem Frühjahr *den* Teil des Atlantiks durchquert, in dem – als Folgeerscheinung von El Niño 1911 – es die größte Anzahl von Eisbergen zwischen 1900 und 1929 gab (Newell 1996).

Das 20. Jahrhundert war durch den mächtigen El Niño von 1899–1900 eingeleitet worden. Dieses Ereignis verursachte in Brasilien und im Afrika südlich der Sahara, in Indien und Australasien schwere Dürren, und Europa bescherte es den frostigen Winter von 1900 (Glaser 2001). Was die Einflüsse aus dem Pazifik auf das Klima in Europa angeht, so waren sie in diesem Jahrhundert sehr deutlich geworden, im Besonderen durch die weltweite Ausdehnung der heutigen Wärmeperiode seit den 1970er Jahren (Abb. 7.8).

Das unbeständige 19. Jahrhundert

Der Umstand, dass das 19. Jahrhundert gewaltige ENSO-Ereignisse erlebte und bezeichnenderweise mit El Niño 1899–1900 zu Ende ging, weist schon auf seine klimatische Sonderstellung hin. In früheren Kapiteln war wiederholt die Rede von den katastrophalen Folgen der Klimaschwankungen in jenem Jahrhundert in anderen Teilen der Welt, wie aber sah es in Europa aus?

Ins 19. Jahrhundert fällt nicht nur die Endphase der Kleinen Eiszeit auf der Nordhalbkugel, das gegenwärtige Klimaoptimum kündigt sich schon durch drei kräftige Energieausbrüche in den Jahren 1877–78, 1891 und 1899–1900 an. In der relativen Kälteepoche vorher waren fast zwei Drittel der ENSO-Ereignisse im Pazifik mit strengen Wintern und kühlen Sommern in Europa zusammengefallen und nur in einem Drittel der Fälle mit milden Wintern und trockenen Sommern.

Im letzten Viertel des 19. Jahrhunderts änderte sich dieses Bild, und zwar machte sich weltweit eine Dissonanz in den Anomalien bemerkbar: In manchen Regionen stürmte und regnete es im Übermaß, in anderen vertrocknete die Ernte. In Südamerika war die Zeitspanne von 1877 bis 1891 die unbeständigste im ganzen Jahrhundert. Dürrezeiten in Nordostbrasilien und im Altiplano traten zur selben Zeit auf wie in Australasien, China, Japan, Indien, Äthiopien und im Sahel, was von der Globalität des Umschwungs zeugt. Die Winterstürme im Nordatlantik waren von 1878 bis 1897 besonders stark, und auf dem europäischen Kontinent traten eine Reihe von „kalten Jahren" zwischen 1879 und 1888 auf (Glaser 2001). Die große Anzahl der

Anomalien war wohl der Ausdruck der labilen Verhältnisse während des Übergangs von der Kleinen Eiszeit zur gegenwärtigen wärmeren Klimaperiode. Damals fand auch im Nordatlantik und in Westeuropa eine Veränderung in der atmosphärischen Zirkulation statt, und zwar von dem ruhigeren zonalen Verlauf, der typisch für die positiven Phasen der NAO ist, zu dem in meridionaler Richtung verlaufenden – und damit die Sturmtätigkeit fördernden – der negativen NAO-Phasen (Jacobeit et al. 2001).

Besonders stark waren die weltweiten Singularitäten, die El Niño 1884 und dem gewaltigen Vulkanausbruch des Krakatau im Jahr 1883 folgten: Afrika erlitt zwei Jahre hintereinander verheerende Dürren, Stürme tobten im Nordatlantik, und in Europa brach der Sommer von 1884 Trockenheitsrekorde. Der starke El Niño von 1876–78 trat mit verheerenden Dürren in Afrika und Indien auf, und auch in Europa war das Wetter nicht normal. Der Sommer von 1877 fiel Pfister zufolge in den Alpen „warm und trocken" aus und Glaser zählt 1877 und 1878 zu den „sehr nassen" Jahren des Jahrhunderts. Wie es später immer häufiger geschehen sollte, so kippte dieser starke El Niño 1879 um zu La Niña, was sich in Europa in generell schlechtem Wetter niederschlug.

Vom Ende der 1820er bis in die 1850er Jahre gab es eine Klimaabkühlung, die als die letzten Zuckungen der Kleinen Eiszeit zu betrachten sind. Pfister (1999) bezeichnet diese Jahrzehnte als die strengsten des Jahrhunderts und zitiert Gletschervorstöße in den Zentralalpen. Während der 1870er Jahre hatte die Zirkulation über Europa einen deutlich meridionalen Charakter, doch im darauf folgenden Jahrzehnt gewann die zonale Komponente wieder Überhand (Jacobeit et al. 2001). In den Tropen war es damals ruhig und relativ kühl, nur 1864 und 1871 kam es zu einem gemäßigten El Niño. Mit Ausnahme des von Lamb (1991) erwähnten „großen Sturms vom Winter 1844–45" und einem Hinweis bei Glaser (2001), dass 1846 ein warmes Jahr war – wohl das Echo des starken El Niño 1844 –, waren die 1840er Jahre in Europa recht ruhig. Die beiden El Niños von 1827–28 und 1832–33 wurden hier kaum bemerkt, es sei denn, man betrachtet den milden Winter von 1833–34 als eine späte Resonanz auf die Erwärmung im tropischen Pazifik.

Während der beiden ersten Jahrzehnte des 19. Jahrhunderts herrschten wiederum weltweit besondere Umstände. In dieser Zeit geringerer Sonnenfleckenaktivität (Dalton-Minimum) sank die Sonneneinstrahlung, und der Wasserhaushalt der Erde ging zurück. Hinzu kamen in den hohen mittleren Breiten die Auswirkungen von mehreren Vulkanausbrüchen in den Tropen. 1802 brach der Cotopaxi in Ecuador aus, 1803–04 folgte ein El Niño und 1803 erlebte Europa einen heißen Sommer. 1811 und 1812 gab es Vulkanausbrüche in Indonesien (Awu), auf den Philippinen (Mayon) und auf Guadeloupe (La Soufrière), auffallend gekoppelt mit einem gemäßigten El Niño im Pazifik und mit Dürren in Afrika und Indien. Den Sommer von 1811 in Westeuropa zählt Glaser (2001) zu den „sehr warmen" des Jahrhunderts. Der anschließende rapide Umschwung zu La Niña machte sich in Osteuropa in einem frühen und sehr kalten Herbst mit Schnee bemerkbar, was dazu beitrug, dass der Russlandfeldzug Napoleons zu solch einem Desaster wurde. Anschließend gab es eine Reihe von trockenen Jahren. 1815 war auf der Nordhalbkugel das berüchtigte „Jahr ohne Sommer", in dem der Ascheschleier des Tambura-Vulkanausbruchs in Indonesien einen globalen Kältetrend in Gang setzte (Chenoweth 1996). In der Schweiz führten Tiefs über Skandinavien und dem östlichen Mittelmeer zu Kälte und Feuchtigkeit, während Westeuropa zum größten Teil unter dem Einfluss feucht-kalter Winde stand (Pfister 1999). Glaser zählt das Jahr 1816 zu den kältesten des Jahrhunderts und bemerkt ferner, dass eigentlich kein europäischer Winter zwischen 1810 und 1830 als mild bezeichnet werden kann. Dendrochronologische Studien aus den USA deuten auf mehrere Dürrejahre zwischen 1814 und 1822 hin (Cook et al. 1992), was die Auswirkungen des Ascheschleiers und der reduzierten Sonnenfleckenaktivität während des Dalton-Minimums auf das globale Klima bestätigt.

Der Klimaumschwung um 1770

Der generelle Eindruck einer ruhigen Zeit in der globalen Klimageschichte zu Beginn des 19. Jahrhunderts wird durch den deutlichen Temperaturrückgang in den Klimarekonstruktionen von Briffa und Osborne (2002) bestätigt. Dieser Rückgang erfolgte im Anschluss an eine warme Periode auf der Nordhalbkugel, die um 1770 ihren Höhepunkt erreichte und in zahlreichen historischen Quellen als klimatisch recht bewegt beschrieben wird. In Frankreich schürten Missernten die Unzufriedenheit der Massen, welche 1789 in der Französischen Revolution zum Ausbruch kam. In der Karibik waren in den 1780er Jahren die Ernten infolge von Trockenheit so spärlich, dass die französischen und englischen Kolonien Getreide von der Nordamerikanischen Konföderation kaufen mussten, das heißt von den Rebellen, die sich gerade ihre Unabhängigkeit von England erkämpft hatten. In den 1770er Jahren war auch die Zahl der tropischen Wirbelstürme groß, ein Anzeichen für unruhige atmosphärische Bedingungen über den beiden Weltmeeren.

Tatsächlich gab es zu jener Zeit zwei starke ENSO-Ereignisse: El Niño 1782–84 – verstärkt durch Vulkanausbrüche in Japan (Asama) und Island (Lakagiga) im Jahr 1783 – rief Stürme im Nordatlantik, einen kalten Winter in Westfrankreich und einen schneereichen Winter in Süddeutschland mit Überschwemmungen an Oberrhein und Neckar hervor. Kein Wunder, denn im Winter 1783–84 hatte einer der rapiden Umschwünge von El Niño zu La Niña stattgefunden, welcher das Wetter in Mitteleuropa so elend kalt macht (Glaser 2001).

Der stärkste El Niño des 18. Jahrhunderts war allerdings der von 1791–93. Die aufgewühlten Bedingungen im Nordatlantik führten im Winter 1791 zu einigen der schlimmsten Stürme in Lambs Liste. Südlich von Grönland und Island hatte sich die Zyklogenese verstärkt und Jacobeit et al. (2001) zeigen für die 1790er Jahre hochzonale Zirkulation über dem Nordatlantik und verstärkte Westwindzirkulation für Winter und Sommer. Das Jahr 1792 wird von Lamb zu den sturmreichen in der Nordsee gezählt, während Pfister (1999) von einem schwachen Islandtief und einem starken Azorenhoch im Frühjahr spricht, was zu einem steten Einfließen von milder Atlantikluft nach Europa und damit von 1791 bis 1794 zu warmen Sommern führte (Glaser 2001). Hierzu ist zu sagen, dass die Intensivierung des Azorenhochs die Nordostpassate verstärkt und somit das Vordringen von tropischen Zyklonen aus dem äquatorialen Atlantik in die Karibik verhindert, das heißt, die Hurrikanbildung wird unterdrückt (Caviedes 1991).

Auf der amerikanischen Seite des Nordatlantiks waren die Klimabedingungen damals auch sehr wechselhaft. Die Tendenz zu Trockenheit und niedrigen Temperaturen, die von 1740 bis 1790 in Neu-England geherrscht hatte, wurde Anfang der 1790er Jahre von einer Wärmeperiode abgelöst, die wohl durch die milderen Temperaturen im Mittleren Atlantik zu erklären ist (Stahle und Cleaveland 1994).

Andererseits gab es in der ersten Hälfte des 18. Jahrhunderts eine Reihe von El-Niño-Ereignissen (1701, 1714–15, 1720, 1728 und 1747–48), die im Pazifikraum stark ausgeprägt waren und deshalb der Aussage widersprechen, damals sei die Kleine Eiszeit zu Ende gegangen und die Energieeinspeisung aus den tropischen Ozeanen sei verhältnismäßig gering gewesen. Obwohl die von Esper et al. (2002) rekonstruierte Temperaturkurve ab etwa 1680 wieder eine generell steigende Tendenz aufweist, so entdeckt man bei näherem Hinschauen doch mindestens drei Minima im Wechsel mit drei kurzfristigen Wärmeperioden auf der Nordhalbkugel, die ENSO-Ereignissen zu dieser Zeit entsprechen. Tatsächlich war im Pazifikraum El Niño 1728 der zweitstärkste des Jahrhunderts und rief wohl eine besonders frühe Kirschblüte in der Schweiz hervor (Pfister 1999). El Niño 1747–48 hingegen hatte in Europa keinen Einfluss; das ganze Jahrzehnt wird sowohl von Pfister als auch von Glaser als kühl bezeichnet.

El Niño 1720 hingegen machte sich durch einen stürmischen Nordatlantik im Winter 1720–1721 und zwei aufeinander folgende feucht-kalte Winter und Sommer in Europa bemerkbar. Der vorangegangene Sommer von 1719 war dagegen so trocken ausgefallen, dass Heuschrecken in Südwestdeutschland einfielen (Glaser 2001) – eine interessante Parallele zu den Auswirkungen von El Niño in Nordostbrasilien, Äthiopien und dem Sahel in extrem trockenen Jahren.

Die El-Niño-Episoden von 1701 und 1714–15 hatten in den Tropen recht milde Folgen, und größere Vulkanausbrüche sind aus dieser Zeit auch nicht bekannt. In Europa waren die Winter trocken und kalt; der Nordatlantik wurde von Stürmen heimgesucht. Von 1710 bis 1713 war die Sonnenfleckenaktivität so gering, dass hier der Höhepunkt der Kleinen Eiszeit – das Maunder-Minimum – angesetzt wird, in dem der Jahresmittelwert 0,8 °C unter den Durchschnittswert der Periode von 1560 bis 1630 absank und die Sommer generell kühl und nass ausfielen (Pfister 1999). Der dominierende Hochdruckeinfluss über Mitteleuropa führte damals zu einer Südwärtsverschiebung des Zyklonengürtels in den mittleren Breiten und einer Schwächung des Azorenhochs, was kühlere und trockenere Bedingungen in ganz Europa, einschließlich des Mittelmeerraums, hervorrief (Luterbacher et al. 2001). Das Ende des Maunder-Minimums wurde durch den starken El Niño 1714–16 markiert, dessen abrupter Übergang zu La-Niña-Bedingungen sich in dem sehr kalten Winter von 1716 bemerkbar machte (Glaser 2001).

Insgesamt betrachtet war das 18. Jahrhundert also zunächst infolge der Kleinen Eiszeit recht kühl, wurde dann aber ab 1770 wärmer. So ist es auch nicht verwunderlich, dass in Europa weniger als die Hälfte der El-Niño-Ereignisse mit milden Wintern und mehr als die Hälfte mit angenehmen Sommern einhergingen.

El Niños während der Kleinen Eiszeit

Abbildung 7.7 lässt einen deutlichen Temperaturrückgang nach 1450, dem Beginn der Kleinen Eiszeit, erkennen. Immerhin gab es zu Anfang des 16. Jahrhunderts, um 1510–1520, um 1560, um 1610 und um 1780–1790 mehrere warme Episoden. Starke Kälte herrschte um 1580–1590, 1680–1720 und 1810–1840. Nach 1910 signalisiert ein steiler Temperaturanstieg das Ende der Kleinen Eiszeit auf der Nordhalbkugel. Während der Kleinen Eiszeit gab es zwar im Pazifik nicht weniger El-Niño Ereignisse, aber in Europa machten sich die Fernauswirkungen nur schwach bemerkbar. Auf der Höhe der Kleinen Eiszeit waren wegen der Hochdruckverhältnisse über dem Nordatlantik und infolge häufiger Stürme in den mittleren Breiten die Winter kalt und nass. Auch die Sommer waren kühler und feuchter als normal, da das Azorenhoch geschwächt war und die Polarfront weiter südlich verlief als heute (Luterbacher et al. 2001).

Die ENSO-Episoden in der ersten Hälfte des 17. Jahrhunderts zeigten in Europa unterschiedliche Auswirkungen: Im El-Niño-Jahr 1607 war der Sommer warm, 1614 war der Winter schneereich und kalt, und El Niño 1618–19 führte zu drei milden Wintern. In den El-Niño-Jahren von 1624 und 1630–31 fielen die Sommer in Mitteleuropa warm aus. Die ENSO-Episode von 1640–41, die zusammen mit Vulkanausbrüchen in Japan und Indonesien auftrat, hatte eine stark kühlende Wirkung auf den Nordatlantik und auf den europäischen Winter 1641–42; Glaser (2001) vergleicht ihn mit dem strengen Winter von 1961–62. Gegen Mitte des 17. Jahrhunderts wurde es wärmer. 1652 waren Sommer und Winter recht mild, aber das Jahr 1650 war in Deutschland noch feucht und kalt. Während des starken El Niño von 1660–61 kam es in Europa, nach dem sehr kalten Jahr 1660, zu drei milden Jahren hintereinander. Weitere El-Niño-Episoden in den Jahren 1681, 1687 und 1693–95 hatten gemischte Echos in Europa, bedingt wahrscheinlich durch die geringere Sonneneinstrahlung während des Maunder-Minimums. Das Jahr 1681 war in England sehr niederschlagsreich; Mittelfrankreich und die Schweiz hingegen hatten einen trockenen und warmen Sommer. Das Jahr 1687 war wieder feucht und kalt. Das starke ENSO-Ereignis von 1693–95, das mit Vulkanausbrüchen in Indonesien (1693 und 1694) gekoppelt war, brachte in Europa nach einem kalt-trockenen Jahr 1692 zwei extrem kalte und nasse Sommer und Winter (Luterbacher et al. 2001). Auch der Nordatlantik war außergewöhnlich stürmisch, und unvergessen bleibt der „Große Sturm“ von 1695, der zahlreiche Schiffe und über 1000 Menschenleben an den Küsten von England und Belgien auf dem Gewissen hat (Lamb 1991). Da der Nordatlantik weiterhin sehr stürmisch und sowohl die Winter als auch die Sommer von 1696 bis 1699 elend kalt waren, ist anzunehmen, dass diesem letzten El Niño des 17. Jahrhunderts eine La-Niña-Episode mit all ihren Malaisen auf den Fuß gefolgt ist.

Das freundliche 16. Jahrhundert

Im Vergleich zu den Klimafluktuationen des 17. Jahrhunderts macht das 16. Jahrhundert einen sonnigeren und angenehmeren Eindruck; man möchte fast von einem „klimatischen Frühling“ sprechen. Zwar lässt sich um 1570 auf der Nordhalbkugel ein Temperaturrückgang beobachten, doch bis dahin gab es eindeutig mehr positive als negative Abweichungen.

In der Neuen Welt – dem Zentrum der ENSO-Auswirkungen – empfand man die ersten Jahrzehnte des Jahrhunderts als recht angenehm – diesen Eindruck erwecken jedenfalls die Chroniken der frühen Entdecker und Eroberer des tropischen Amerika. In Kapitel 2 wurde schon ausgeführt, wie die Seereise Pizarros bis Nordperu im Jahr 1525 und dann sein Vorstoß ins Herz des Inkareiches im Jahr 1530–31 wahrscheinlich bei El-Niño-Wetter stattfanden. In Europa waren die frühen Jahrzehnte des Jahrhunderts durch warme Winter gekennzeichnet, was den Bedingungen während eines niedrigen NAO-Indexes entspricht. Aus den 1540er Jahren ist eine Klimakrise weltweiten Umfangs bekannt: 1540 fand ein Vulkanausbruch in Ecuador statt (Reventazón) und von 1540 bis 1542 litt Indien unter Trockenheit und Äthiopien unter Dürre und Heuschreckenplagen. Aus Peru berichtet Pizarros glaubwürdiger Chronist Francisco de Jerez von angeschwollenen Flüssen und Umweltschäden, den Auswirkungen des wohl ersten historisch belegten El Niño in der Neuen Welt. Was Europa betrifft, so zählen Jacobeit et al. (1999) dieses Jahr zu den besonders warmen Sommern, und Pfister (1999) beschreibt es als besonders warm und trocken mit einer Reihe von Waldbränden in Mitteleuropa. Glaser (2001) bezeugt die Dauer dieser Krise durch seinen Hinweis auf die extremen Winter (kalt oder mild) und extremen Sommer (trocken oder feucht), die sich in Europa von 1540 bis 1546 abwechselten.

In der zweiten Hälfte des 16. Jahrhunderts, welche auf der Nordhalbkugel durch einen Temperaturrückgang gekennzeichnet war, gab es allerdings auch kürzere Wärmeperioden, die auf weltweite klimatische Veränderungen hinweisen, wie zum Beispiel die warmen Winter von 1566 und 1577 – jeweils kurz vor einem El Niño – und von 1567–68 und 1578–79.

Besondere Erwähnung verdient El Niño 1589–1591, der in seiner Dauer an solche erinnert, wie wir sie im 20. Jahrhundert erlebt haben. In jener Zeit herrschte starke vulkanische Tätigkeit in den Tropen (1586–87 und 1590–91) und somit reduzierte Sonneneinstrahlung. Im Nordatlantik waren die Jahre von 1586 bis 1589 besonders reich an Stürmen, darunter diejenigen, die im August 1588 die „unbesiegbare“ Armada der Spanier vernichteten. Die unbeständige Wetterlage zeigte sich auch darin, dass in Mitteleuropa der Winter von 1590 mild und nass und der Sommer verhältnismäßig trocken ausfiel. 1591 war der Winter kalt und der Sommer kühl und regnerisch; 1592 war im Ganzen kalt und nass.

Aus den zahlreichen Studien von Pfister u.a. über die Klimavariationen des 16. Jahrhunderts geht hervor, dass es in den 35 Jahren zwischen 1565 und 1599, in denen nur ein Viertel der insgesamt 16 ENSO-Ereignisse des Jahrhunderts stattfanden, verhältnismäßig viele Kälteereignisse gab, was auf eine gewisse Unabhängigkeit der europäischen Klimaextreme von den Anomalien im Pazifik hinweist. Nähere Untersuchungen jedoch zeigen deutlich wärmere Wintertemperaturen während einiger El-Niño-Jahre (Pfister und Bradzil 1999). Unsere Wahrscheinlichkeitsrechnungen unterstützen die Annahme, dass während jener ENSO-Ereignisse die Winter in Europa meist mild ausfielen und trocken-warme Sommer viel häufiger waren als regnerisch-kühle – was wiederum für eine gewisse Übereinstimmung zwischen ENSO im Pazifik und mildem Wetter in Europa spricht. Bei Jacobeit et al. (1999) finden sich einige Erklärungen für den Umstand, dass die Winter im 16. Jahrhundert wärmer waren als später. Es gab einen Warmluftzufluss aus dem Südwesten, da sich eine Tiefdruckzelle in der Nähe von Island befand und ein starkes Hoch über der Iberischen Halbinsel lagerte. In der Gegenwart hingegen kommt es zu trocken-warmen Sommern, wenn der Großteil Westeuropas – infolge einer Ostwärtsverschiebung des Azorenhochs – unter Hochdruckeinfluss liegt. Im Winter bilden sich dann kalte Hochs über Skandinavien und im Sommer Tiefdruckrinnen und wandernde Tiefs über dem Nordatlantik und Mitteleuropa, denn die Bedingungen sind genau umgekehrt.

Diese Art von Großwetterlagen entsprechen wohl den Schwankungen der NAO und sind die Folge bestimmter zonaler und meridionaler Kreisläufe in den höheren Breiten der Nordhalbkugel. Wenn man berücksichtigt, dass die verschiedenen Zirkulationssysteme über dem Nordpazifik, Nordamerika und der Arktis mit der NAO verknüpft sind, dann versteht man, dass sich die Anregungen aus dem Pazifikbecken eine gewisse Zeit später auch in den Wetterabläufen von Europa bemerkbar machen.

So erhärtet sich am Ende dieses Kapitels die Behauptung, dass Fernverbindungen zwischen extremen Wetterbedingungen in Europa und ENSO-Anregungen aus dem Pazifik bestehen und dass diese sich zumindest bis zu der Zeit, da die ersten Europäer die Auswirkungen dieses Phänomens aus dem Pazifik erlebten, historisch zurückverfolgen lassen. Ob solche Klimaschwankungen auch vor der Ankunft der Europäer in der Neuen Welt existierten, ist das Thema des nächsten Kapitels.

El Niño im Nebel der Vergangenheit

In diesem Buch wurden bisher die Auswirkungen der Entwicklungen im tropischen Pazifik auf Mensch und Natur hauptsächlich an der Westküste Südamerikas, aber auch in anderen Regionen aufgezeigt. Seit wir nun wegen der besonders ausgeprägten El-Niño-Ereignisse in den letzten Jahrzehnten ein klareres Bild von den Ausmaßen der Einflüsse auf die Umwelt gewonnen haben, begannen die Wissenschaftler mit der Suche nach El-Niño-Spuren aus Zeiten, lange bevor historische Quellen zur Verfügung standen. Dabei erweisen sich die geochronologischen Verfahren wie Pollen-, Bänderton- oder Baumring-Analysen oder Altersbestimmungen mit Hilfe von radioaktiven Isotopen (wie die C^{14}-Methode) als zuverlässig.

Die ersten Versuche, prähistorische El-Niño-Ereignisse nachzuweisen, unternahmen Archäologen und Sedimentologen vom Field Museum in Chicago. Im Norden Perus beobachteten sie, wie die Flüsse im Anschluss an ein El-Niño-Ereignis über die Ufer traten, und schlossen daraus, dass die Spuren früherer Überschwemmungen dieser Art auch in den verfestigten Sedimenten zu finden sein müssten (Nials et al. 1979). Und so begannen die Analysen von Küsten- und Flussablagerungen sowie von Eiskernbohrungen, anhand deren nicht nur Sequenzen mächtiger El-Niño-Ereignisse, sondern auch deren Dauer nachgewiesen werden konnten. Mit diesen ließ sich dann Quinns historische El-Niño-Chronologie bis in prähistorische Zeiten zurück erweitern. Dabei zeigte sich, dass es in der Neuen Welt, vor allem im ersten Jahrtausend und zu Anfang des zweiten, sehr starke El-Niño-Ereignisse gegeben hat. Manche waren von solcher Intensität und so langer Dauer, dass die Archäologen den Begriff *Mega-Niño* einführten. Ein solcher Mega-Niño wurde um 511–514 nach Christus nachgewiesen und dann mehrere im 11. Jahrhundert, das heißt während der Mittelalterlichen Wärmeperiode. In dieser Zeit weltweit ansteigender Temperaturen und wärmerer Sommer zwischen 800 und 1300 verschob sich in Europa die Besiedlungs- und Ackerbaugrenze nach Norden und die norwegischen Seefahrer nutzten die von Treibeis befreiten nördlichen Meere, um auf Entdeckungsreisen zu gehen: Sie errichteten Kolonien auf Island und Grönland und erforschten sogar Labrador und den St.-Lorenz-Strom in Nordamerika. In Mitteleuropa wurde während dieser sogenannten Rodungsperiode zusätzlicher Lebensraum gewonnen, da Waldrodungsgebiete sowie höher und weiter nördlich gelegene Regionen unter den Pflug genommen werden konnten. Im Norden Europas neigte sich diese milde Periode mit sporadischen Kälteausbrüchen um 1210 und 1320 ihrem Ende zu und gegen Ende des 14. Jahrhunderts setzte wieder eine kältere Zeit ein.

Wie wirkte sich nun die Mittelalterliche Wärmezeit in den tropischen Meeren aus? Der globale Temperaturanstieg um 0,8 °C bis 1,4 °C muss auch die Meerestemperaturen in den Tropen angehoben haben, wodurch wiederum die zonale und die meridionale Zirkulation aktiviert wurden. Der Wasseraustausch in den Ozeanen, der Export von Wärme und Feuchtigkeit und die erhöhte Sturmaktivität, die heute unsere El-Niño-Ereignisse kennzeichnen, müssen während Mega-Ereignissen besonders ausgeprägt gewesen sein; das Gleiche gilt für die ausgleichenden Feuchtigkeitsdefizite und Dürren in anderen Tropenbereichen.

Ausgehend von den obigen Betrachtungen stellt dieses Kapitel drei Beispiele von – durch starke El-Niño-Ereignisse hervorgerufenen – kulturellen Einbrüchen vor, welche allerdings nur archäologisch nachgewiesen sind. In allen Fällen – an der Küste Südamerikas, in den Gebirgen und auf den Hochplateaus der Mittleren Anden und in Amazonien – war der auslösende Faktor eine Umweltkrise im Zusammenhang mit den Anomalien eines ENSO-Ereignisses. Zum Schluss befasst sich das Kapitel mit der Frage, ob die Besiedlung von Ostpolynesien – speziell der Osterinsel – zu Zeiten stattfand, als sich die Luft- und Meereszirkulation im Pazifik infolge von El-Niño-ähnlichen Verhältnissen veränderten.

Auf der Suche nach Mega-Niños

Die Forschung nach besonders starken El Niños in der Vergangenheit basiert auf der Annahme, dass Spuren ähnlich derer, die heutzutage von solchen

Episoden hinterlassen werden, auch in geologischen und paläoökologischen Ablagerungen festgehalten sind. Da diese Spuren natürlich in den hauptsächlich betroffenen Gebieten am deutlichsten zu erkennen sein sollten, hat sich die Suche nach Mega-Niños vornehmlich auf den äquatorialen Pazifik und die dortigen Inseln, die Küsten Südamerikas – besonders in Nord- und Südperu und im Norden Chiles –, die Gebirge und Hochplateaus der Anden und die Amazonasebenen konzentriert. Die starken El-Niño-Ereignisse von 1997, 1982, 1972 und 1925 mit ihren Auswirkungen auf die lokale Geomorphologie, Fauna und Flora dieser Regionen und die reichhaltige wissenschaftliche Dokumentation, die inzwischen darüber vorliegt, dienen als Modell für die Auswirkungen und die Ausdehnung von hypothetischen Mega-Niños der Vergangenheit.

Michael Moseley war einer der ersten Archäologen, die prähistorische El Niños erforschten. Vergleichbar den Ablagerungen, die heutzutage in regenreichen Jahren von den Flüssen in Nordperu hinterlassen werden, identifizierten er und seine Mitarbeiter dicke Flussablagerungen von etwa 511–512, 546, 576, 600, 612, 681 und 1100. Diese Funde zogen eine ganze Reihe von Geologen an, die sich in den Küstenebenen von Peru auf die Suche nach weiteren solchen Ablagerungen machten. Die Paläoklimatologen Thompson und Mosley-Thompson fügten, basierend auf Eiskernbohrungen in den Anden, der Liste der prähistorischen El Niños die Jahre 1450, 1300, 1100, 600 und 500 hinzu (Thompson et al. 1984). Geologen, die Tonschichten im südlichen Ecuador untersuchten, weisen El-Niño-Ereignisse seit etwa 10500 vor Christus nach (Rodbell et al. 1999), während auf den Galápagos-Inseln – praktisch die Haupt-El-Niño-Region – Hinweise auf La-Niña-ähnliche Bedingungen um 6170 und 5070 v. Chr. gefunden wurden (Steinitz-Kannan et al. 1998). Spuren, die nach so vielen Jahren noch erkennbar sind, müssen von ungemein kräftigen und lang anhaltenden El Niños stammen, was die Frage aufwirft, ob die prähistorischen Ereignisse mit derselben Häufigkeit auftraten wie die heutigen, das heißt im Abstand von etwa dreieinhalb bis zu sechs Jahren.

Bei den meisten Geologen herrscht die Annahme, dass bis zu 5000 Jahren vor unserer Zeit El-Niño-Ereignisse seltener – und zwar etwa alle 15 Jahre –, aber umso stärker auftraten und deshalb so deutliche Spuren hinterließen. Doch über den genauen Zeitpunkt, bis zu dem sich prähistorische El Niños zurückverfolgen lassen, herrscht Unstimmigkeit. Während manche dies erst ab 5000 v. Chr. zugestehen – das heißt schon mitten in unserer geologischen Periode, dem Holozän –, glauben andere Flussablagerungen entdeckt zu haben, die von heftigen Niederschlagsereignissen – wie sie heute in El-Niño-Jahren im ariden Peru stattfinden – vor etwa 8000 und sogar 40000 Jahren stammen könnten.

Die Kontroverse wird geschürt von den Paläoökologen L. E. Heusser und F. Sirocko, die Klimaschwankungen von der Art und Intensität der heutigen starken El Niños im Santa-Barbara-Becken von Kalifornien anhand von Pinien-, Wacholder- und bestimmten Eichenpollenarten in Meeressedimenten nachweisen. Die beiden sehen sogar Zusammenhänge zwischen diesen Spuren starker El Niños und Funden von ähnlichen Ablagerungen im Indischen Ozean und an der Ostküste Asiens, was die Annahme erhärtet, dass sich die früheren El Niños nicht nur in und um den Pazifik bemerkbar machten, sondern – wie auch heute – im fernen Indischen Ozean.

Es ist anzunehmen, dass es El-Niño-ähnliche Phänomene mit ihren klimatischen sowie auch ihren ozeanischen Auswirkungen schon seit der Trennung zwischen Ostpazifik und Westatlantik gegeben hat. Der deutsche Paläoökologe Peter P. Smolka (1991) hat die Daten fossiler einzelliger Wassertiere mit Kalkschale (Foraminiferen) benutzt, um die Meerestemperaturen für die geologische Zeit zwischen 1 und 21 Million Jahren vor der Gegenwart zu rekonstruieren. Seiner Meinung nach bildete sich am Ende des Tertiärs ein Unterschied in den Temperaturen zu beiden Seiten des Isthmus von Panama heraus und es entstand ein wesentlich kühlerer Pazifik. Heißt das, dass die mittelamerikanische Landbrücke vor etwa 6 Millionen Jahren fertig war und die beiden Ozeane damals ihr getrenntes Dasein begannen? Wenn ja, dann hatten der Atlantik und Pazifik seit damals ihre separate ozeanische und meteorologische Entwicklung und das El-Niño-Phänomen entstand, als der Pazifische Ozean seine volle Unabhängigkeit erreicht hatte.

Was den Einfluss dieser großräumigen klimatischen Veränderungen auf die Tiefländer östlich der Anden betrifft, so lassen sich von den Ufern des Karibischen Meers im Norden bis zu den Ebenen des Río de la Plata im Süden wiederholt Trockenperioden nachweisen, wie sie für El-Niño-Auswirkungen im westlichen Südamerika typisch sind. Pollenanalysen aus den tropischen Tiefländern deuten darauf hin, dass in manchen Gegenden die dominierenden tropischen Wälder kurzfristig durch Savannen ersetzt wurden, was nicht nur eine Anpassung der Flora und Fauna, sondern auch der Urbewohner dieser Regionen erfordert hätte (Van der Hammen und Absy 1994). Die Forscher Colinvaud und Oliveira (2000) sind allerdings nicht der Ansicht, ein nachgewiesener Temperaturrückgang in dieser Gegend habe das Aufkommen von Savannengras begünstigt. Auf alle Fälle haben Archäologen und Umweltforscher wertvolle Erkenntnisse über den Einfluss von Paläo-Niños aus den südamerikanischen Tropen beigesteuert.

Überschwemmungen im Land der Chimú, Peru

Die klimatischen und ozeanischen Schwankungen im pazifischen Raum haben eine nicht zu unterschätzende Rolle in der kulturellen Wandlung von Nordperu gespielt. Wie wir in Kapitel 2 gesehen haben, war dies die Gegend, in der Francisco Pizarro und seine Leute den Vorstoß ins Inkareich begannen und aus der die ersten dokumentierten Hinweise auf klimatische Folgeerscheinungen von El-Niño-Ereignissen stammen. Geologische und kulturelle Hinweise zeugen von deren Einfluss auf die Natur und Menschen dieser Gegend lange vor Ankunft der Spanier.

Die Lebensgrundlage für die Völker im Norden Perus sind das Meer und die Flüsse. Das Meer hält ganzjährig seine Ressourcen bereit und dient dem Transport, und die aus den hohen Anden kommenden Flüsse liefern das Wasser und die Sedimente, die den Flussoasen ihre Fruchtbarkeit verleihen. Kein Wunder also, dass sich die frühen Küstenkulturen in diesem Gebiet ansiedelten. Auf die Spuren von früheren Feuchtepisoden, die mit El Niño zu tun gehabt haben könnten, wurde ich aufmerksam während zweier Reisen durch das Land im Anschluss an die starken El-Niño-Ereignisse von 1972–1973 und 1982–83 (Caviedes 1975, 1984). Das Ausmaß der Zerstörungen, die die Sturzregen und Überschwemmungen in den Flussoasen angerichtet hatten, warf Fragen auf bezüglich der Schäden prähistorischer El Niños und deren Einwirkungen auf die kulturelle und demographische Entwicklung der damaligen Bevölkerung. Auch die Archäologen Fred Nials, Izumi Shimada und Michael Moseley richteten in jenen Jahren ihr Augenmerk auf dieses Problem.

Schon lange vor unserer Zeitrechnung hatten sich Gruppen von Ackerbauern und Fischern entlang der Flüsse Lambayeque, Chicama, Moche und Virú niedergelassen (Abb. 8.1). Ihre hoch stehende Kultur tat sich vor allem in den Pyramidenbauten und in den Gold- und Töpferarbeiten der Mochica kund, einem Volk, das sich während der ersten sieben Jahrhunderte nach Christi Geburt vom Mochefluss aus über das nördliche Küstengebiet ausbreitete. Um mit dem Wachstum der Bevölkerung Schritt zu halten, wurden die landwirtschaftlich nutzbaren Flächen durch Bewässerungsanlagen erweitert. Die Mochica errichteten auch Pyramiden aus Lehmsteinen, die religiösen Zeremonien und als Bestattungsstätten für ihre Herrscher dienten.

8.1 *Bewässerte Flächen und Zentren vorspanischer Kulturen in Nordperu.*

8.2 *Huaca bei Motupe. Die durch die starken El-Niño-Regen verursachten Erosionsschäden an der Lehmpyramide sind deutlich zu erkennen.*

Die Ruinen solcher Monumente, *huacas* genannt, finden sich in den Tälern zwischen dem Piura und dem Nepeña (Abb. 8.2).

Die Mochicazentren wurden immer wieder von Überschwemmungen, Dürrekatastrophen und Erdbeben heimgesucht. Die Auswirkungen der El-Niño-Episoden von 511–12, 546 und 576 beschädigten die Bewässerungsanlagen und Hochfelder, und eine Dürre, die von 592 bis 594 andauerte, trocknete Flussoasen aus und hinterließ ihre Narben in der Landschaft. Nach einer katastrophalen Überschwemmung im Jahr 600 wurde das damalige Hauptzentrum bei Cerro Blanco aufgegeben und ein neues bei Pampa Grande im Lambayequetal, im Hinterland des heutigen Chiclayo, gegründet. Weitere El-Niño-Episoden in den Jahren 612, 650 und 681 hatten verheerende Wirkungen auf die Landwirtschaft und machten einen erneuten Umzug notwendig, und zwar talabwärts nach Sipán. Um 700 wurde auch das Zentrum bei Pampa Grande aufgegeben, da das kultivierte Land versandet war, die Hochfelder und viele Bewässerungskanäle zerstört und die einst fruchtbaren Felder wieder zu Ödland geworden waren.

Um 800 wurden die Mochica von dem Volk der Chimú assimiliert, dessen Hauptstadt Chan Chan nicht weit von der Mündung des Moche, in der Nähe des heutigen Trujillo, lag. Auch dieses Zentrum, das zeitweise bis zu 30 000 Einwohner zählte, blieb von Naturkatastrophen nicht verschont. Ein mächtiger El Niño, der um 1100 starke Verwüstung in den pazifischen Randgebieten und im tropischen Südamerika anrichtete, ist verantwortlich für die Zerstörung der Bewässerungsanlagen und die Überschwemmungen von Batán Grande am Oberen La Leche, die dieses nördliche Chimú-Zentrum unbewohnbar machten. Die Stadt Chotuna im Lambayequetal litt ebenfalls schwer, wurde aber später wieder aufgebaut. Die Abspaltung des neuen Zentrums von Pacatnamu im Jequetepequetal von den Einflüssen sowohl der alten Mochica- wie der neuen Chimúkultur führt Donnan (1987) ebenfalls auf diese Naturkatastrophe zurück.

Der Mega-Niño von 1100 scheint auch anderweitig kulturelle Umbrüche hervorgerufen zu haben, und zwar soll in dieser Zeit eine weitere Gruppe von Polynesiern auf der Osterinsel gelandet sein, und katastrophale Dürren verursachten Einschnitte im Amazonastiefland und löschten die Tiwanakukultur am Ufer des Titicacasees aus.

Ähnliche ökologische Schäden um das Jahr 1300 weisen auf ein großes El-Niño-Ereignis hin, dessen Spuren die Archäologen an der peruanischen Küste entdeckt haben. Damals ging die Chimú-Vorherrschaft in Pacatnamu zu Ende, und mehrere hundert Kilometer weiter südlich in Chincha gab es kulturelle Einbrüche. In der Naturlandschaft und in den Anbaugebieten im Casmatal hinterließ diese Dürre große Schäden. Bewässerungsanlagen und Kanäle wurden in jener Zeit auch durch tektonische Hebungen zerstört (Moseley 1983).

Im Jahr 1470 überrannten die Inka aus dem Inneren Südperus die Chimú und nahmen viele der Kunsthandwerker aus Chan Chan mit in ihre eigene kaiserliche Hauptstadt Cuzco. Als zweites Zentrum wählten sie den Ort Catamarca in der nördlichen Sierra, wo das schicksalhafte Treffen zwischen Pizarro und dem Inka Atahualpa stattfand, das den Untergang dieser alten Hochkultur besiegelte.

Ebenfalls auffallend ist der Umstand, dass aus der Zeit, als die Mochica-Hauptstadt von Cerro Blanco nach Pampa Grande verlegt wurde – zwischen 500 und 700 n. Chr. –, die höchste Zahl von Dürren und Überschwemmungen überliefert ist. Dies ist der Beginn der Mittelalterlichen Wärmeperiode in Europa, während der die Aktivierung des Tropenkreislaufs zu Veränderungen in der Wind- und Wasserzirkulation der großen Meere führte und weltweit die Temperaturen anhob. Interessanterweise finden sich in der wissenschaftlichen Literatur über Klimaschwankungen, kulturelle Veränderungen und Bevölkerungsverschiebungen im prähispanischen Südamerika keine Hinweise auf El-Niño-Vorkommen im 14. Jahrhundert, was wohl mit der Tatsache zusammenhängt, dass der durch die Kleine Eiszeit hervorgerufene weltweite Temperaturrückgang zur damaligen Zeit einsetzte. El Niño kehrte während des Wärmezwischenspiels im frühen 16. Jahrhundert zurück, gerade rechtzeitig, um die spanischen Eroberer in Peru zu „begrüßen".

Der Nachweis von Klimakrisen und kulturellen Umbrüchen in den Flussoasen Nordperus konnte durch Datierungen von Kohlenstoffspuren in Sedimentansammlungen erbracht werden, die Thompson und Mosley-Thompson (1992) in der Quelccaya-Eiskappe in der östlichen Kordillere von Peru durchgeführt hatten. Hier bei 14° südlicher Breite im Altiplano und am Andenknick sehen die Spuren von Dürre- und Feuchteperioden ganz anders aus als in Nordperu zwischen 7° S und 4° S, wo die Winde mehr in zonaler Richtung verlaufen. Die Eiskernbohrungen aus der Huascarán-Eiskappe bei 9° südlicher Breite sind meiner Ansicht nach besser zum Nachweis von prähispanischen Klimakrisen in den Küstenlandschaften Nordperus geeignet, da sie den feuchten Lufteinflüssen aus dem Amazonastiefland unmittelbarer ausgesetzt sind (Thompson et al. 1995). Auch die Klimasequenzen, die sich an den Sedimentablagerungen im Pallcacochasee in den südlichen Anden von Ecuador (4° S) ablesen lassen, liefern bessere Hinweise auf die Umweltkrisen, die den Untergang der Kulturen in Nordperu herbeiführten, denn dort treffen die El-Niño-Effekte direkt vom äquatorialen Pazifik ein. Die Sedimentschichten am Boden dieses Sees, die vor etwa 12 300 Jahren abgelagert wurden, enthalten einen Wechsel von kaltzeitlichen Ablagerungen vom Ende der andinen Glazialzeit zu grobkörnigem Material, wie es typisch für die darauf folgenden Warmzeiten ist (Rodbell et al. 1999). Länger anhaltende El-Niño-Episoden des Postglazials erkennt man an stärkeren und grobkörnigeren Schichten und die zuvor erwähnten Mega-Niños aus prähispanischen Zeiten lassen sich so nachweisen, vor allem diejenigen um 1100, 730 und 500.

Diese umfangreichen Studien erbringen den Beweis für die besondere Stärke der El-Niño-Ereignisse im 11. Jahrhundert und damit die Erklärung für deren Auslösen von kulturellen Umbrüchen und massiven Bevölkerungsbewegungen in Südamerika und im Südpazifik.

Spuren im Eis und in den Seen der Anden

Die Suche nach vorhistorischen El Niños in Südamerika führte uns zunächst in den Norden von Peru, in die Region, aus der die meisten Fälle von kulturellen Umbrüchen infolge von ENSO-Auswirkungen bekannt sind. Archäologisches Beweismaterial und absolute sowie auch relative Datierungstechniken erlauben, die Zeiten extremer Feuchtigkeit und katastrophaler Dürren mit Sicherheit zu bestimmen und anhand geochronologischer Reihen frühere El-Niño-Ereignisse zu identifizieren. Dabei gibt es in Südamerika und den pazifischen Randgebieten nur wenige Gebiete, an denen die so festgestellten Klimaschwankungen und die damit verbundenen kulturellen Veränderungen mit solcher Klarheit und in solch relativer Isolierung von anderen Umweltfaktoren stattfanden wie auf dem Hochplateau des Altiplano.

Schon seit der Erkenntnis, dass die Ufer des Titicacasees die Wiege der frühsten organisierten Gesellschaften in den Anden und der Ausgangspunkt der Kultur der Tiwanakus – der Vorfahren der Inkas – waren, haben Geowissenschaftler und Archäologen die Auswirkungen von Klimakrisen auf die Bevölkerung an diesem wichtigen kulturellen Knotenpunkt Südamerikas studiert. Angezogen von dem Wasserreichtum der Gegend und den zahlreichen Guanacoherden (wilde Lamas), kamen die ersten Sammler- und Jägergruppen vor etwa 18 000 Jahren in den Altiplano, wo aus den Schmelzwässern der östlichen Kordillere ein Seensystem entstanden war, das sich von den südperuanischen Anden bis nach Nordchile und Nordwestargentinien erstreckte (Abb. 4.4). Als dann aber das Klima am westlichen Knick Südamerikas trockener wurde – wohl als Folge der Stabilisierung des kalten Humboldtstroms und des pazifischen Windsystems –, setzte in der Seenlandschaft ein Austrocknungsprozess ein. Verbindungen zwischen den einzelnen Seen verlandeten; von den seichteren sind heute nur noch Salzpfannen übrig – wie zum Beispiel der Coipasa und der Uyuni – und die großen Seen – der trübe Poopo und der klare Titicaca – schrumpfen immer noch. Schon die Naturforscher des 19. Jahrhunderts, denen hoch über dem Titicacasee die Reste alter Küstenlinien auffielen, vermuteten, dass das Klima im Altiplano früher feuchter war und die Seen größere Flächen eingenommen hatten. Pioniere unter den Archäologen – wie Max Uhle – spekulierten, dass die heute aride Landschaft bei solch feuchten Witterungsverhältnissen eine viel dichtere Bevölkerung und blühende Kulturen hätte tragen können.

Die frühen spanischen Chronisten sprachen davon, dass der Seespiegel des Titicaca zur Zeit der Tiwanaku-Hochkultur bis zu 30 m höher gelegen sei, doch dies scheint übertrieben. Ebenso ist die Vermutung, dass das heute etwa 20 Kilometer vom See entfernte Tiwanakuzentrum früher direkt am Seeufer gelegen habe, schwer zu beweisen. Auf alle Fälle steht außer Zweifel, dass der Rückgang im Altiplano-Wasserhaushalt zu tief einschneidenden kulturellen Veränderungen im Titicacabecken geführt hat.

In jüngster Zeit haben die Forscher Mark Abbot et al. (1997) und Paul A. Baker et al. (2001) die Zusammenhänge zwischen Seespiegelschwankungen im Titicacasee und den Hauptklimaschwankungen in den Mittleren Anden untersucht. Abbots Sedimentbohrungen deuten auf längere Trockenperioden schon vor 3500 bis 3350 Jahren hin, dann wieder um 900–800 und 400–200 v. Chr., zwischen Chr. G. und 300 n. Chr. und schließlich von 1100 bis 1500. Da heute die Trockenepisoden im Altiplano mit El-Niño-Entwicklungen im tropischen Pazifik gekoppelt sind (wie in Kapitel 4 erklärt), ist die Vermutung angebracht, dass diese lang anhaltenden Trockenzeiten die Folge von Mega-Niños im Pazifik waren. Bakers Forschung befasst sich mit den langzeitlichen Niederschlagsveränderungen im Titicacabecken während der letzten 25 000 Jahre im Zusammenhang mit Temperaturschwankungen im tropischen Nordatlantik. Tatsächlich gelang ihm der Nachweis, dass die Niederschläge im Altiplano und über dem Amazonasbecken während der Kaltwasserperioden in diesem fernen Meer deutlich zugenommen hatten. Dass der tropische Atlantik sich abkühlt, wenn der tropische Pazifik sich erwärmt, ist gar nicht so abwegig. Das Merkwürdige ist nur, dass in Bakers Arbeit keinerlei Pazifikeinflüsse erwähnt werden, obwohl das Westufer des Titicacasees nur 300 km von diesem Ozean entfernt liegt.

Als in den 1980er Jahren immer deutlicher wurde, dass der Pazifik die Klimavariabilität im tropischen Südamerika stark beeinflusst und dass während El-Niño-Ereignissen östlich der Anden Trockenheit herrscht, begannen die Glaziologen mit der Suche nach Spuren von früheren El Niños in der Ostkordillere von Südperu, die ihre Feuchtigkeit aus den Tiefländern von Bolivien und Brasilien bezieht. In den Eisbohrkernen der Quelccaya-Eiskappe im Süden Perus fanden Lonnie Thompson und seine Mitarbeiter mehr dünne Eisschichten mit größeren Mengen von Staubpartikeln und weniger Sauerstoffisotopen als im Huascarán-Gletscher im Norden Perus, also Hinweise auf Perioden trockenerer atmosphärischer Verhältnisse. Analog zu der heute herrschenden Luftzirkulation interpretierten die Forscher die durch die dünnen Schichten angezeigten Trockenperioden als Echos von El-Niño-Ereignissen im tropischen Pazifik und die dickeren Eisschichten mit den geringeren Mengen an Staubpartikeln und reichlich Sauerstoffisotopen als Echos von Nicht-El-Niño-Jahren, wenn die starken Ostwinde Feuchtigkeit herantrugen. Anhand weiterer Eiskernbohrungen am Sajama-

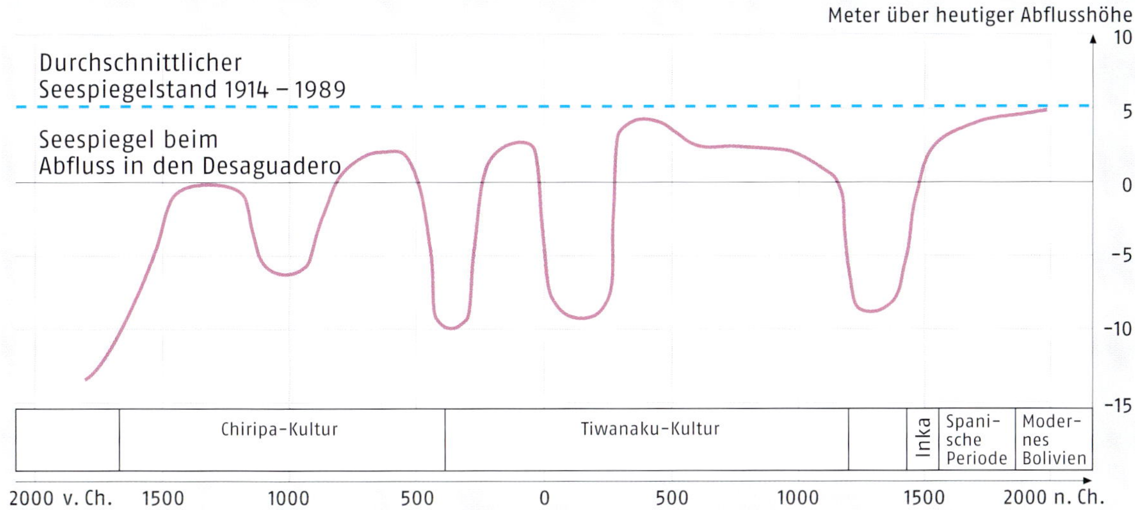

8.3 *Die Schwankungen des Seespiegels am Titicacasee im Laufe der letzten 4000 Jahre. Die jeweiligen Kulturperioden sind am unteren Rand eingetragen. Entnommen aus Abbott et al. 1997.*

Gletscher im Westen Boliviens konnte der Wechsel von feuchten und trockenen Klimaperioden bis vor 1500 Jahren nachgewiesen werden. Aus diesen Funden ließ sich auch schließen, dass die starken Rückgänge im Wasserstand des Titicacasees während länger anhaltender Trockenperioden um 524–40, 563–94 und 1100–1450 stattfanden und dass die stärkeren Niederschläge um 536–645 und von 1500 bis 1700 – das heißt während der feuchteren und kühleren Klimabedingungen der Kleinen Eiszeit – den Wasserstand wieder angehoben haben (Thompson et al. 1998).

Diese Untersuchungen lieferten auch weitere Beweise für die Rolle, die das globale ENSO-Phänomen im tropischen Pazifik bei den kulturellen Veränderungen im Altiplano und in den südlichen Sierras von Peru gespielt hat. Michael W. Binford und seine Mitarbeiter (1997) verfeinerten die grobe Chronologie, die Thompson anhand seiner Eiskernbohrungen aufgestellt hatte, durch Untersuchungen der Sedimente am Ufer des Titicacasees und zogen Rückschlüsse auf die kulturelle Entwicklung in der Gegend. Sie sind der Ansicht, dass man vor 1500 v. Chr. wegen der im Altiplano herrschenden Trockenheit – die sich in niedrigeren Seespiegelniveaus nachweisen ließ – keine extensive Landwirtschaft entwickeln konnte, dass aber während späterer Feuchteperioden – die sich in höheren Seespiegelniveaus zeigten (Abb. 8.3) – die Ackerbaugemeinden der Chiripá die umherstreifenden Jäger- und Hirtengruppen aus der vorangegangenen Trockenzeit verdrängten und sich am Rand des Sees niederließen. Nach einer trockenen Phase zu Beginn unserer Zeitrechnung, die die Überlebenschancen der aufstrebenden Tiwanakukultur in Frage stellte, nahm die Feuchtigkeit wieder zu und zwischen 350 und 500 wurde der Hochfeldbau eingeführt. Der Vorteil der zu diesem Zweck aufgeworfenen Erdhügel sind gute Lüftung und Drainage, die drastische Temperaturabstürze verhindern. Die Technik wurde während der Hochzeit der Tiwanakus genutzt und als diese sich über den Altiplano hinaus ausdehnten, schätzungsweise von 600 bis 1100. Der Niedergang der Kultur scheint gegen Ende des 12. Jahrhunderts durch eine extreme Dürre ausgelöst worden zu sein, die auch im Amazonasbecken und in den Küstenebenen der Karibik zu spüren war, während im östlichen Pazifik um diese Zeit die polynesischen Kundschafter auf der Osterinsel landeten.

Zwar sind im Altiplano Seespiegelanstiege zwischen 1230 und 1300 infolge feuchter Perioden nachgewiesen – zu der Zeit, als sich auf der Nordhalbkugel die ersten Anzeichen einer Abkühlung bemerkbar machten –, generell aber gelten die Jahre von 1100 bis 1450 als eine Zeit der Trockenheit, die für den Niedergang der Tiwanakukultur und die Umsiedlung der Führungselite in das Hochland von Cuzco verantwortlich gemacht wird. Als die Spanier den Altiplano zum ersten Mal sahen, wirkte die ländliche Bevölkerung recht heruntergekommen, obwohl sich infolge des Feuchtigkeitsanstiegs im Zusammenhang mit dem Beginn der Kleinen Eiszeit neue Seen auf dem Altiplano gebildet hatten. Die Spanier nannten den Altiplano sogar „Provinz der Charcas", wobei *charca* „flacher Teich" bedeutet.

Im folgenden Abschnitt steigen wir nun hinab von den zentralen Hochregionen in das tropische Flachland östlich der Anden, um den Effekt der prähistorischen El Niños auf diese Region und ihre Kulturen zu untersuchen.

Rückschläge im prähistorischen Amazonien

Auf die Auswirkungen von Regenanomalien während ENSO-Ereignissen in anderen Regionen Südamerikas wurde man erst im Zusammenhang mit El Niño 1972–73 aufmerksam. Mir fielen damals bei einer Analyse der monatlichen Regenvariabilitäten in den tropischen Flachländern östlich der Anden die Werte für Uaupés (dem heutigen Cachoeira de São Gabriel) auf. Diese Station an den ersten Stromschnellen des in den östlichen Anden von Kolumbien entspringenden Uaupés spiegelte recht genau Niederschlagsrückgänge während El-Niño-Jahren und -zunahmen während nachgewiesener La-Niña-Jahre wider. Auch bei den Daten der beiden folgenden El-Niño-Ereignisse von 1982–83 und 1992–94 und in längeren Niederschlagsreihen von verschiedenen anderen Stationen im Amazonasbecken zeigte sich, dass der größte Teil des Gebietes mit einem Niederschlagsrückgang auf warme ENSO-Episoden im tropischen Pazifik reagiert.

Die Umweltschäden, die wir bei den heutigen Klimaanomalien beobachten, lassen Rückschlüsse auf die Auswirkungen von früheren Mega-Niños auf die Kulturen im Amazonasbecken zu, und mit Hilfe der C^{14}-Methode kann man die entsprechenden Dürren datieren.

Betty Meggers am Smithsonian Institute hat Zusammenhänge entdeckt zwischen El-Niño-bedingten Dürren im Amazonasbecken sowie in anderen tropischen Gebieten östlich der Anden und periodischen Umsiedlungen sowie kulturellen Einbrüchen bei Eingeborenenpopulationen während der beiden letzten Jahrtausende (Meggers 1994a). Die lebensbedrohlichen Dürren, die sich auch in Pollenprofilen aus anderen tropischen Standorten nachweisen lassen, müssen das Resultat von Klimaschwankungen gewesen sein, die unseren heutigen Krisen ähneln, denn wirklich einschneidende Klimaveränderungen hat es im Amazonasbecken in den letzten 6000 Jahren nicht gegeben (Colinvaux und Oliveira 2000). Die gleichen ökologischen Schäden, die man im Regenwald und in der subhumiden Savanne während der jüngsten El-Niño-Ereignisse feststellen konnte, müssen auch der damaligen Bevölkerung zu schaffen gemacht haben: Die Agrarproduktivität ging zurück, das Angebot an Wild und Fisch schrumpfte und der natürliche Wald ebenso wie die Anbauflächen wurden bei Trockenheit von Bränden heimgesucht.

Anhand der immerhin recht zuverlässigen Pollenchronologien in Kombination mit der absoluten C^{14}-Datierungstechnik hat man am Rand des Amazonasbeckens Gebiete entdeckt, in denen es zeitweise zur Überschneidung von Wäldern und Savannen kam, und zwar um 1500, 1200, 700 und 400 vor der Gegenwart (Bush 1991). Betty Meggers ist der Ansicht, dass dies während Dürreperioden geschah, die durch Mega-Niños verursacht wurden, welche ebenfalls in abrupten Einbrüchen (*discontinuities*) in den archäologischen Sequenzen im Amazonasbecken und in umliegenden Landschaften nachweisbar sind. Meggers benutzt den Ausdruck „discontinuities" in mehrfacher Bedeutung. Einmal ist es die Beendigung oder Unterbrechung der Besiedlung eines Ortes, ein anderes Mal meint sie damit Veränderungen im Stil von materiellen Kulturelementen, besonders in der Keramik, welche den Einfluss von anderen Stämmen oder Anregungen von außen vermuten lassen. Auch sprachliche Verzweigung ist ihrer Meinung nach oft ein Anzeichen dafür, dass ein Volk wegen einer Klimakrise auf Wanderschaft gehen musste, und so werden wir auch dieses Kriterium in die Diskussion aufnehmen.

Die Vielfältigkeit der Sprachen in dem weiten, aber doch immerhin recht homogenen Naturgebiet des Amazonas ist erstaunlich und zeugt von häufigen Umsiedlungen, von *Dekulturation* (Zusammenstoß mit fremden Kulturen, nicht zuletzt der spanischen und portugiesischen) und von genetischen und kulturellen Vermischungen. Bei ihren Untersuchungen der räumlichen Verbreitung der Gé-Pano-Karibischen Sprachen (Abb. 8.4) fanden einige Sprachwissenschaftler die ersten Differenzierungsansätze vor etwa 5000 Jahren, und die jüngsten um 1500, 1000 und 700–500 vor der Gegenwart, und zwar vor allem in den oben erwähnten Übergangszonen zwischen Regenwald und tropischem Grasland, für die Klimakrisen nachgewiesen sind. In Folge solcher Krisen zersplitterte die vorher einheitliche Bevölkerung der Regionen und wurde immer isolierter.

In der Keramik dieser Völker zeigen sich abrupte Brüche mit alten Traditionen oder auch ein allmähliches Aufnehmen von neuen Mustern und Techniken – Anzeichen des Zusammenbruchs der ursprünglichen Gemeinschaften und ihrer Assimilierung durch Neuankömmlinge. Meggers (1994b) identifizierte solche Diskontinuitäten in der Keramik von Stämmen am Amazonasrand, in den Llanos de Mojos im Osten Boliviens, auf der Insel Marajó am Unterlauf des Amazonas und auch entlang einiger größerer Nebenflüsse. Im karibischen Bereich fanden sich weitere Beispiele von Diskontinuität in den keramischen Traditionen infolge von Klimakrisen, die die Völker dazu zwangen, auf Nahrungssuche zu gehen und ihre alten Wohnstätten zeitweilig oder endgültig aufzugeben. Diese Forschungsergebnisse aus der materiellen Kultur steuern weitere Beweise für das periodische Auftreten von Regendefiziten nördlich des Amazonasbeckens bei, ähnlich denen, die heute als von El Niños verursacht gelten. In der Nähe des Orinoco kam es zu kulturellen Diskontinuitäten und der Aufgabe von Siedlungen allem Anschein nach zur Zeit von Mega-Niños um 1500, 1000 und 700 vor der Gegenwart. Ein deutlicher Beweis dafür, dass die Mega-Niños mit ihren Dürren ökologische Engpässe schufen, ist die Tatsache, dass Bevölkerungsgruppen aus dem Inland in Küstennähe umsiedelten, wo sie lernten, statt ihrer traditionellen Nahrungsquellen – wie Wild, Geflügel und Beeren – die Ressourcen des Meeres zu nutzen. Auch im Norden Kolumbiens stieß man auf Beweise dafür, dass zur Zeit der Mega-Niños vor 1000, 700 und 500 Jahren Siedlungsplätze aufgegeben und später von Gruppen mit andersartigen keramischen Traditionen wieder neu genutzt wurden, und zwar am San-Jorge-Fluss und bei Carrizal im karibischen Küstensumpfland.

Die in Verbindung mit Mega-Niños der Vergangenheit aufgetretenen Dürren konnten auch anhand von Pollenanalysen identifiziert werden, die Anzeichen für riesige Flächenbrände im Amazonasbecken um 1200, 1000 und 400 lieferten. Diese Waldbrände kann man sich ähnlich vorstellen wie die vom Jahr 1912 (im Anschluss an die ENSO-Episode von 1911), als am Río Negro Hunderte von Kautschuksammlern umkamen, oder wie die Brände, die 1926 (im Anschluss an den großen El Niño von 1925) einen ganzen Monat lang tobten; oder schließlich wie die, die Anfang 1940 im Zusammenhang mit dem anhaltenden warmen ENSO-Ereignis von 1940–42 ausbrachen. Während El Niño 1972–73 wurden die Felder der Yanomami-Indianer im Süden Venezuelas mehrfach von Feuer zerstört und die Eingeborenen sahen sich gezwungen, ihre Dörfer zu verlassen und die Sammel- und Jagdgewohnheiten ihrer nomadischen Vorfahren wieder aufzunehmen. Schließlich

8.4 *Verbreitung der Hauptsprachen in den tropischen Tiefländern Südamerikas. Nach Meggers 1994.*

bei San Carlos (ebenfalls im Süden Venezuelas), wo zur Zeit des großen El Niño 1982–83 auch riesige Flächenbrände tobten, interpretierte Meggers die Funde von Holzkohlenüberresten tief im Boden als den Nachweis für ausgedehnte Waldbrände während prähistorischer El Niños.

Die frühere Anspielung auf die Landung polynesischer Seefahrer auf der Osterinsel kam nicht von ungefähr, sondern erfolgte in Vorbereitung auf den nächsten Abschnitt, in dem die Auswirkungen von prähistorischen Mega-Niños im südlichen Pazifik untersucht werden.

Die Westwinde und die Besiedelung des Südpazifiks durch die Polynesier

Ben Finney ist ein engagierter Anthropologe an der Universität von Hawaii, der den Dingen auf den Grund geht. Unter anderem wollte er herausfinden, wie es die polynesischen Seefahrer in der Vorzeit bewerkstelligt hatten, von ihrer Urheimat aus die riesigen Weiten des Ozeans zu überwinden und schließlich auf Hawaii Fuß zu fassen.

Der akademischen Theorien müde engagierte er 1976 eine Gruppe von Hawaiianern für den Bau eines Doppelkanus in der Tradition ihrer Vorfahren, um mit deren überlieferten Navigationskenntnissen von Hawaii nach Tahiti zu segeln. Um die 5370 km lange Strecke zu bewältigen, nutzte die *Hokule'a* zunächst die Nordostpassate, lag aber dann in der äquatorialen Kalmenzone eine Woche lang fest. Tahiti erreichte sie nach 32 Tagen, indem sie in der südlichen Hemisphäre schräg zum Südostpassat segelte. Die Rückreise dauerte nur 22 Tage, da sie diesmal schneller durch die Kalmenzone kamen und eine Periode beständiger Passate nutzen konnten (Finney 1977). Das gelungene Abenteuer erbrachte den Beweis, dass die frühen Polynesier mit Kanus gegen den Wind segeln konnten, und ermutigte Finneys Mannschaft zu einem weiteren Abenteuer am Ende des Jahres 1985, und zwar im Südpazifik.

Mit dieser Reise sollte die faktische Bestätigung für eine mündliche Überlieferung auf Neuseelands Nordinsel erbracht werden, dass nämlich die Vorfahren der Maori von Hawaiki (Tahiti) über die Cookinsel Rarotonga gekommen seien. Auch sollte die Sprachverwandtschaft zwischen den beiden Inselgruppen überprüft werden. Am 22. November 1985 startete die Hokule'a aus Rarotonga und geriet mitten in die Unwetter, die während des südhemisphärischen Sommers über dem warmen Pazifik entstehen (Abb. 8.5). Trotzdem trafen sie dank der anschließenden Ostwinde und Südostpassate, unter deren Einfluss sie anschließend gerieten, schon am 8. Dezember auf Aotearoa, der Nordinsel Neuseelands ein (Bayaban et al. 1987). Damit war bewiesen, dass sich erfahrene Seefahrer mit Hilfe der Winde im Südpazifik recht wohl zwischen den Inseln von Ostpolynesien bewegen konnten.

An diesem Punkt wollen wir uns näher mit der faszinierenden Frage der Entdeckung und Besiedlung der im Pazifik so weit verstreuten Inseln befassen. Als Erstes wurden im dritten Jahrtausend v. Chr. die westlichen Inseln wahrscheinlich von Küstenbewohnern der malaiischen Halbinsel besiedelt. Um 1500 v. Chr. waren diese Proto-Polynesier – die Vorfahren der heutigen Südseevölker – auch auf der Inselkette östlich von Neuguinea, in Melanesien zu finden, und 200 Jahre später scheinen sie die Fidschi-Inseln erreicht zu haben. In weiteren „Sprüngen" von Insel zu Insel kolonisierten sie den Tonga-Archipel und Samoa um 1000 v. Chr. Die größeren und ressourcenreicheren Inseln von Samoa wurden nun zum Kern des polynesischen Kulturraums, dessen wagemutige Seefahrer weiterhin auf Erkundungsfahrten gingen und so im Norden auf Hawaii, im Südosten auf Rarotonga und Aotearoa und im Westen auf Tahiti und die Marquesas-Inseln stießen.

Zu Beginn unserer Ära scheint der Bevölkerungsdruck ein erneuter Anstoß für Entdeckungsreisen gewesen zu sein. Die Polynesier bauten inzwischen bis zu 18 m lange, oft zweistöckige Doppelkanus mit riesigen Segeln, die erstaunlich manövrierfähig waren. Den ersten europäischen Seefahrern im Südpazifik, unter ihnen François la Pérouse und James Cook, begegneten ganze Flotten dieser Transporter für Menschen und Güter.

In Anbetracht des beeindruckenden seefahrerischen Geschicks der Polynesier ist die früher oft vertretene Ansicht, die Neuentdeckung von Inseln im Pazifik sei meist reiner Zufall gewesen, nicht mehr vertretbar. Auch existierten zwingende Gründe für die Entdeckungsreisen: Die rasche Bevölkerungszunahme auf Inseln mit begrenztem Raum und Ressourcen führte nämlich zu Überlebenskämpfen, deren Verlierer die Heimat verlassen mussten. Für die Reise ins Ungewisse wählte man kräftige junge Menschen und füllte ihre Kanus oder Doppelkanus mit Taro, Yams, Kokosnüssen, Süßkartoffeln, Kürbissen – als Essgeschirr –, Hühnern und südasiatischen Schweinen.

Die frühen europäischen Navigatoren priesen das Geschick der Polynesier beim Sternelesen, ihre Vertrautheit mit den Elementen sowie ihre Fähigkeit, das Wetter korrekt vorauszusagen. Diese traditionellen Seefahrer lasen im Aussehen des Meeres und im Gebaren von Wind und Wellen, von Seevögeln, Fischen, Schildkröten und Meeressäugern wie in einem offenen Buch. Sie segelten nicht nur mit dem Wind, sondern kamen auch gegen den Wind voran – wie von Ben Finney mit viel Zeitaufwand und unter dem Einsatz aller Energien nachvollzogen wurde. Im Hinblick auf solch eine Expertise kann man ruhig sagen, dass dem Entdeckungstrieb der Polynesier nicht die Weite des Ozeans, sondern nur die Anzahl der aufzuspürenden Inseln Grenzen setzte.

Während seiner 2640 km langen Reise von Rarotonga zur Nordinsel von Neuseeland im Frühsommer 1985 erlebte Finney aus erster Hand die Macht der ständig wehenden Ostwinde in diesem Teil des Südpazifiks und fragte sich, wie frühere Seefahrer gegen solche Winde vorwärts gekommen sein mochten. Dazu liegen die meisten der bewohnten Inseln östlich von Samoa und den Gesellschaftsinseln in einem Teil des Pazifiks, in dem die vorherrschenden Passate und äquatorialen Ostwinde noch stärker und stetiger wehen als auf der von

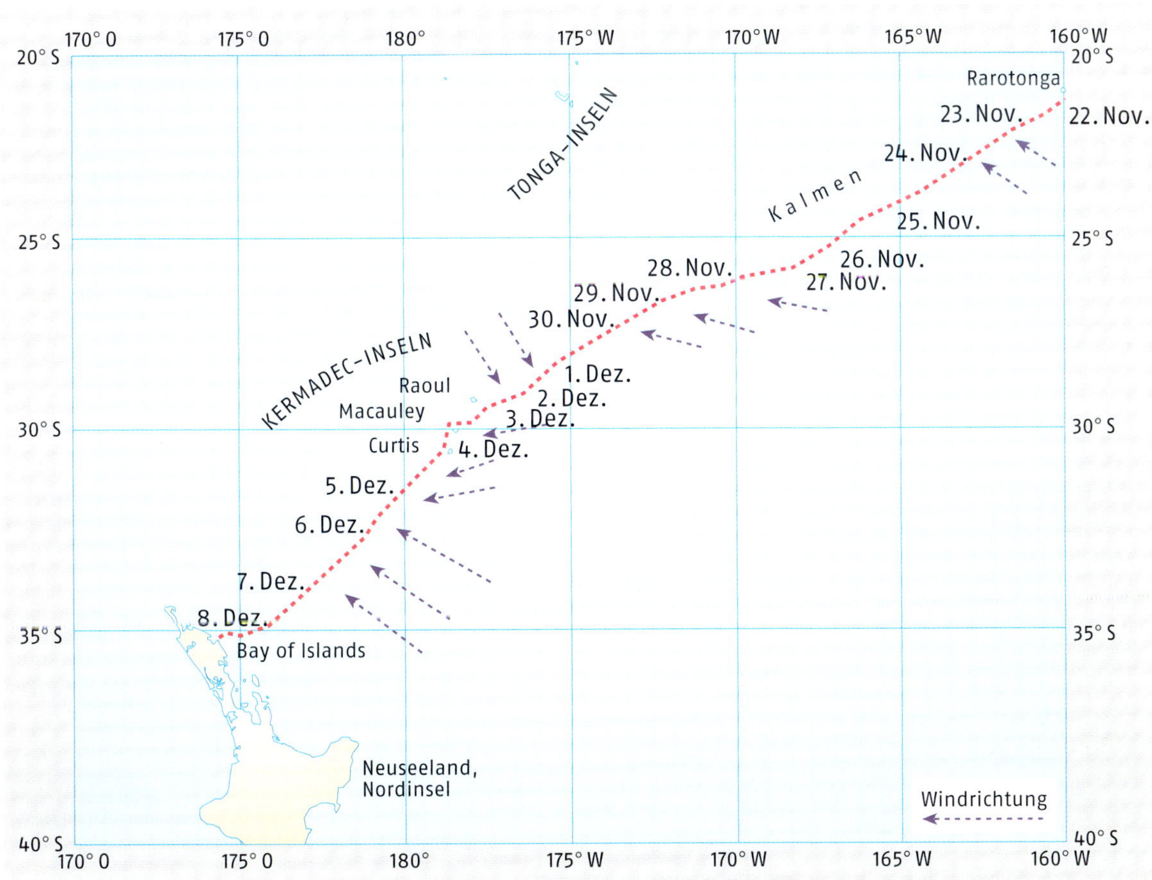

8.5 *Route der Hokule'a von Rarotonga nach Neuseeland, 1985. Nach Bayaban et al. 1987.*

ihm bezwungenen Strecke. Er kam schließlich zu der Überzeugung, dass die Entdeckung und Kolonisation von östlichen Inseln wie den Marquesas und den Tuamotus nur in Jahren möglich gewesen sein konnte, in denen eine zeitweilige Umkehrung in der Windrichtung (von West nach Ost) stattfand – und dies geschieht, wenn El Niño vor der Küste von Südamerika auftritt.

Um seine Theorie zu beweisen, unternahm Finney noch eine weitere Reise mit der *Hokule'a*, und zwar von Samoa nach Tahiti. Er wählte den südlichen Winter von 1986, ohne zu wissen, dass damals gerade ein schwacher El Niño im Südpazifik in Gang kam. Zwar ist Winter nicht gerade die Jahreszeit, in der sich El Niño in all seiner Stärke bemerkbar macht, aber immerhin wurden die beständigen Südostpassate von einigen wandernden Tiefs unterbrochen und die dann wehenden Westwinde ermöglichten es ihm, die ersten 650 Seemeilen zwischen Samoa und der Cookinsel Aitutaki in nur neun Tagen hinter sich zu bringen (Abb. 8.6). Die zweite Teilstrecke wurde Anfang August unter normalen Windbedingungen unternommen: Die Südostpassate trieben die *Hokule'a* in Richtung Rarotonga. Die nächste Unterbrechung in den Ostwinden setzte gegen Ende des südlichen Winters ein und jetzt konnten die letzten 720 Seemeilen nach Tahiti in Angriff genommen werden. Diesmal waren die Westwinde, die den wandernden Tiefs entströmten, so stark, dass sich die Mannschaft schon eine Woche später bei der Insel Mehetia, 80 Meilen jenseits von ihrem Ziel, befand: Ein Glück, dass die nächste Südostpassatphase sie nach Tahiti zurückbrachte! Auf alle Fälle war mit der Überwindung von 720 Seemeilen im unbekannten offenen Meer innerhalb von achteinhalb Tagen eine Rekordleistung vollbracht worden, wie sie in normalen Jahren nicht möglich gewesen wäre.

Ben Finneys moderne polynesische Navigatoren gerieten auf ihrer Seefahrt in Situationen, die ihre Vorfahren mit großer Wahrscheinlichkeit bestens auszunutzen gewusst hätten. Mehrmals zum Beispiel sahen sie Seetang vorbeitreiben, was den alten Polynesiern die Nähe von Land angezeigt hätte. Ebenso das Auftauchen von Tölpeln oder weißen Seeschwalben, Vögel, die sich von ihren Nistplätzen an der Küste weit übers Meer hinauswagen

8.6 *Route der Hokule'a von Samoa nach Tahiti, 1986. Nach Finney et al. 1989.*

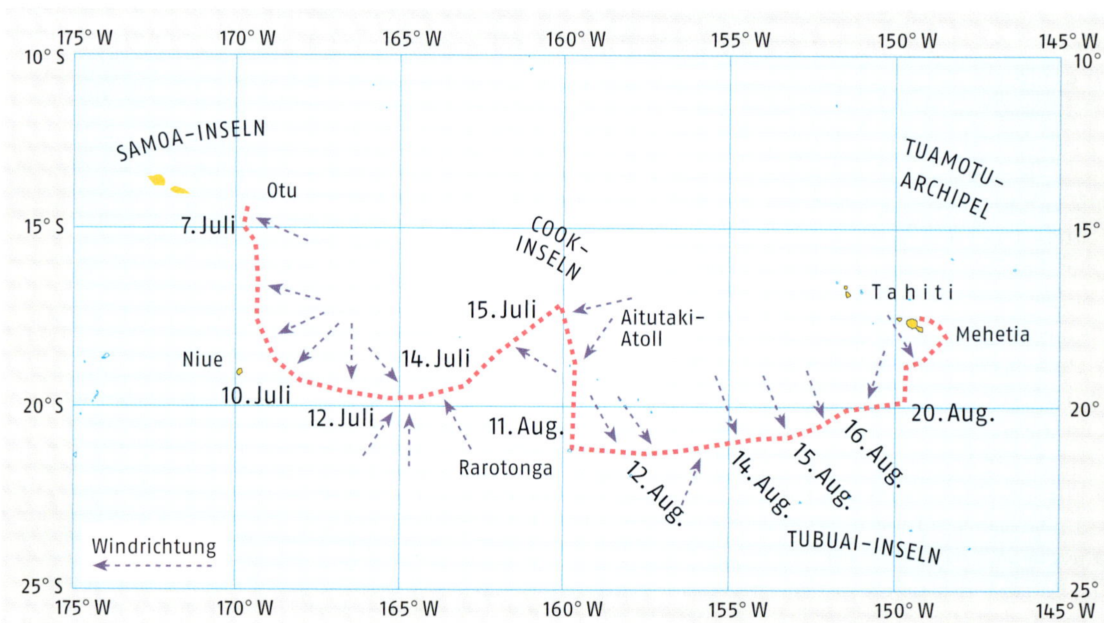

8.7 *Wolkenkrone über der Insel Moorea, Gesellschaftsinseln. Wenn Meereswinde auf eine Landmasse stoßen, bilden sich bei ihrem Aufstieg Wolken. Diese halfen den frühen Seefahrern, schon aus weiter Ferne die Lage einer Insel zu erkennen.*

und deren Morgen- und Abendrouten wegweisend sind. Die modernen polynesischen Seefahrer können auch immer noch aus bestimmten Wellenmustern auf das Vorhandensein einer Insel oder eines Felsenriffs weit jenseits des Horizonts schließen.

Ein weiterer Umstand half den frühen Polynesiern bei der Entdeckung von Neuland. Die kleineren Inseln im Pazifik sind entweder vulkanischen Ursprungs oder es handelt sich um Koralleninseln, die Atolle. Letztere bestehen aus niedrigen Korallenriffen, die sich um malerische Lagunen gruppieren. Auf den nährstoffarmen Sandböden dieser nur wenige Meter über dem Meeresspiegel gelegenen Inseln wachsen meist Kokospalmen und anspruchslose Knollengewächse; auf alle Fälle ist die Anbaufläche gering, da das Innere der Insel ja von der Lagune eingenommen wird. Bei vulkanischen Inseln hingegen handelt es sich um die Spitzen von erloschenen Vulkanen oder um die Hälse von Lavapfropfen, deren bizarre Formen für die exotische Schönheit von Inseln wie Bora-Bora, Tahiti, Moorea oder den Marquesas verantwortlich sind. Wegen ihrer größeren Landmasse erwärmen sich die Vulkaninseln während des Tages und ziehen dadurch feuchte Winde vom Meer an, die, wenn sie über der Insel aufsteigen, charakteristisch geformte Wolkenfahnen bilden. Diese sichtet der Seefahrer, lange bevor die Insel selbst am Horizont auftaucht (Abb. 8.7). Die vulkanischen Inseln genießen den weiteren Vorteil, dass sie durch die ständig vom Meer her wehenden Winde mit reichlich Regen versorgt werden, der die zahlreichen Bäche auffüllt und die sowieso besonders fruchtbare Vulkanerde bestens durchfeuchtet. Die Kombination von ertragreichen Böden und hohen Bäumen ist die Grundlage für das Argument, dass die meisten frühen Kolonisten von vulkanischen und nicht von Koralleninseln kamen, denn die hohen Bäume, deren Holz zum Bau der großen Kanus gebraucht wurde, gab es auf den niedrigen Inseln nicht. Die Stämme der Kokospalmen, die auf den Koralleninseln wachsen, eignen sich einfach nicht zum Bau von seetüchtigen Wasserfahrzeugen, höchstens von kurzlebigen Flößen.

Im nächsten Abschnitt wird von der Besiedelung der Osterinsel erzählt, auf der trotz ihres vulkanischen Ursprungs aus klimatischen und ökologischen Gründen niemals größere Baumarten gewachsen sind.

Die faszinierende Entdeckung von Rapa Nui – dem Nabel der Welt

Die Osterinsel (Abb. 8.8) ist die isolierteste bewohnte Insel der Welt. Sie liegt 1600 km von der nächsten Insel – Ducie im Tuamotu-Archipel – im Westen und 2800 km entfernt von der Westküste Südamerikas im Osten. Sie hat die Form eines Dreiecks von 21 km und 8 km Seitenlänge mit vulkanischen Erhebungen an allen drei Ecken, deren höchste Maunga Terevaka mit 445 m ist. Dass diese kleine Insel in den ungeheuren Weiten der Südsee überhaupt entdeckt wurde, ist eine der großen Leistungen der Menschheit. Ihre Lage im Bereich der äquatorialen Ostwinde und der Südostpassate sowie östlicher Meeresströmungen muss eine Annäherung von Westen her vor der Einführung von Dampfschiffen sehr schwierig gemacht haben.

Im Dezember des Jahres 1978 saß ich im Flugzeug zwischen der Osterinsel und Tahiti und grübelte über dieses Problem nach. Auch ohne Finneys Segelerfahrungen zu besitzen, sah ich nur eine Möglichkeit für die Segelschiffe früherer Zeiten, die Osterinsel von Westen her zu erreichen: mit Hilfe von westlichen Wind- und Meeresströmungen, wie sie in El-Niño-Jahren stattfinden.

Aber der tatsächliche Beweis für die Umkehrung der gewöhnlichen Luft- und Meereszirkula-

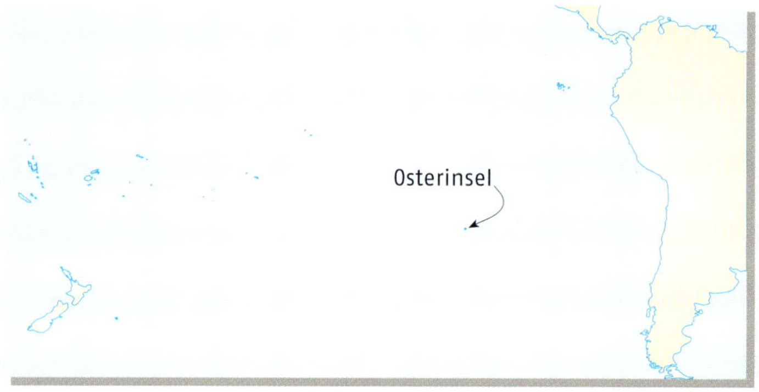

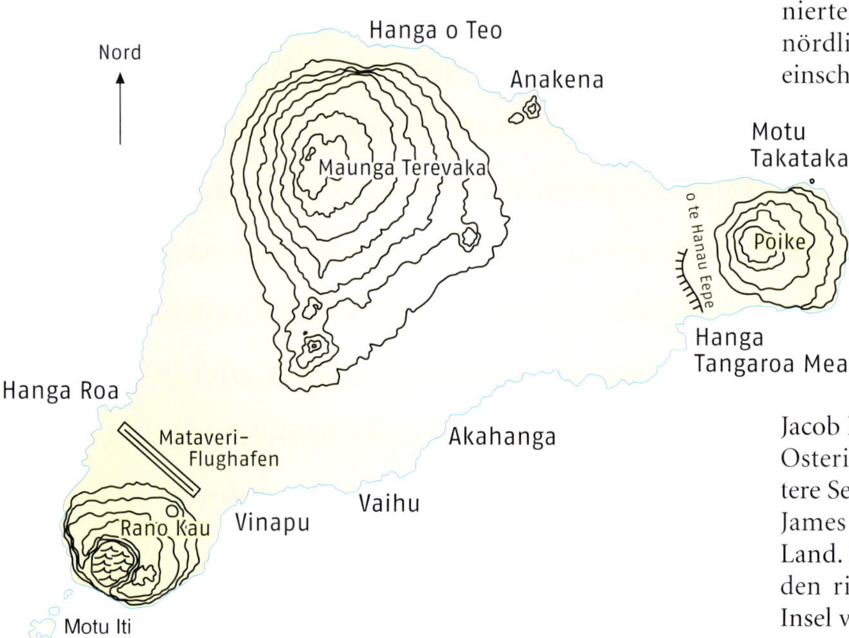

8.8 *Die Osterinsel mit den drei Gipfeln der Insel sowie dem Mataveri-Flughafen.*

tion in diesem Teil des Pazifiks musste erst noch erbracht werden. In den 1960er Jahren hatten die Amerikaner eine Satellitensteuerungsstation auf der Osterinsel eingerichtet und seit Anfang der 1970er Jahre ermöglichte die ausgebaute Landebahn bei Mataveri die Zwischenlandung von Jets auf ihrem Flug von Santiago de Chile nach Melbourne, Australien. Die dort zur Sicherheit des Flugverkehrs durchgeführten Luftmessungen würden eine Überprüfung meiner These erlauben, doch es dauerte bis 1986, bis ich endlich die alle sechs Stunden aufgenommenen Werte von Mataveri in Händen hielt. Mit diesen Windgeschwindigkeits- und Windrichtungsreihen erstellte mein Kollege Peter Waylen Windrosen und Häufigkeitsdiagramme in Computeranimation, die die Vorherrschaft von Winden aus dem Südosten für die normalen Jahre bestätigten. Uns jedoch interessierten speziell die Windverhältnisse von 1982–83. Während dieses stärksten El-Niño-Ereignisses des 20. Jahrhunderts herrschten zu Beginn des Jahres die gewöhnlichen Ost- und Südostwinde. Die ersten Strömungen aus Nordwesten tauchten Anfang April auf (Windstärke 20 Knoten). Ab Mai befanden sich die beiden Windlagen in stetigem Wechsel, wobei die Nordwestwinde ständig zunahmen, bis sie im August maximale Geschwindigkeiten von über 25 Knoten und eine Dauer bis zu fünf Wochen erreichten. Die Winde aus Nord und Nordwest dominierten weiterhin, bis sich ab November wieder nördliche, nordöstliche und östliche Windlagen einschoben. Erst im Mai 1983 hatte sich die übliche Südostwindlage wieder stabilisiert (Caviedes und Waylen 1993).

Dieses Windverhalten im Ostpazifik während eines El-Niño-Ereignisses in der Gegenwart konnte nun zur physischen Überprüfung der Herkunftslegenden der Osterinsulaner herangezogen werden.

Doch zunächst noch ein paar Worte zur Entdeckung der Osterinsel durch die Europäer. Als Erster setzte der Holländer Jacob Roggenween im Jahr 1622 seinen Fuß auf die Osterinsel. Im 18. Jahrhundert landeten noch weitere Seefahrer, unter ihnen François La Pérouse und James Cook, auf diesem entlegenen Fleckchen Land. Die Besucher waren höchst beeindruckt von den riesigen Steinstatuen (Abb. 8.9), die auf der Insel verstreut standen oder herumlagen, und fragten sich, wie die primitiven Menschen, die sie antrafen, solche Leistungen vollbringen konnten. Die Kontakte mit den Europäern hatten katastrophale Folgen für die Eingeborenen: Tausende wurden von deren Zivilisationskrankheiten dahingerafft. Auch hat man im 19. Jahrhundert viele Osterinsulaner als Billigstarbeiter in der Guanogewinnung der Peruaner eingesetzt. Erst kurz vor Beginn des 20. Jahrhunderts erregte dieser aussterbende Zweig der polynesischen Kultur die Aufmerksamkeit der westlichen Welt. Missionare, Anthropologen und Literaten eilten auf die Osterinsel, um die mündlichen Überlieferungen von den letzten Überlebenden dieses faszinierenden Volks zu sichern und damit die Möglichkeit, eines Tages doch noch die Gründe für ihren Niedergang aufzudecken.

Die wertvollste Sammlung der mündlichen Überlieferungen stammt von dem Kapuzinermissionar Sebastian Englert aus Bayern, der jahrzehntelang unter den Eingeborenen lebte. Die Osterinsulaner haben die Geschichten von der Entdeckung und Besiedlung ihrer neuen Heimat, den Streitigkeiten und schließlich blutigen Endkämpfen über Jahrhunderte in allen Einzelheiten und mit mystischen Ausschmückungen von Generation zu Generation weitererzählt. Anhand dieser Legenden erstellte der Tübinger Anthropologe Thomas Barthel ein wahrscheinliches Szenario von den Umständen, die in vorgeschichtlicher Zeit zur Entdeckung der Osterinsel aus dem Nordwesten führten.

Demnach kam der Anstoß für dieses Abenteuer von einem gewissen Hau Maka, der auf Hiva – einer der Marquesas-Inseln – lebte. Dieser sah in einem Traum, wie seine Seele in Richtung der aufgehenden Sonne flog, bis sie auf Neuland stieß. Der Stammeshäuptling Hotu Matu'a schickte sogleich sieben junge Männer aus, um nach diesem Land zu suchen. Die Vorstellung von Reisen auf der Suche nach einem mythischen, ostwärts gelegenen Land ist in der polynesischen Folklore verankert. Der Titel von Barthels Buch *Das achte Land* (1978) bezieht sich auf eben dieses Land, das, in der Vorstellung der über sieben „Länder" verteilt lebenden Polynesier, am Ostrand des Pazifik zu suchen ist. Von einer mystischen Seeschildkröte verfolgt, segelt Hotu Matu'as Suchtrupp nach Osten und findet tatsächlich die Insel aus Hau Makas Traum.

Das Element der Unvermeidlichkeit, das dieser Entdeckungsgeschichte anhaftet, wurde wahrscheinlich im Nachhinein auf der Osterinsel zugefügt. Auf alle Fälle gilt der Traum zugleich als ein Omen sowie auch als ein Befehl der Götter, Elemente, denen die Präsenz der Schildkröte Substanz verleiht. Die berechtigte Angst vor dem Wagnis einer Reise gegen die vorherrschende Wind- und Strömungsrichtung wird im Hinblick auf den übernatürlichen Imperativ des Traumes überwunden. Für unsere Zwecke besonders aufschlussreich ist die Seeschildkröte: Dieses Tier taucht im Ostpazifik nur auf, wenn die Wassertemperaturen ansteigen, und ist also ein Hinweis darauf, dass die Reise zu einer Zeit stattfand, in der das Meer ungewöhnlich warm war.

Von den Marquesas-Inseln (10° S/140° W) aus gesehen liegt die Osterinsel (27° S/140° W) im Südosten, genau da, wo im Sommer die Sonne aufgeht. Man kann annehmen, dass die oben beschriebenen Ereignisse zu Beginn eines ungewöhnlichen Sommers stattfanden, als die Winde (das Medium für die Reise von Hau Makas Seele) und die Meeresströmungen (das Fortbewegungsmittel für die Seeschildkröte) in östlicher Richtung flossen. Der Umstand, dass der Häuptling den sieben jungen Männern den Befehl zum sofortigen Aufbruch gab, erklärt sich aus unseren Windrosen vom Jahr 1982, die die ersten Anzeichen für die Umkehrung der Windrichtung zu Beginn des südlichen Herbstes (April) zeigen. Jahrhunderte von Erfahrung hatten die Polynesier wohl gelehrt, dass diesen frühen Unregelmäßigkeiten etwas später länger anhaltende Westwindphasen folgen würden. Deshalb wurde bei den ersten Anzeichen der Abnormalität – die wir heute als El Niño kennen – der Suchtrupp ausgesandt und es begannen die Vorbereitungen für den Aufbruch der eigentlichen Kolonisten, sobald sich die West-Ost-Strömungen für eine Weile stabilisieren würden – zwischen Juli und September.

Der Legende zufolge wartete Häuptling Hotu Matu'a nicht auf die Rückkehr der Kundschafter, sondern traf mit zwei Kanus und mehr Neusiedlern

8.9 *Moais auf der Osterinsel.*

8.10 *Der Strand von Anakena, vermutlicher Landeplatz der Neuankömmlinge aus Polynesien.*

auf der Insel gerade ein, als diese die Rückreise antreten wollten. Der Umstand, dass die Neuankömmlinge Nutzpflanzen wie Taro, Yams und Süßkartoffeln sowie auch Hühner in ihren Kanus hatten, spricht für eine sorgfältige Planung des Unternehmens. Und auch die Überlieferung, dass kurz vor der Landung zwei der Frauen entbunden haben sollen, zeigt, dass man nicht mit einer baldigen Rückkehr rechnete, sondern möglichst auf Stärkung der kleinen Gruppe bedacht war.

Thomas Barthel fand in den Überlieferungen der Osterinsulaner mehrere Hinweise auf den Zeitpunkt dieser Geschehen. Der Suchtrupp wurde um *Vaitu Nui* (April) ausgeschickt, dem Monat, in dem sich bei einem starken El-Niño-Ereignis die ersten Wind- und Meeresströmungen aus Westen bemerkbar machen. Die Ankunft am Strand von Anakena – welcher übrigens nach Nordwest ausgerichtet ist (Abb. 8.10) –, scheint zu Beginn des *Maro* (Juni) stattgefunden zu haben, das heißt nur fünf Wochen später. Dies war so schnell, dass auch Barthel der Meinung ist, Winde aus westlicher Richtung seien im Spiel gewesen. Aus unseren Auswertungen der Winddaten vom Flughafen der Osterinsel für 1982–83 geht klar hervor, dass die ersten Verkehrungen der gewöhnlichen Südostwinde tatsächlich im April stattfanden.

Die Legenden der Osterinsulaner sind gespickt mit Details, die von einer ganz besonderen Faszination der Erzähler von der Vergangenheit zeugen. Im übrigen Polynesien ist dies nicht der Fall, doch hier scheinen der Isolationsfaktor und das starke Heimweh, das angesichts der Unmöglichkeit einer Rückkehr erwächst, den Anstoß zur Verherrlichung der Vergangenheit und der Urheimat gegeben zu haben. Es gibt auch keinen Beweis dafür, dass die Entdecker und Besiedler der Osterinsel aus Südamerika stammen, wie der Norweger Thor Heyerdahl meinte. Seine These wurde nicht nur durch Schädelmessungen, Blut- und DNA-Untersuchungen widerlegt, auch die Linguistik hat eine enge Verwandtschaft zwischen dem Dialekt der Osterinsulaner und dem Polynesisch nachgewiesen, das auf den Marquesas-Inseln gesprochen wird – und die liegen etwa 3000 km entfernt im Nordwesten!

Weiterhin stellt sich die Frage, wie lange diese Ereignisse zurückliegen. Anhand der C^{14}-Methode kam Heyerdahl zu dem Ergebnis, dies sei um das Jahr 380 gewesen, andere Archäologen sprechen von etwa 400. Auf alle Fälle wollen wir die klimatischen Verhältnisse um diese Zeit näher unter die Lupe nehmen: Bei Hubert Lamb (1995) liest man, dass das Ende des 4. Jahrhunderts eine klimatisch turbulente Zeit war. In Europa gestalteten sich die Sommer immer wärmer und trockener, die Ränder des Polareises schmolzen stärker als sonst, der Meeresspiegel stieg an und weite Küstenstriche am Nordatlantik und ums Mittelmeer standen unter Wasser. In Italien, Griechenland und Kleinasien herrschte Trockenheit und im Kaspischen Meer fiel der Wasserstand merklich. Im Nordosten Afrikas führte auch der Nil Niedrigwasser und ein christliches Königreich in Nubien (im heutigen Sudan) ging wegen Nahrungsmangel unter. Wie schon oft in diesem Buch betont, traten solche Klimakatastrophen im Zusammenhang mit warmen ENSO-Ereignissen im tropischen Pazifik auf und waren von gleicher, wenn nicht größerer Intensität wie die heutigen.

Was uns zurückbringt zur Osterinsel: Dies waren also Jahre, in denen mit großer Wahrscheinlichkeit umgekehrte Wind- und Strömungsrichtungen auftraten und während deren Entdeckungsreisen größeren Umfangs geplant und durchgeführt werden konnten. Das bedeutet, die überlieferten Legenden könnten die Ankunft einer zweiten Gruppe von Siedlern im 11. Jahrhundert schildern, in dem die Herstellung der großen Steinstatuen begann (Van Tilburg 1987). Denn irgendwann nach Hotu Matu'as Gruppe, deren Nachfahren sich *Hanau Momoko* (die Eidechsenmänner) nannten, sollen die *Hanau Eepe* (die kräftigen Männer) angekommen sein (Englert 1970). Die lang gezogenen Ohrläppchen, die diese Leute auszeichneten, sind noch heute bei den Steinfiguren der Moai zu sehen und weisen übrigens auch wieder auf die Marquesas-Inseln, wo man riesige Ringe in den Ohrläppchen trug. Von Anfang an gab es Auseinandersetzungen zwischen den beiden Gruppen und in der letzten Konfrontation wurden die Hanau Eepe endgültig besiegt und vernichtet. Die stark dezimierten Sieger selbst sanken auf das niedrige kulturelle Niveau, das die europäischen Entdecker so schockierte.

Wenn man also annimmt, dass die beiden Gruppen zu verschiedenen Zeiten auf der Osterinsel eintrafen, welches war dann dieser Zeitpunkt für die zweite Gruppe, die Hanau Eepe? Die Archäologen, die Stiländerungen in der Steinhauerei als Anzeichen für neue Einflüsse betrachten, unterscheiden eine „Siedlungsphase" zwischen 400 und 1000 und die „*Ahu Moai*-Phase" zwischen 1100 und 1500 (Van Tilburg 1987). In das Jahrhundert zwischen den beiden fallen die Mega-Niños des 11. Jahrhunderts, während deren die zweite Gruppe angekommen sein könnte.

Das erste Jahrhundert des zweiten Millenniums wurde in diesem Buch schon öfters als eine Periode starker globaler Klimawechsel charakterisiert. Es ist auch die Zeit, in der kulturelle Einbrüche an der Küste Perus, im bolivianischen Altiplano und im Amazonasbecken stattfanden – sehr wahrscheinlich infolge von Mega-Niños. Die Osterinsel kann also den Kulturen zugeordnet werden, die zu jener Zeit wegen stärkerer Veränderungen in der klimatischen und ozeanischen Zirkulation des östlichen Pazifiks in andere Bahnen gelenkt wurden.

Als letzte Frage stellt sich dann allerdings folgende: Wenn El Niño die Windverhältnisse schuf, die für die Entdeckungsfahrten der Polynesier in den östlichen Teil des Pazifiks notwendig waren, sollte es dann nicht noch weitere solche Unternehmen gegeben haben, da die Episoden doch getreulich wiederkehrten? Hier gerät man in den Bereich der Spekulation. Peter Waylen produzierte eine interessante Computersimulation: Anhand der Winddaten vom Flughafen der Osterinsel erstellte er die Flugbahnen eines fiktiven Ballons (Abb. 8.11). In Jahren normaler Zirkulation im Südostpazifik wie 1980 oder 1984 wäre der Ballon von den Marquesas-Inseln aus nach Westen und dann nach Nordwesten in Richtung Zentralpolynesien getrieben. Im El-Niño-Jahr 1982 jedoch hätten ihn im Mai die herrschenden Winde nach Südosten und gegen Ende des Monats etwas westlich an der Osterinsel vorbeigetrieben. Es ist anzunehmen, dass die seetüchtigen Polynesier an diesem Punkt durch ein natürliches Anzeichen (Seevögel, Wolkenfahnen oder bestimmte Wellenmuster) der Landmasse in ihrer Nähe gewahr wurden und so zu der Osterinsel fanden.

Waylens Experiment leistet auch der Theorie einiger Diffusionstheoretiker Vorschub, die Polynesier könnten in der Vergangenheit bis nach Südamerika gelangt sein. In der Computersimulation trieb nämlich der Ballon weiter in östlicher Richtung und hätte bei anhaltenden Winden Anfang September die Westküste Südamerikas in Südchile erreicht. Warum aber gibt es keine Überlieferungen in dieser Hinsicht? Nachdem die Polynesier einmal auf der Osterinsel heimisch waren, hätten sie doch weiter nach dem sagenumwobenen „Achten Land" suchen und, die Westwinde in einem El-Niño-Jahr ausnutzend, eines Tages in Südamerika landen können. An den notwendigen Winden hat es sicherlich nicht gefehlt. Doch man hätte ja auch Boote gebraucht, und das war das eigentliche Problem: Die Osterinsel ist ein winziger Flecken Land, der genau unter dem Südpazifischen Hoch liegt, das heißt in einer Zone absteigender und somit trockener Luft. Die dadurch bedingten geringen Regenfälle ließen – wie Pollenanalysen bezeugen – nur einen niedrigen und weitständigen Baumbewuchs aufkommen (Flenley et al. 1991) und somit hatte die Insel trotz ihres Vulkanursprungs keine langen, starken Baumstämme zum Kanubau anzubieten. Nachdem deshalb die Planken der ersten Kanus verrottet oder zu anderen Zwecken benutzt worden waren, mussten die Osterinsulaner sich mit der Tatsache abfinden, dass sie wohl nie mehr diese „Insel am Nabel der Welt" (*Rapa Nui*) verlassen würden. Im Laufe der Jahrhunderte verschwanden die wenigen vorhandenen Bäume während der kühleren und trockeneren Perioden und auch wegen der Bedürfnisse der wachsenden Bevölkerung (Orliac und Orliac 1998). Sollte in den Anfängen tatsächlich eine Landung in Südamerika stattgefunden haben, so sind die Spuren inzwischen verwischt, da die wenigen Neuankömmlinge wohl von der ansässigen Indianer-

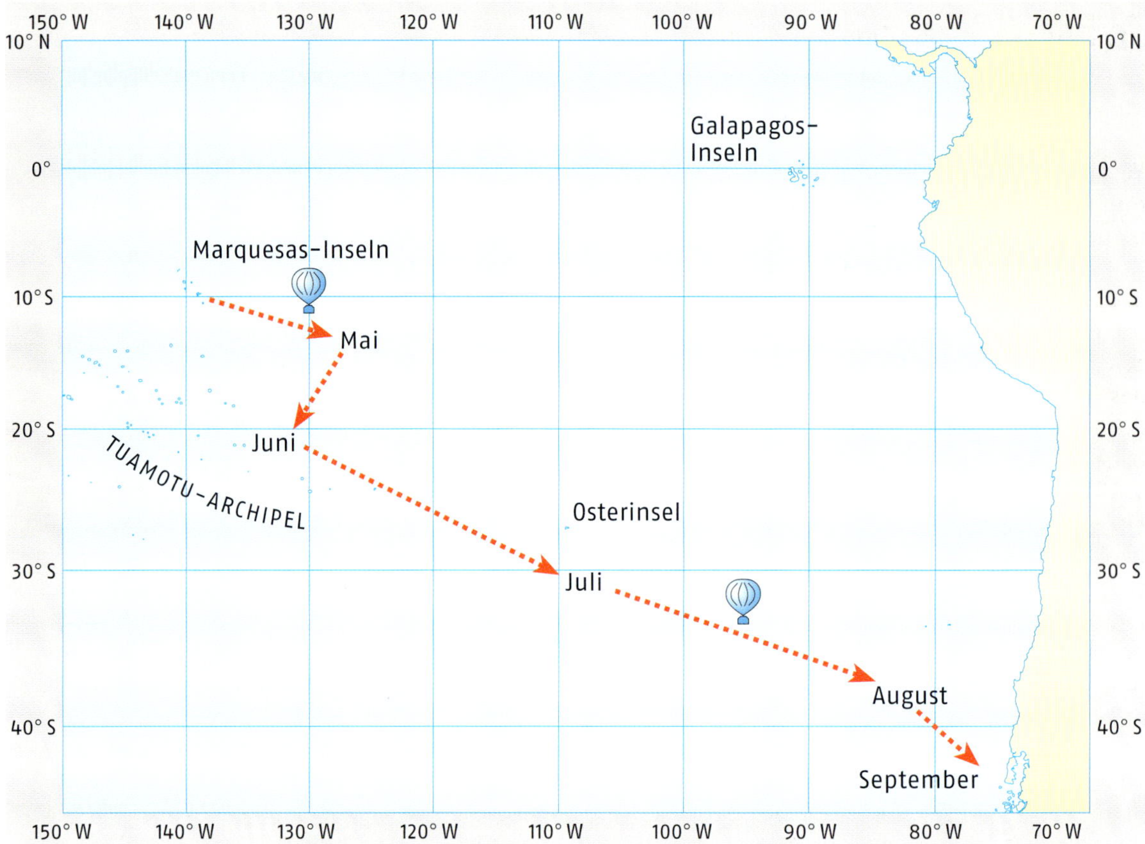

8.11 *Simulierte Ballonroute von den Marquesas-Inseln zur Osterinsel und nach Südamerika. Aus Caviedes und Waylen 1994.*

bevölkerung assimiliert oder vernichtet worden wären. Wie die anderen Südseeinsulaner, die gezwungen waren ihre Heimatinsel zu verlassen, so hatten auch die Entdecker der Osterinsel keine Rückfahrkarte im Gepäck.

Einige Ökologen erwägen die Möglichkeit, dass Indianer aus Südamerika zwischen 1300 und 1450 ihren Weg auf die Osterinsel gefunden haben könnten (Dumont et al. 1998). Interessanterweise endete um diese Zeit die Moai-Herstellung; außerdem tauchte plötzlich auf der Osterinsel das am Westrand Südamerikas stark verbreitete Totoraschilf (*Schoenoplectus californicus*) auf, und bei den Mikrozoen in den wenigen Seen der Insel traten Veränderungen auf. Könnten Einwanderungswellen aus Südamerika dafür verantwortlich gewesen sein? Im DNA der Osterinsulaner gibt es aber keine Anzeichen dafür, dass es je zu einer Vermischung mit Indianern gekommen wäre, und so muss wohl für dieses plötzliche Auftauchen von fremden Lebensformen in solch extremer Isolierung eine andere Erklärung gefunden werden.

Wie man sieht, vieles über den Ursprung der Besiedlung, den Kult um die grandiosen Steinstatuen und den plötzlichen Untergang der Kultur auf der Osterinsel ist noch ungeklärt. Kein Zweifel aber besteht darüber, dass die seefahrerischen Leistungen der frühen Polynesier und das Schicksal der Menschen auf der Osterinsel eng verknüpft waren mit den El-Niño-bedingten Veränderungen der ozeanischen und klimatologischen Verhältnisse im Südpazifik.

Offene Fragen

Wie häufig in diesem Buch gezeigt wurde, gewinnt man eine zusätzliche Beurteilungsmöglichkeit für manche geschichtliche Entwicklung, wenn man Klimakrisen die wichtige Rolle zugesteht, die ihnen in diesem Zusammenhang gebührt.

Die aufgeführten Beispiele haben die vielfältigen Auswirkungen eines Phänomens verdeutlicht, das bis vor einem Vierteljahrhundert fast nur an der Westküste Südamerikas unter seinem Namen bekannt war, dessen Effekte aber unsere Aufmerksamkeit schon seit langem auf sich gezogen hatten. Deshalb kann man nicht unter dem Stichwort „frühere El Niños“ nachforschen, und die Hauptherausforderung bestand darin, Hinweise auf das Phänomen in Ersatzquellen aufzuspüren. Die Fragestellung, um die es dabei ging, war – und ist weiterhin –, wo und nach welchen Anzeichen man in der Natur und in der menschlichen Gesellschaft Ausschau halten soll. Hinweise auf Unwetter, Überschwemmungen, Missernten, Hungersnöte und Epidemien sind einige dieser Anzeichen, und obwohl die Forscher in jüngster Zeit eine große Anzahl davon entdeckt haben, muss es in Archiven, Reisetagebüchern, Berichten und privaten Aufzeichnungen noch viel mehr zu entdecken geben. Die El-Niño- und La-Niña-Ereignisse der Gegenwart haben uns ihre verschiedenen Auswirkungen überzeugend vor Augen geführt, so dass wir nun nicht nur historische Quellen, sondern auch indirekte Hinweise (Proxydaten) aus der fernen Vergangenheit aufspüren und zur Identifikation von ähnlichen Klimakrisen heranziehen können. So sind in letzter Zeit in dem Maß, in dem die Wissenschaftler die Verflechtungen von ENSO entwirrten, die globalen Zusammenhänge der lokalen Klimate nicht nur in der Gegenwart, sondern auch schon in der Vergangenheit immer deutlicher geworden.

El Niño und La Niña sind auch für den Laien klare Anzeichen für die Einheit des Klimas. Die Wechselwirkungen zwischen Klima, Biosphäre und menschlichen Aktivitäten, die in Kapitel 2 behandelt wurden, beschreiben den Einfluss von heutigen ENSO-Ereignissen und liefern uns ein Modell für die Ermittlung ihrer Wirkungsweise in der Vergangenheit.

Die historische Perspektive in unserer Untersuchung hat den Einfluss einer sich ständig wandelnden Umwelt auf die Menschheit deutlich gemacht. Bestimmte Landschaften haben im Laufe der Zeit nicht nur ihr Aussehen verändert, sondern auch die Art und Weise, in der ihre verschiedenen funktionellen Elemente untereinander agierten. Da die Geographie die Bühne ist, auf der sich die Geschichte eines Volkes abspielt, hat sich also die Kulisse im Laufe der Zeit immer wieder gewandelt und somit die Menschen zur Anpassung herausgefordert. Historiker messen den Umweltfaktoren meist keine große Bedeutung bei, denn ihrer Ansicht nach ist der Verlauf der Geschichte das Resultat menschlichen Agierens – doch viele Beispiele in diesem Buch zeugen von dem nicht zu unterschätzenden Einfluss der natürlichen Faktoren.

Die jüngsten El-Niño-Ereignisse haben uns auch die Augen geöffnet für die Rolle der tropischen Meere als die Schrittmacher des Weltklimas und Kontrollfaktoren für das Wetter in den mittleren und höheren Breiten. So betrachtet man heute die Entwicklung von warmen oder kalten Wassertemperaturen im Pazifik, Atlantik und Indischen Ozean als kritische Vorboten für globale Temperatur- und Feuchtigkeitsbedingungen.

Folgende wichtige Punkte wurden in unserem Buch hervorgehoben:

- die Atmosphäre wird mit Wärmeenergie sowohl von der Sonne als auch aus den Ozeanen angereichert und überträgt diese Energie auf die Kontinente;
- diese Prozesse werden durch natürliche Systeme unterschiedlicher Erwärmungs- und Abkühlungsraten in Gang gesetzt;
- Landmassen haben ein „kurzes thermisches Gedächtnis“ und Wassermassen oder bewachsene Flächen ein „langes thermisches Gedächtnis“ – das heißt, es kann viele Monate dauern, bis sich die Wärmeaufnahme oder -abgabe auf diesen Oberflächen bemerkbar macht; und schließlich,
- die großen Meere sind besonders träge; es dauert lange, bis sie eine Änderung anzeigen: So vergehen bei der Quasi-Biennalen Oszillation, wie der Name sagt, fast zwei Jahre.

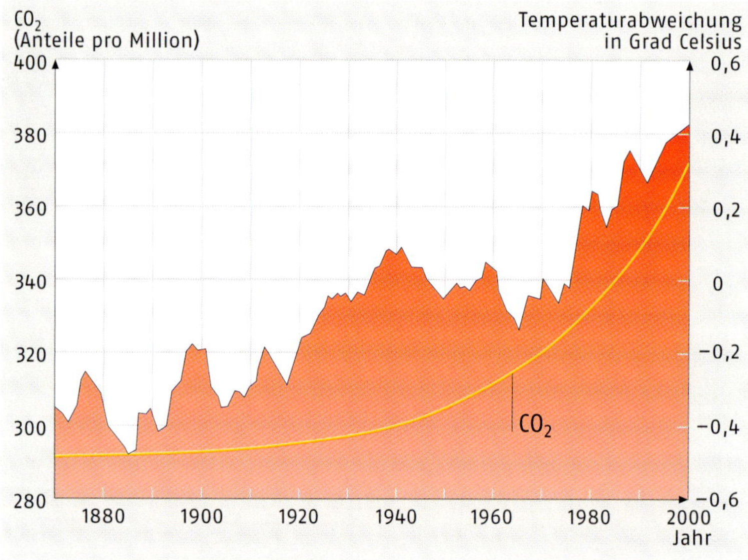

9.1 *Globale Temperaturkurve (bezogen auf den Durchschnittswert 1950 – 1958) und Anstieg des Kohlendioxidgehalts in der Atmosphäre, 1870 – 2000.*

Die physikalischen Eigenschaften der verschiedenen Medien sind die Ursache für die zeitliche Verschiebung (*time lag*) im Auftreten der feuchten oder trockenen Episoden im Zusammenhang mit positiven oder negativen ENSO-Phasen. Kein Wunder, dass es bei dieser Komplexität (und auch wegen der Unvollständigkeit der Informationen und wegen ihrer Verteilung über verschiedene Wissenschaftszweige) lange dauerte, bis die ENSO-Forscher Klimaschwankungen, die manchmal im Abstand von Jahren auftraten, auf ein und denselben Auslöser zurückführten.

Wenn man also davon ausgeht, dass ENSO-Ereignisse die Auslöser von Umweltkrisen und mitverantwortlich für historische Tragödien in der Vergangenheit waren, dann stellt sich die Frage, ob man sich in Zukunft auf diese Krisen vorbereiten könnte, wenn es frühe Anzeichen gäbe. Was Klimaschwankungen im Allgemeinen angeht, so unterscheidet man drei Hauptauslöser:

1. die periodischen und die sporadischen Fluktuationen der Sonneneinstrahlung;
2. den Gehalt von Kohlendioxid und anderen Spurengasen sowie von Vulkanasche in der Atmosphäre; und
3. den Energieaustausch zwischen den Meeren und der Atmosphäre.

Auf diese Auslöser richten die Wissenschaftler ihr Augenmerk hauptsächlich, wenn sie ENSO-Entwicklungen und andere Zukunftsszenarios zu modellieren versuchen.

Die wechselnde Sonneneinstrahlung und Sonnenfleckenaktivität bestimmen im Großen den Wärmehaushalt der Erde und das wird auch so bleiben, egal welches Ausmaß die Manipulierung durch den Menschen annimmt. Die Arbeit von Shindell et al. (1999) bestätigt den Einfluss der Sonnenfleckenaktivität auf die Stratosphäre und damit auf die Druckzentren und Oberflächenwinde, welche dem Nordostpazifik, dem Nordatlantik und dem Norden Eurasiens warme Luft zuführen. Diese Energiezufuhr erhöht die thermische Ausstrahlung der Erde um mehr als 5 Watt, welche durch die verstärkte Konvektion, die ENSO verursacht, und die Aktivierung enormer Luftmassen durch die Hadley- und Walker-Zirkulation über die ganze Erde verteilt wird (Chen et al. 2002). Da der ENSO-Mechanismus also letztlich von der Sonneneinstrahlung abhängig ist, wird auch in Zukunft weiterhin mit dem Auftreten von El-Niño-Ereignissen zu rechnen sein.

Was den Beitrag von anthropogenen Spurengasen anbetrifft, so herrscht allgemeine Übereinstimmung darüber, dass der Kohlendioxidanstieg in der Atmosphäre in den letzten Jahrzehnten zur globalen Erwärmung und damit einer Zunahme von El-Niño-Episoden geführt hat. Der Kohlendioxidgehalt in der Atmosphäre, der in den 1870er Jahren ca. 290 ppm betrug, war Anfang des 3. Jahrtausends auf 379 ppm angestiegen. Die globale Temperaturkurve in Abbildung 9.1 zeigt jedoch während der letzten 130 Jahre keinen gleichmäßigen Anstieg, sondern Höhen und Tiefen, was darauf hindeutet, dass das Kohlendioxid nicht allein für den Temperaturanstieg verantwortlich ist. Mit Hilfe eines Computermodells untersuchten die Geophysiker Meehl und Washington (1996) die Wirkung eines erhöhten Kohlendioxidgehalts in der Atmosphäre auf die Häufigkeit von Wärmeepisoden im tropischen Pazifik und kamen zu folgendem Schluss: „Wir können die jüngste Erwärmung des tropischen Pazifiks (im Zusammenhang mit der globalen Erwärmung der 1980er und frühen 1990er Jahre) nicht unbedingt dem erhöhten Kohlendioxidgehalt in der Atmosphäre zuschreiben.“ Ihrer Meinung nach hat die Erwärmung eher mit dem Anstieg von Wasserdampf in der Atmosphäre zu tun, der die eintreffende Sonnenstrahlung auffängt und an die verschiedenen Kreisläufe weitergibt.

Die Fähigkeit des Wasserdampfes Wärme aufzunehmen nimmt mit steigender Temperatur zu und dazu wächst sein Anteil in Zeiten starker Verdunstung in den Tropen, also während El-Niño-Ereignissen. Die merkliche Zunahme von Wolkenbildung und Niederschlägen während warmer ENSO-Ereignisse (Wielecki et al. 2002) regt das Pflanzenwachstum an, wodurch wiederum der Atmosphäre mehr Kohlendioxid entzogen wird: Es wird wieder in der Biomasse angespeichert. Auf diese Art und Weise wird der Treibhauseffekt gedrosselt, solange keine größeren Mengen des Gases infolge von Waldbränden und dem Absterben von Pflanzen zurück in die Atmosphäre gelangen. Auch das Methangas, das bei Gärungs- und Fäulnisprozessen von Pflanzen und im Verdauungstrakt von Insekten und Pflanzenfressern anfällt, speichert latente Wärme. Sein starker Anstieg in den letzten 100 Jahren hat ebenfalls zur Erwärmung der Atmosphäre beigetragen.

Ein weiterer Störfaktor für die regelmäßige Verteilung der Sonneneinstrahlung sind die Ascheschleier, die sich nach Vulkanausbrüchen in der Atmosphäre halten. Obwohl in der Vergangenheit eine Reihe von Vulkanausbrüchen nachgewiesenermaßen mit El-Niño-Episoden zusammenfielen, so sind die einen nicht Ursache der anderen. Wenn aber beide Ereignisse zur etwa gleichen Zeit stattfanden, dann wurde der durch den Ascheschleier in der Atmosphäre hervorgerufene Kühlungseffekt durch den El-Niño-bedingten Wärmeeffekt mehr oder weniger ausgeglichen (Wigley 2000). Genauer gesagt, wenn Vulkanausbrüche kurz vor einem El Niño stattfanden, scheinen sie den ENSO-Prozess verstärkt zu haben; wenn sie kurz nachher stattfanden, haben sie den Übergang von dem warmen El Niño zur kalten La Niña verschärft. Andererseits haben Vulkanausbrüche, die in Nicht-El-Niño-Jahren auftraten, ganz offensichtlich zu hemisphärischen Abkühlungen geführt und sind nachgewiesenermaßen verantwortlich für bestimmte Kälteperioden auf der Nordhalbkugel (Jacobeit et al. 1999; Pfister und Bradzil 1999; Luterbacher et al. 2001).

Was den Energieaustausch zwischen den Meeren und der Atmosphäre betrifft, so geht man davon aus, dass dieser durch das Wechselspiel zwischen Sonneneinstrahlung und Erdausstrahlung in Gang gesetzt wird. Demnach dienen die Ozeane als Regulatoren für den Wärmehaushalt der Erde (Levitus et al. 2000). Seit Anfang der 1970er Jahre ist die Temperatur in den Weltmeeren um einen Faktor von 8 angestiegen (Abb. 9.2). Im Atlantik ist der Erwärmungsprozess schon seit gut 50 Jahren stetig fortgeschritten. Der Pazifik war von 1950 bis 1970 kühler, wurde dann bis Anfang der 1980er Jahre wärmer und im Laufe des Jahrzehnts noch mal kühler. Seit Anfang der 1990er Jahre sind die Temperaturen im Pazifik wieder im Steigen begriffen. Im Indischen Ozean ist die Erwärmung weniger ausgeprägt und sie ist nicht im Gleichschritt mit den beiden anderen Ozeanen vor sich gegangen. Das Interessante ist jedoch, dass der globale Temperaturanstieg im letzten halben Jahrhundert fast genau den Temperaturanstieg im Pazifik widerspiegelt. Heißt das, dass der Temperaturverlauf in diesem Ozean das Geschehen in den anderen Weltmeeren reguliert? Hiermit wird die in unserem Buch vertretene These untermauert, dass die Wärmeschwankungen im Pazifischen Ozean der Hauptfaktor in den weltweiten Klimaschwankungen der Gegenwart und der Vergangenheit darstellen.

Zu den Problemen, mit denen sich die El-Niño-Forschung derzeit besonders beschäftigt, gehören das zyklische Auftreten der ENSO-Phasen und die

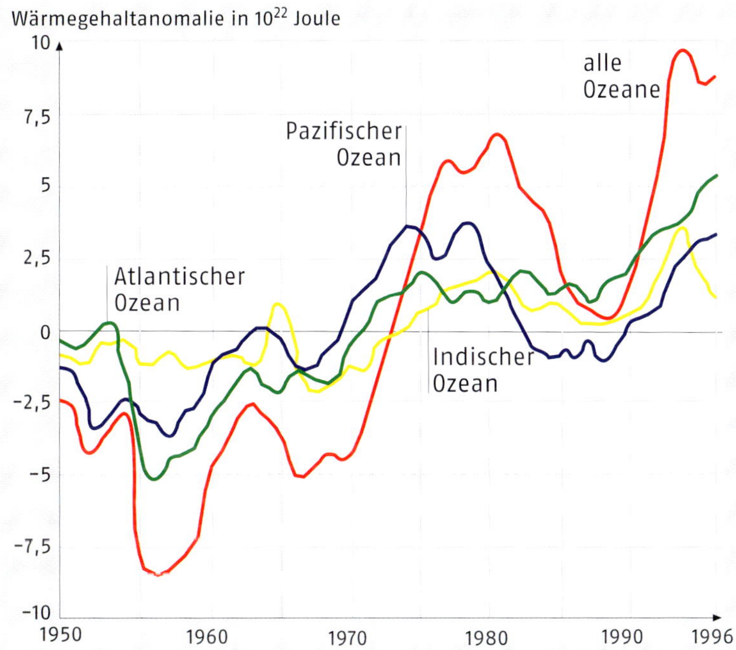

9.2 *Temperaturanstieg in den Weltmeeren, 1950–1996. Die Werte auf der vertikalen Skala entsprechen positiven oder negativen Abweichungen vom Durchschnittswert 1948–1998 (4,1868 Joule = 1 kal). Nach Levitus et al. 2000.*

Möglichkeit der Vorhersage für diese weltweit äußerst wichtigen Vorkommnisse. Enfield und Cid (1991) sind der Meinung, das El-Niño-Phänomen trete unabhängig von größeren Klimaschwankungen auf und die Intervalle hätten sich seit der Kleinen Eiszeit nicht verändert. Letztere seien abhängig von den Variationen in der Sonneneinstrahlung: 7,6 bis 3,7 Jahre während Perioden starker Einstrahlung und 11,8 Jahre während Perioden geringerer Einstrahlung. Das 11,8-Jahre-Intervall lässt einen an den Sonnenfleckenzyklus denken, der rund 11 Jahre beträgt, ein Umstand, der die zuvor geäußerte Behauptung, die regelmäßigen Variationen in der Sonneneinstrahlung seien die Hauptauslöser vieler Klimaschwankungen, bestätigen würde (Friis-Christensen und Lassen 1991).

So kann man schließlich zusammenfassend sagen, dass El Niño nicht nur aus den Schwankungen der Meerestemperaturen, sondern aus dem Zusammentreffen mehrerer natürlicher Zyklen resultiert: dem Jahreszeitenzyklus von Winter und Sommer, dem eineinhalbjährigen Abkühlungs- und Erwärmungszyklus der Meere, dem fast Zwei-Jahre-Rhythmus der Quasi-Biennalen Oszillation (QBO) und dem 11-Jahre-Zyklus der Sonnenfleckenaktivität. Nur wenn alle diese Zyklen ihren Höhepunkt um die gleiche Zeit erreichen, ist mit einem starken El-Niño-Ereignis zu rechnen. Eine zuverlässige Vorhersage dieses Zeitpunkts ist bisher selbst unseren fortschrittlichsten Großrechnern nicht möglich, nicht zuletzt wohl auch deshalb, weil die natürlichen Systeme ja – wie in Kapitel 6 auseinander gesetzt wurde – auch dem Chaos-Prinzip unterworfen sind. Im Hinblick auf all diese Ungewissheiten ist es also nicht zu verwundern, dass plötzliche Energieausbrüche wie die, die in der Vergangenheit zu El-Niño-Episoden geführt haben, vorläufig nicht genau vorherzusehen sind.

Am Ende dieser Untersuchung des Zusammentreffens von Klimakrisen, die schicksalhafte Folgen für die Menschheit hatten, und ENSO-Ereignissen in der Vergangenheit möchte ich im Sinne von Christian Pfisters Werk noch einmal betonen, dass es sich bei dem vorliegenden Buch nicht um eine Prognose für die Zukunft handelt, sondern um den Versuch einer interpretativen *Klimanachhersage.*

Literaturverzeichnis

A

Abbott, M.B., Binford, M.W., Brenner, M. und K.R. Kelts (1997): A 3500 14C yr. high-resolution record of water level changes in Lake Titicaca, Bolivia/Peru. Quaternary Research, 47: 169–180.

Addis, J. und M. Latif (1996): Amazonian arthropods respond to El Niño. Biotropica, 28: 403–408.

Andrade, L. de (1948): Introduçao a sociologia das sêcas. Rio de Janeiro: Editora A Noite.

Ansmann, A., Wagner, F., Wandinger, U., Mattis, I., Goersdorf, U., Dier, H.-D. und J. Reichardt (1996): Pinatubo aerosol and stratospheric ozone reduction: Observations over Central Europe. J. Geophys. Res. (D Atmos.), 101: 18775–18785.

Arakawa, H. (1954): Fujiwhara on five centuries of freezing dates of Lake Suwa in central Japan. Archiv für Meteorologie, Geophysik und Bioklimatologie, 6: 152–166.

Arnaud de Maurepas, F.B. (1996): Les Français vus par eux-mêmes: Le XVIIIe siècle. Anthologie des Mémorialistes du XVIII siècle. Paris: Robert Laffont.

Arntz, W.E. und E. Fahrbach (1991): El Niño: Klimaexperiment der Natur. Basel: Birkhäuser Verlag.

Avila, L.A. und G.B. Clark (1989): Atlantic tropical systems of 1988. Monthly Weather Review, 117: 2260–2265.

B

Baillie, M. (1999): Exodus to Arthur. Catastrophic Encounters with Comets. London: B.T. Batsford.

Baker, P.A., Seltzer, G.O., Fritz, S.C., Dunbar, R.B., Grove, M.J., Tapia, P.M., Cross, S.L., Rowe, H.D. und J.P. Broda (2001): The history of South American tropical precipitation for the past 25,000 years. Science, 291: 640–643.

Baldwin, M.P. und D. O'Sullivan (1995): Stratospheric effects of ENSO-related tropospheric anomalies. Journal of Climate, 8: 649–667.

Barlow, L.K. (2001): The time period A.D. 1400–1980 in Central Greenland ice cores in relation to the North Atlantic sector. Climatic Change, 48: 101–119.

Baron, W.R. (1992): Historical climate records from the northeastern United States. In: R.S. Bradley und P.D. Jones, Hrsg.: Climate since A.D. 1500. London: 74–91.

Barthel, T. (1978): The Eighth Land: The Polynesian Discovery and Settlement of Easter Island. Honolulu: University Press of Hawaii.

Bayaban, C., Finney, B., Kilonski, B. und N. Thompson (1987): Voyage to Aotearoa. The Journal of the Polynesian Society, 96: 161–200.

Beevor, A. (1998): Stalingrad. New York: Viking Press.

Bennett, E.B. (1966): Influence of the Azores high on sea level pressure, and wind and on precipitation, in the Eastern Tropical Pacific Ocean. Inter-American Tropical Tuna Commission. Bulletin, 12: 1–23.

Berlage, H.P. (1957): Fluctuations of the general atmospheric circulation of more than one year, their nature and prognostic value. Koningl. Neder. Meteor. Institute. Meded. en Verhand, 69: 1–152.

Berlage, H.P. (1966): The Southern Oscillation and world weather. Koningl. Neder. Meteor. Institute. Meded. en Verhand, 88: 1–151.

Bhalme, N.H., Mooley, D.A. und S.K. Jadhav (1983): Fluctuations in the drought/flood areas over India and its relationships with the Southern Oscillation. Monthly Weather Review, 111: 86–94.

Binford, M.W. (1997): Climate variation and the rise and fall of an Andean civilization. Quaternary Research, 47: 235–248.

Birch, J.R. und J.R. Marko (1986): The severity of the iceberg season on the Grand Banks of Newfoundland: an El Niño connection? Tropical Ocean-Atmosphere Newsletter, 36: 18–22.

Bjerknes, J. (1961): El Niño study based on analysis of ocean surface temperatures 1935–57. Inter-American Tropical Tuna Commission. Bulletin, 5: 219–307.

Bjerknes, J. (1966): Survey of the El Niño 1957–58 in its relation to tropical Pacific meteorology. Inter-American Tropical Tuna Commission. Bulletin, 12: 1–62.

Bjerknes, J. (1969): Atmospheric teleconnections from the Equatorial Pacific. Monthly Weather Review, 97: 163–172.

Bjerknes, J. (1974): Preliminary Study of the Atmospheric Circulation during the Period Preceding the 1972–73 El Niño. Department of Meteorology, University of California Los Angeles, 1–24.

Black, D.A., Peterson, L.C. und L. Overpeck (1999): Eight centuries of North Atlantic ocean atmosphere variability. Science, 286: 1709–1713.

Bolle, H.-J., Menenti, M. und I. Rasool, Hrsg. (2003): Climate, Climate Variability and Impacts in the Mediterranean Area; An overview. Berlin: Springer-Verlag.

Brazdil, R., Glaser, R., Pfister, C., Dobrovolny, P., Antoine, J.-M., Barriendos, M., Camuffo, D., Deutsch, M., Enzi, S., Guidoboni, E., Kotyza, O. und F. Sánchez-Rodrigo (1999): Flood events of selected European rivers in the sixteenth century. Climatic Change, 43: 239–285.

Bradzil, R. und M. Bil (2001): ENSO and its effects in the mean fields of air pressure, air temperature and precipitation in Europe in the twentieth century. In: Nkemdirim, L.C., Hrsg.: El Niño-Southern Oscillation and its global impacts, 33–62.

Briffa, K.R., Jones, P.D., Schweingruber, F.H. und T.J. Osborn (1998): Influence of volcanic eruptions on Northern Hemisphere summer temperature over the past 600 years. Nature, 393: 450–455.

Briffa, K.R. und T.J. Osborn (2002): Blowing hot and cold. Science, 295: 227–228.

Brooks, R.H (1982): Drought and adjustment dynamics in northeastern Brazil. GeoJournal, 6: 121–128.

Brown, L.H. (1971): Biology of pastoral man as a factor in conservation. Biological Conservation, 1: 93–98.

Bryson, R. und T.J. Murray (1977): Climates of Hunger: Mankind and the World's Changing Weather. Madison: University of Wisconsin Press.

Bush, M.B. (1991): Modern pollen rain data from South America and Central America: A test of the feasibility of fine resolution lowland tropical palynology. The Holocene, 1: 162–167.

C

Cavazos, T. und S. Hastenrath (1990): Convection and rainfall over Mexico and their modulation by the Southern Oscillation. International Journal of Climatology, 10: 377–386.

Caviedes, C. N. (1973): Secas and El Niño: Two simultaneous climatological hazards in South America. Proceedings Assoc. Amer. Geographers, 5: 44–49.

Caviedes, C. N. (1980): Five Centuries of Winter Storms in the Southeastern Pacific. Abstracts of the Annual Meeting of the Southeastern Division of the Association of American Geographers, November 1980, 1–13.

Caviedes, C.N. (1982): Natural hazards in South America: In search of a method and a theory. GeoJournal, 6: 101–111.

Caviedes, C.N. (1985): South American and World Climatic History. In: Bailes, K.E., Hrsg.: Environmental History: Critical Issues in Comparative Perspective. University Press of America: 135–152.

Caviedes, C.N. (1991): Five hundred years of hurricanes in the Caribbean: Their relationship with global climatic variabilities. GeoJournal, 23: 301–310.

Caviedes, C.N. und P.R. Waylen (1991): Chapters for a climatic history of South America. In: Festschrift zur Ehre von Professor Wolfgang Weischets 70. Geburtstag. Freiburger Geographische Hefte, 32: 149–180.

Caviedes, C.N. und P.R. Waylen (1993): Anomalous westerly winds during El Niño/Southern Oscillation events: The discovery and colonization of Easter Island. Applied Geography, 13: 123–134.

Chen, J., Carlson, B.E. und A. Del Genio (2002): Evidence for strengthening of the tropical circulation in the 1990s. Science, 295: 838–844.

Chenoweth, M. (1996): Ship's logbooks and 'the year without a summer' (1816). Bulletin American Meteorological Society, 77: 2077–2094.

Clemens, S.C., Murray, D.W. und W.L. Prell (1996): Nonstationary phase of the Plio-Pleistocene Asian monsoon. Science, 274: 943–947.

Cole, J. E., Shen, G.T., Fairbanks, R.G. und M. Moore (1992): Coral monitors of El Niño/Southern Oscillation dynamics across the equatorial Pacific. In: Diaz, H. und V. Markgraf, Hrsg.: El Niño. Historical and Paleoclimatic Aspects of the Southern Oscillation, 349–375.

Colinvaux, P.A. und P.E. de Oliveira (2000): Paleoecology and climate of the Amazon basin during the glacial cycle. Journal of Quaternary Science, 15: 347–356.

Colls, K. (1993): Assessing the impact of weather and climate in Australia. Climatic Change, 25: 225–244.

Comenetz, J. und C.N. Caviedes (2003): Climate variability, political crises and historical population displacements in Ethiopia. Environmental Hazards, 4: 113–127.

Cook, E.R., Stahle, D.W. und W.K. Cleaveland (1992): Dendroclimatic evidence from eastern North America. In: Bradley, R.S. und P.D. Jones, Hrsg.: Climate since A.D. 1500. London: Routledge, 331–348.

Couper-Johnston, R. (2001): El Niño. The Weather Phenomenon that Changed the World. London: Hodder und Stoughton.

Cowley, R. (1999): What if? The world's foremost military historians imagine what might have been. New York: G.P. Putnam's Sons.

Cowley, R. (2000): Was wäre gewesen, wenn? Wendepunkte der Weltgeschichte. München: Knaur.

Craig, A.K. und I. Shimada (1986): El Niño flood deposits at Batán Grande, Northern Peru. Geoarcheology, 1: 29–38.

Craig, W. (1973): Enemy at the Gates: The Battle for Stalingrad. New York: E.P. Dutton.

Crowley, T.J. und K.Y. Kim (1999): Modeling the temperature response to forced climate change over the last six centuries. Geophysical Research Letters, 26: 1901–1904.

D

De Weaver, E. und S. Nigam (2000): Zonal-eddy dynamics of the North Atlantic Oscillation. Journal of Climate, 13: 3893–3914.

Delmas, R.J., Kirchner, S., Palais, J.M. und J.R. Petit (1992): 1000 years of explosive volcanism recorded at the South Pole. Tellus, 44: 335–350.

Deutsch, M. (1999): Zum Hochwasser der Elbe und Saale Ende Februar/Anfang März 1799. Erfurter Geographische Studien, 9: 7–44.

Diaz, H.F. und V. Markgraf, Hrsg (1992): El Niño. Historical and Paleoclimatic Aspects of the Southern Oscillation. New York: Cambridge University Press.

Dickson, R., Osborn, T.J., Hurrell, J.W., Meincke, J., Blindheim, J., Adlandsvik, B., Vinje, T. Alekseev, G. und W. Maslowski (2000): Arctic response to the North Atlantic Oscillation. Journal of Climate, 13: 2671–2696.

Doberitz, R. (1968): Cross-spectrum Analysis of Rainfall and Sea Temperatures at the Equatorial Pacific Ocean. A Contribution to the El Niño phenomenon. Bonner Meteorologische Abhandlungen, 8: 61 S.

Doberitz, R., Flohn, H. und K. Schütte (1967): Statistical Investigations of the Climatic Anomalies of the Equatorial Pacific. Bonner Meteorologische Abhandlungen, 7: 76 S.

Donnan, C.B. (1987): The Pacatanamu Papers. Los Angeles: University of California-Museum of Cultural History.

Dumont, H.J., Cocquyt, C., Fontugne, M., Arnold, M., Reyss, J-L., Blomendal, J., Oldfield, F., Steenbergen, C.L.M., Korthals, H.J. und B.A. Zeeb (1998): The end of moai quarrying and its effect on Lake Rano Raraku, Easter Island. Journal of Paleolimnology, 20: 409–422.

Dupon, J.-F. (1984): Where the exception confirms the rule: The cyclones of 1982–1983 in French Polynesia. Disasters, 8: 34–47.

Durschmied, E. (2000): The weather factor: How nature has changed history. London: Hodder und Stoughton.

Durschmied, E. (2002): Als die Römer im Regen standen. Der Einfluss des Wetters auf den Lauf der Geschichte. Bergisch Gladbach: Lübbe.

E

Elliot, W.P. und J.K. Angell (1988): Evidence for changes in Southern Oscillation relationships during the last 100 years. Journal of Climate, 1: 729–737.

Elsner, J.B. und B. Kocher (2000): Global tropical cyclone activity: A link to the North Atlantic Oscillation. Geophysical Research Letters, 27: 129–132.

Encina, F. (1952): Historia de Chile. Santiago: Editorial Nacimiento.

Endlicher, W. (2000): Südasien. In: W. Weischet und W. Endlicher: Regionale Klimatologie. Teil 2. Die Alte Welt. Europa–Afrika–Asien. Stuttgart: B.G. Teubner, 355–479.

Enfield, D.B. (1987): Progress in understanding El Niño. Endeavour, 11: 197–204.

Enfield, D.B. und L. Cid (1991): Low frequency changes in El Niño-Southern Oscillation. Journal of Climatology, 4: 1137–1146.

Enfield, D.B. (2001): Terrestrial Impacts of the Southern Oscillation and the Related El Niño and La Niña Events. In: J. Lozan, H. Grassl und P. Hupfer, Hrsg.: Climate of the 21st Century – Changes and Risks. Hamburg: Wissenschaftliche Auswertungen und GEO, 52–55.

Englert, S. (1970): Island at the Center of the World. New York: C. Scribner's and Sons.

Englert, S. ((1980): Leyendas de la Isla de Pascua. Santiago: Ediciones de la Universidad de Chile.

Esper, J., Cook, E. R. und F. H. Schweingruber (2002): Low frequency signals in long tree-ring chronologies for reconstructing past temperature variability. Science, 295: 2250–2253.

Evans, M. N., Fairbanks, R. J. und J. L. Rubenstone (1998): A proxy index of ENSO teleconnections. Nature, 394: 732–734.

F

Fagan, B. (2001): Die Macht des Wetters. Wie das Klima die Geschichte verändert. Düsseldorf: Patmos Verlag.

Feldstein, S. B. (2000): Timescale, power spectra and climate noise properties of teleconnections patterns. Journal of Climate, 13: 4430–4440.

Finney, B. R. (1977): Voyaging canoes and the settlement of Polynesia. Science, 196: 1277–1285.

Finney, B. R. (1985): Anomalous westerlies, El Niño and the colonization of Polynesia. American Anthropologist, 87: 9–26.

Finney, B. R., Frost, P., Rhodes, R. und N. Thompson (1989): Wait for the West Wind. Journal of the Polynesian Society, 98: 261–303.

Flenley, J. R., King, A. S. M., Jackson, J., Chew, C., Teller, J. T. und M. E. Prentice (1991): The Late Quaternary vegetational and climatic history of Easter Island. Journal of Quaternary Science, 6: 85–115.

Flohn, H. (1980): Lessons from climatic history. Contributions to Atmospheric Physics, 53: 204–212.

Flohn, H. (1986): Singular events and catastrophes: Now and then in climatic history. Naturwissenschaften, 73: 136–149.

Flohn, H., Hantel, M. und E. Ruprecht (1970): Investigations on the Indian monsoon climate. Bonner Meteorologische Abhandlungen, 14: 99 S.

Florescano, E. (1969): Precios del maíz y crisis agrícolas en México (1708–1810). Mexico: El Colegio de México.

Florescano, E. (1980): Una historia olvidada: la sequía en México. Nexos, 32: 9–18.

Fraedrich, K. (1994): An ENSO impact on Europe? Tellus, 46–A: 541–552.

Fraedrich, K. und K. Müller (1992): Climate anomalies in Europe associated with ENSO extremes. International Journal of Climatology, 12: 25–31.

Fraedrich, K., Gerstengabe, F.-W. und P. C. Werner (2001): Climate shifts during the last century. Climatic Change, 30: 405–417.

Francou, B. und L. Pizarro (1985): El Niño y la sequía en los altos Andes centrales (Perú y Bolivia). Bull. de l'Institut Français d'Études Andines, 15: 1–18.

Friis-Christensen, E. und K. Lassen (1991): Length of the solar cycle. An indication of solar activity closely associated with climate. Science, 254: 698–700.

Fuchs, T. und J. Rapp (1997): Zwei außergewöhnlich starke Regenepisoden als Ursache des Oderhochwassers im Juli 1997. Deutscher Wetterdienst, Referat FE 22, 4 S.

Fuchs, T., Rapp, J. und B. Rudolf (1998): Starkniederschläge im Oktober 1998 in Mittel- und Westeuropa. Deutscher Wetterdienst, Referat FE 22, 5 S.

G

Giannini, A., Cane, M. A. und Y. Kushnir (2001): Interdecadal changes in the ENSO teleconnections to the Caribbean region and the North Atlantic Oscillation. J. of Climate, 21: 2867–2879.

Giannini, A., Saravan, R. und P. Chang (2003): Oceanic forcing of Sahel rainfall on interannual to interdecadal time scales. Science, 302: 1027–1030.

Gimeno, L., Garcia, R. und E. Hernandez (1998): Precipitations in the Canary Islands in the seventeenth century and the relationship with El Niño events. Bull. of the American Meteorological Society, 9: 89–91.

Glantz, M. H. (1996): Currents of Change. New York: Cambridge University Press.

Glantz, M. H., Hrsg. (1977): Desertification: Environmental Degradation in and around Arid Lands. Boulder: Westview Press.

Glaser, R. (2001): Klimageschichte Mitteleuropas. 1000 Jahre Wetter, Klima, Katastrophen. Darmstadt: Wissenschaftliche Buchgesellschaft.

Glaser, R., Brázdil, R., Pfister, Ch., Dobrovolný, P., Barriendos, M., Bokwa, A., Camuffo, D., Kotyza, O., Limanowka, D., Racz, L. und R. F. Sanchez (1999): Seasonal temperature and precipitation fluctuations in selected parts of Europe during the sixteenth century. Climatic Change, 43: 169–200.

Glyn, P. W. und M. W. Colgan (1992): Sporadic disturbances in fluctuating coral reef environments: El Niño and coral reef development in the Eastern Pacific. American Zoologist, 32: 707–719.

Goldenberg, S. B., Landsea, C., Mestas-Nuñez, A. M. und W. M. Gray (2001): The recent increase in hurricane activity: Causes and implications. Science, 293: 474–479.

Gootenberg, P. (1989): Between Silver and Guano. Princeton: Princeton University Press.

Gordon, N. D. (1986): The Southern Oscillation and New Zealand weather. Monthly Weather Review, 114: 371–387.

Gray, B. M. (1974): Early Japanese winter temperatures. Weather, 29: 103–107.

Gray, W. M. (1984): Atlantic seasonal hurricane frequency. Part 1. El Niño and the 30 mb quasi biennal oscillation (QBO). Month. Weather Rev. 112: 1649–1668. Part 2. Atlantic seasonal hurricane frequency. Part 3. Forecasting its variability. Month. Weather Rev. 112: 1668–1683.

Green, R. C. (1998): Rapanui origins prior to European contact. The view from Eastern Polynesia. In: Vargas Casanova, P., Hrsg.: Easter Island and East Polynesian Prehistory. Proceedings of the II International Congress on Easter Island and East Polynesian Archaeology. Santiago de Chile: 87–110.

Gregory, S., Hrsg. (1988): Recent Climatic Change: A Regional Approach. London und New York: Belhaven Press.

Grove, R. E. (1999): Global impact of the 1789–93 El Niño. Nature, 393: 318–320.

Gu, D. F. und S. G. H. Philander (1995): Secular changes and interannual variability in the tropics during the past century. Journal of Climate, 8: 864–875.

H

Hagelberg, E., Quevedo, S., Turbon, D. und J. B. Clegg (1994): DNA from ancient Easter Islanders. Nature, 369: 25–27.

Hakkinen, S. (2000): Decadal air-sea interaction in the North Atlantic based on observations and modeling results. Journal of Climate, 13: 1195–1219.

Hameed, S., Yeh, W. M., Li, M. T., Cess, R. und W. C. Wang (1983): An analysis of periodicities in the 1470–1974 Beijing precipitation record. Geophysical Research Letters, 6: 436–439.

Hamilton, K. und R. R. Garcia (1986): El Niño/Southern Oscillation events and their associated midlatitude teleconnections. Bull. American Meteorological Society, 67: 1354–1361.

Hastenrath, S. (1990): Decadal-scale changes of the circulation in the tropical Atlantic sector associated with Sahel drought. International Journal of Climatology, 10: 459–472.

Hastenrath, S. (1995): Recent advances in tropical climate prediction. Journal of Climate, 8: 1519–1532.

Heathcote, R. L. (1969): Drought in Australia: A problem of perception. The Geographical Review, 59: 175–194.

Helfricht, K. und J. Helfricht (2002): Die Jahrtausendflut. Husum: Husum Druck.

Heusser, L. E und F. Sirocko (1997): Millennial pulsing of environmental change in southern California from the past 24 k. y.: A record of Indo-Pacific ENSO events? Geology, 25: 243–246.

Hobbs, J. E. (1988): Recent climatic change in Australasia. In: Gregory, S., Hrsg.: Recent Climatic Change: A Regional Approach. London und New York: Belhaven Press, 285–297.

Hocquenghem, A. M. (1994): Los españoles en los caminos del extremo norte del Perú en 1532. Bull. de l'Institut Français d'Études Andines, 23: 1–68.

Hocquenghem, A. M. und L. Ortlieb (1990): Pizarre n'est pas arrivé au Pérou durant une année El Niño. Bull. de l'Institut Français d'Études Andines, 19: 327–334.

Hoerling, M. P., Hurrell, J. W. und T. Xu (2001): Tropical origins for recent North Atlantic climate change. Science, 292: 90–92.

Huang, J., Higuchi, K. und S. Shabbar (1998): Relationship between the North Atlantic Oscillation and El Niño-Southern Oscillation. Geophysical Research Letters, 25: 2707–2710.

Hurrel, J. W., Kushnir, Y. und M. Visbeck (2001): The North Atlantic Oscillation. Science, 291: 603–605.

I

Ingram, C. W. N. (1972): New Zealand Shipwrecks, 1795–1970. Wellington: A. H Reed und A. W. Reed.

Instituto del Mar del Perú (1981): Panel of Experts' Report on the economic effects of alternative regulatory measures in the Peruvian anchoveta fishery. In: Glantz, M. H. und J. D. Thompson, Hrsg.: Resource Management and Environmental Uncertainty: Lessons from Coastal Upwelling Fisheries. New York: John Wiley Interscience: 369–400.

J

Jacobeit, J., Jönsson, P., Bärring, L., Beck, C. und M. Ekström (2001): Zonal indices for Europe 1780–1995 and running correlations with temperature. Climatic Change, 48: 219–241.

Jacobeit, J., Wanner, H., Luterbacher, J., Beck, C., Philipp, A. und K. Sturm (2003): Atmospheric circulation variability in the North-Atlantic-European area since the mid-seventeenth century. Climate Dynamics, 20: 341–352.

Jacobeit, J., Wanner, H., Koslowski, W. und M. Gudd (1999): European surface pressure patterns for months with outstanding climatic anomalies during the sixteenth century. Climatic Change, 43: 201–221.

Jones, P.D., Wigley, T.M. und P.B. Wright (1986): Global temperature variations between 1861 and 1984. Nature, 322: 430–434.

Jones, P.D., Osborn, T.J. und K.R. Briffa (2001): Paleoclimate: The evolution of climate over the last millennium. Science, 292: 662–667.

Joyce, T.M., Deser, C. und M.A. Spall (2000): Relation between decadal variability of subtropical mode water and the North Atlantic Oscillation. J. of Climate, 13: 2550–2569.

K

Kachelmann, J., Hrsg. (2002): Die große Flut. Unser Klima, unsere Umwelt, unsere Zukunft. Reinbek bei Hamburg: Rowohlt Verlag.

Keefer, D.K., Moseley, M.E. und S. DeFrance (2003): A 38 000-year record of floods and debris flows in the Ilo region of southern Peru and its relation to El Niño events and great earthquakes. Palaeogeography, Palaeoclimatology, Palaeoecology, 194: 41–77.

Kenntemich, W., Hrsg. (2002): Die Jahrhundertflut. München: C. Bertelsmann.

Kessler, A. (1990): Das El Niño-Phänomen und der Titicacaseepegel. Festschrift für Wendelin Klaer zum 65. Geburtstag. Mainzer Geographische Studien, 34: 91–100.

Kinnard, M.F. und T.J. O'Brien (1998): Ecological effects of wildfire on lowland rainforest in Sumatra. Conservation Biology, 12: 954–960.

Klage, J. (2003): Wetter macht Geschichte. Frankfurt a.M.: Frankfurter Allgemeine Buch/ F.A.Z.-Institut.

Kondo, J. (1988): Volcanic eruptions, cool summers and famines in the northeastern part of Japan. Journal of Climate, 1: 775–788.

Kotyza, O., Limanowka, D., Rácz, L. und F. Sanchez-Rodrigo (1999): Seasonal temperature and precipitation fluctuations in selected parts of Europe during the Sixteenth century. Climatic Change, 43: 169–200.

Kundzwicz, Z.W. (2002): Absolute Sicherheit ist eine Illusion. In: Kachelmann, J., Hrsg.: Die große Flut. Unser Klima, unsere Umwelt, unsere Zukunft, 220–232.

L

Lamb, H.H. (1977): Climate. Present, Past and Future. London: Methuen and Company.

Lamb, H.H. (1991): Historic storms of the North Sea, British Isles and Northwest Europe. Cambridge: Cambridge University Press.

Lamb, H.H. (1995): Climate, History and the Modern World. London: Methuen and Co.

Lamb, P. und R. Peppler(1987): North Atlantic Oscillation: Concept and application. Bull. Amer. Meteor. Soc. 68: 1218–1225.

Latif, M. (2001): Tropical Pacific/Atlantic Ocean interactions at multi-decadal times scales. Geophys. Res. Lett. 28: 539–542.

Lawrence, M.B. und J.M. Gross (1989): Atlantic hurricane season of 1988. Monthly Weather Review, 116: 2248–2259.

Le Roy L., E. (1971): Times of Feast, Times of Famine. A History of Climate Since the Year 1000. New York: Doubleday.

Levitus, S., Antonov, J.L., Boyer, T.P. und C. Stephens (2000): Warming of the world ocean. Science, 287: 2225–2229.

Lobell, M.G. (1942): Some observations of the Peruvian Coastal Current. Transactions of the American Geophysical Union, 2: 332–336.

Loney, J.K. (1971): Victorian Shipwrecks. Melbourne: The Hawthorn Press.

Lough, J.M. (1986): Tropical Atlantic sea surface temperatures and rainfall variations in sub-Saharan Africa. Monthly Weather Review, 114: 561–570.

Luterbacher, J., Rickli, R., Tinguely, C., Xoplaki, E., Schuepbach, E., Dietrich, D., Huesler, J., Ambuehl, M., Pfister, C., Beeli, P., Dietrich, U., Dannecker, A., Davies, T. D., Jones, P. D., Slonosky, V., Ogilvie, A. E. J., Maheras, P., Kolyva-Machera, F., Martin-Vide, J., Barriendos, M., Alcoforado, M.J., Nunez, M.F., Jonsson, T., Glaser, R., Jacobeit, J., Eck, C., Philipp, A., Beyer, U., Kaas, E., Schmith, T., Barring, L., Jonsson, P., Racz, L. und H. Wanner (2000): Monthly mean pressure reconstruction for the late Maunder minimum period (AD 1675–1715). International Journal of Climatology, 20: 1049–1066.

Luterbacher, J., Rickli, R., Xoplaki, E., Tinguely, C., Beck, C., Pfister, C. und H. Wanner (2001): The Late Maunder Minimum (1675–1715) – A key period for studying decadal scale climatic change in Europe. Climatic Change, 49: 441–462.

Luterbacher, J., Schmutz, C., Gyalistras, D., Xoplaki, E. und H. Wanner (1999): Reconstruction of monthly NAO and EU indices back to AD 1675. Geophysical Research Letters, 22: 2745–2748.

Luterbacher, J. und Xoplaki, E. (2003): 500-year winter temperature and precipitation variability over the Mediterranean area and its connection to the large-scale atmospheric circulation. In: Bolle, H.-J., Hrsg: Mediterranean Climate. Berlin: Springer Verlag.

M

Mann, M. E. (2001): Large-scale temperature patterns in past centuries: Implications for North American climate change. Human and Ecological Risk Assessment, 7: 1247–1254.

Mann, M. E., Bradley, R. S. und M. K. Hughes (1999): Northern hemisphere temperatures during the past millennium: Inferences, uncertainties and limitations. Geophys. Res. Lett., 26: 759–762.

Madden, R. A. und P. R. Julian (1971): Detection of a 40–50 day oscillation in the zonal wind in the tropical Pacific. J. Atmosph. Science, 28: 702–708.

Madden, R. A. und P. R. Julian (1994): Observations of the 40–50 day tropical oscillation: a review. Mon. Wea. Rev., 122: 814–837.

Mantua, N. J., Hare, S. J., Zhang, J. Y., Wallace, J. und R. C. Francis (1997): A Pacific interdecadal climate oscillation with impacts on salmon production. Bull. American Meteor. Soc., 78: 1069–1079.

McPhaden, M. J. (1999): Genesis and evolution of the 1997–98 El Niño. Science, 283: 950–954.

Mears, E. G. (1944): The ocean current called 'The Child'. Annual Report Smithsonian Institution for 1943: 245–251.

Meggers, B. J. (1994a): Biogeographical approaches to reconstructing the prehistory of Amazonia. Biogeographica, 70: 97–110.

Meggers, B. J. (1994b): Archeological evidence for the impact of mega-Niño events on Amazonia during the past two millennia. Climatic Change, 28: 321–328.

Meggers, B. J. (1996): Possible impact of the mega-Niño events on Precolumbian populations in the Caribbean. In: Marcio Veloz Maggiolo und Angel Caba Fuentes, Hrsg.: Ponencias del Primer Seminario de Arqueología del Caribe. Altos de Chavón: Museo Arqueológico Regional y Organización de Estados Americanos: 156–176.

Mehl, G. A. und W. M. Washington (1996): El Niño-like climate change in a model with increased CO_2 concentrations. Nature, 382: 56–60.

Melero, M. T. (1870): Los huracanes de la Isla de Cuba. La Habana [keine Druckerei angegeben].

Merriman, D. (1955): El Niño brings rain to Peru. American Scientist, 43: 63–76.

Mertens, M. T. (2002): 17th und18th Century Dutch Shipping records unveil ENSO signals in the Indian Ocean. Master of Arts Thesis, California State University-Hayward, 64 S.

Metcalfe, S. (1987): Historical data and climatic change in Mexico – A review. Geographical Journal, 153: 211–222.

Millás, J. C. (1968): Hurricanes of the Caribbean and adjacent regions, 1492–1800. Miami: Academy of the Arts and Sciences of the Americas.

Monheim, F. (1956): Beiträge zur Klimatologie und Hydrologie des Titicacabeckens. Heidelberger Geographische Arbeiten No. 1, 152 S.

Moseley, M. (1975): The Maritime Foundations of Andean Civilization. Menlo Park: Cummings Publishing Company.

Moseley, M. (1983): The good old days were better: Agrarian collapse and tectonics. American Anthropologist, 85: 773–799.

Moseley, M. (1992): The Inca and Their Ancestors. London: Thames and Hudson.

Moseley, M. 1997): Climate, culture and punctuated change: New data, new challenges. The Review of Archaeology, 17: 19–27.

Murphy, R. C. (1926): Oceanic and climatic phenomena along the west coast of South America during 1925. The Geographical Review, 16: 26–54.

N

Nafziger, G. F. (1998): Napoleon's Invasion of Russia. Novato: Presidio Press.

Namias, J. (1972): Influence of the northern hemisphere general circulation on drought in northeast Brazil. Tellus, 24: 336–343.

Nash, J. M. (2002): El Niño. Unlocking the Secrets of the Master Weather-Maker. New York: Warner Books.

Neelin, J. D., Battisti, D. S., Hirst, A. C., Jin, F.-F., Wakata, Y., Yamagata, T. und S. E. Zebiak (1998): ENSO theory. Journal Geophysical Research, 103: 261–290.

Neumann, C. H., Jarvinen, B. R. und A. C. Pike (1988): Tropical Cyclones of the North Atlantic Ocean, 1871–1986. Ashville: N. C. A. R. Historic Climatology Series 6–2.

New, M., Todd, M., Hulme, M. und P. Jones (2001): Precipitation measurements and trends in the twentieth century. International Journal of Climatology, 21: 1899–1922.

Newell, J. P. (1996): Sea-ice and atmospheric circulation anomalies in the Labrador Sea region associated with the extremes of the Southern Oscillation. International Journal of Climatology, 16: 63–71.

Nials, F. L., Deeds, E. E., Moseley, M. E., Pozorski, S. G., Pozorski, T. G. und R. A. Feldman (1979): El Niño: the catastrophic flooding of coastal Peru. Field Museum of Natural History, Bulletin 50: 4–14.

Nicholls, N. (1985): Impact of the Southern Oscillation on Australian crops. Journal of Climatology, 5: 4553–4560.

Nicholls, N. (1986): A method for predicting Murray Valley encephalitis in southeast Australia using the Southern Oscillation. Australian Journal of Experimental Biological and Medical Science, 64: 587–694.

Nicholls, N. (1992): Historical El Niño/Southern Oscillation variability in the Australasian region. In: Diaz, H. und V. Markgraf, Hrsg.: El Niño. Historical and Paleoclimatic Aspects of the Southern Oscillation: 151–192.

Nkemdirim, L., Hrsg. (2001): El Niño-Southern Oscillation and its global impacts. Bonn: International Geographical Union.

O

Ogilvie, A. E. J. und T. Jónsson (2001): „Little Ice Age" research: A perspective from Iceland. Climatic Change, 48: 9–52.

Orliac, C. und M. Orliac (1998): Evolution du couvert végétal à l'Ile de Pâque du 15e au 19e siècle. In: Vargas-Casanova, P., Hrsg.: Easter Island and East Polynesian Prehistory. Proceedings of the II International Congress on Easter Island and East Polynesian Archaeology. Santiago de Chile: 195–200.

P

Pankhurst, R. (1990): The History of Famines and Epidemics in Ethiopia prior to the Twentieth Century. Addis Ababa: Relief and Rehabilitation Commission.

Parthasarathy, B., Sontakke, N. A., Monot, A. A. und D. R. Kothawale (1987): Droughts/floods in the summer monsoon season over different meteorological subdivisions of India for the period of 1871–1984. Journal of Climatology, 7: 57–70.

Pfister, Ch. (1999): Wetternachhersage. 500 Jahre Klimavariationen und Naturkatastrophen. Bern: Paul Haupt.

Pfister, Ch. und R. Brázdil (1999): Climatic variability in Sixteenth-century Europe and its social dimension: A synthesis. Climatic Change, 43: 5–53.

Pfister, Ch., Brázdil, R., Glaser, R., Barriendos, M., Camuffo, D., Deutsch, M., Dobrovolný, P., Enzi, S., Guidoboni, E., Kotyza, O., Militzer, S., Rácz, L. und F. S. Rodrigo (1999): Documentary evidence on climate in Sixteenth-century Europe. Climatic Change, 43: 55–110.

Pfister, C., Schwarz-Zanetti, G., Hochstrasser, F. und M. Wegmann (1998): The most severe winters of the fourteenth century in Central Europe compared to some analogues in the more recent past. Palaeoklimaforschung/Paleoclimate Research, 23: 45–61.

Poey, A. (1865): Chronological table of cyclonic hurricanes. Journal of the Royal Geographical Society, 25: 291–328.

Prospero, J. M. und P. J. Lamb (2003): African droughts and dust transport to the Caribbean; Climate change implications. Science, 302: 1024–1027.

Q

Quinn, W. H. (1992): A study of the Southern Oscillation-related climatic activity for A. D. 622–1900 incorporating Nile River flood data. In: Diaz, H. und V. Markgraf, Hrsg.: El Niño. Historical and Paleoclimatic Aspects of the Southern Oscillation, 119–149.

Quinn, W. H., Zoff, D. A., Short, K. S. und R. K. Yang (1978): Historical trend and statistics of the Southern Oscillation, El Niño and Indonesian droughts. Fishery Bulletin, 76: 663–678.

Quinn, W. H., Neal, V. T., und S. Antúnez de Mayolo (1987): El Niño occurrences over the past four and a half centuries. Journal of Geophysical Research, 92: 14449–14463.

R

Ramage, C. (1985): El Niño variability and tropical cyclones. Tropical Ocean-Atmosphere Newsletter, 30: 3–5.

Rasmusson, E. und J. M. Wallace (1983): Meteorological aspects of the El Niño/Southern Oscillation. Science, 222: 1195–1202.

Rawe, J. und A. Crabtree (1978): Shipwrecks of the Southern Cape. Capetown: Atlantic Underwater Club.

Reading, A. J. (1990): Caribbean tropical storm activity over the past four centuries. International Journal of Climatology, 10: 365–376.

Richardson, H. und D. J. Nemeth (1991): Hurricane-borne African locusts (Schistocerca gregaria) on the Windward Islands. GeoJournal, 23: 349–357.

Robertson, A. W., Mechoso, C. und J.-K. Kim (2000): Influence of Atlantic sea surface temperature anomalies on the North Atlantic Oscillation. Journal of Climate, 13: 122–138.

Rodbell, D. T., Seltzer, G. O., Anderson, D. M., Abbott, M. B., Enfield, D. B. und J. H. Newman (1999): An 15,000-year record of El Niño-driven alluviation in Southwestern Ecuador. Science, 283: 516–520.

Rogers, J. C. (1984): The association between the North Atlantic Oscillation and the Southern Oscillation in the Northern Hemisphere. Monthly Weather Review, 112: 1999–2015.

Romero, H. (1989): The 1988 drought in Chile. Tropical Ocean-Atmosphere Newsletter, 52: 5–6.

Ruiz-Barradas, A., Carton, J. und S. Nigam (2000): Structure of interannual-to-decadal climate variability in the tropical Atlantic sector. Journal of Climate, 13: 3285–3297.

Ryan, C. J. (1993): Costs and benefits of tropical cyclones, severe thunderstorms and bushfires in Australia. Climate Change, 25: 355–367.

S

Salivia, L. A. (1972): Historia de los temporales de Puerto Rico y las Antillas. San Juan: Editorial Edil.

Schneider, H. J. (1982): Drought, demography and destitution: Crisis in the Norte Chico. GeoJournal, 6: 111–119.

Schütte, K. (1968): Untersuchungen zur Meteorologie und Klimatologie des El-Niño-Phänomens in Ecuador und Nordperu. Bonner Meteorologische Abhandlungen 9, 140 S.

Sears, A. E. (1895): The coast desert of Peru. Bulletin of the American Geographical Society, 27: 256–271.

Serra, A. (1973): Aspectos estatísticos das sêcas nordestinas. Rio de Janeiro: Conselho Nacional de Pesquizas/Departamento Nacional de Meteorologia.

Shimada, I., Schaaf, C. B., Thompson, L. G. und E. Mosley-Thompson (1991): Cultural impacts of severe droughts in the prehistoric Andes: Application of a 1,500-year ice core precipitation record. World Archeology, 22: 247–270.

Shindell, D., Rind, D., Balachandran, N. Lean, J. und P. Lonergan (1999): Solar cycle variability, ozone and climate. Science, 284: 305–308.

Sirocko, F. (1996): Past and present subtropical summer monsoon. Science, 274: 937–938.

Smolka, P. P. (1991): Neogene Ozeane. Die Geowissenschaften, 9: 347–351.

Stahle, D. W, Cook, E. R., Cleaveland, M. K., Therrell, M. D., Meko, D. M., Grissino-Mayer, H.,Watson, E. und B. H. Luckman (2000): Tree-ring data document 16th century megadrought over North America. Earth in Space, 12: 5–8.

Stahle, D. W., Cleaveland, M. K., Blanton, D. B., Therrell, M. D. und D. A. Gay (1998): The Lost Colony and the Jamestown droughts. Science, 280: 564–567.

Stahle, D. W. und M. K. Cleaveland (1994): Tree-ring reconstructed rainfall over the Southeastern U.S.A. during the Medieval Warm Period and Little Ice Age. Climatic Change, 26: 199–212.

Stothers, R. B. (1984): The great Tambora eruption in 1815 and its aftermath. Science, 224: 1191–1198.

Suplee, C. (1999): El Niño and La Niña. Nature's vicious cycle. National Geographic Magazine, 195: 73–95.

Swan, S. L. (1981): Mexico in the Little Ice Age. Journal of Interdisciplinary History, 11: 633–648.

T

Taulis, E. (1934): De la distribution des pluies au Chili. Matériaux pour l'étude des calamités. Société de Géographie de Genève, 1: 3–20.

Taylor, A.H., Jordan, M. und J.A. Stephens (1998): Gulf Stream shifts following ENSO events. Nature, 393: 638–639.

Thompson, D.W.J. und Wallace, J.M. (2001): Regional climate impacts of the Northern Hemisphere annular mode. Science, 293: 85–89.

Thompson, D.W.J. und Solomon, S. (2002): Interpretation of recent Southern Hemisphere climate change. Science, 296: 895–899.

Thompson, L.G., Mosley-Thompson, E. und B. Morales (1984): El Niño-Southern Oscillation events recorded in the stratigraphy of the tropical Quelccaya ice cap, Peru. Science, 226: 50–53.

Thompson, L.G. und E. Mosley-Thompson (1992): Reconstructing interannual climate variability from tropical und subtropical ice-core records. In: Diaz, H. und Markgraf, V., Hrsg.: El Niño. Historical and Paleoclimatic Aspects of the Southern Oscillation, 295–322.

Thompson, L.G., Mosley-Thompson, E., Davis, M.E., Lin, P.-N., Henderson, K.A., Zagorodnov, V.S., Lin, P.-N., Cole-Dai, J., Bolzan, J.F. und K.-B. Liu (1995): Late glacial stage and Holocene ice core records from Huascarán, Peru. Science, 269: 46–50.

Thompson, L.G., Davis, M.E., Mosley-Thompson, E., Sowers, T.A., Henderson, K.A., Zagorodnov, V.S., Lin, P.-N.; Mikhalenko, V.N.; Campen, R.K., Bolzan, J.F., Cole-Dai, J. und B. Francou (1998): A 25,000-year tropical climate history from Bolivian ice cores. Science, 282: 1858–1861.

Trenberth, K.E. (1995): Atmospheric circulation climate changes. Climatic Change, 31: 427–453.

Tyson, P.D. (1988): Synoptic circulation types and climatic variation over southern Africa. In: Gregory, S., Hrsg.: Recent Climatic Change: A Regional Approach, 202–214.

Tziperman, E., Stone, L., Cane, M.A. und H. Jarosh (1994): El Niño chaos: Overlapping resonances between the seasonal cycle and the Pacific ocean-atmosphere oscillator. Science, 264: 72–74.

V

Vallis, G.K. (1986): El Niño: A chaotic dynamical system? Science, 232: 243–245.

Van der Hammen, T. und M.L. Absy (1994): Amazonia during the last glacial. Palaeogeography, Palaeoclimatology, Palaeoecology, 109: 247–261.

Van Tilburg, J.A. (1987): Symbolic archaeology on the Easter Island. American Anthropologist, 40: 26–33.

Van Tilburg, J.A. (1998): Double canoes on Easter Island? Reassessing the Orongo petroglyph evidence. In: Vargas-Casanova, P., Hrsg.: Easter Island and East Polynesian Prehistory. Proceedings of the II International Congress on Easter Island and East Polynesian Archaeology. Santiago de Chile: 131–146.

Vidal-Gormaz, F. (1901): Algunos naufragios ocurridos en las costas de Chile desde su descubrimiento hasta nuestros días. Santiago: Imprenta Elseviriana.

Vogel, C.H. (1989): A documentary-derived climatic chronology for South Africa, 1820–1900. Climatic Change, 14: 291–307.

W

Walker, D.E. (1988): Seismicity of the East Pacific Rise: Correlations with the Southern Oscillation? EOS Transactions of the American Geophysical Union, 9: 556–557.

Walsh, J. (1986): Return of the locust: A cloud over Africa. Science, 234: 17–19.

Wefer, G., Berger, W.H., Behre, K.-E. und E. Jansen, Hrsg. (2002): Climate development and history of the North Atlantic realm. Berlin: Springer Verlag.

Wells, L.E. (1990): Holocene history of El Niño phenomena as recorded in flood sediments of northern coastal Peru. Geology, 18: 1134–1137.

Werner, P.C., Gerstengarbe, F.-W., Fraedrich, K. und H. Oesterle (2000): Recent climate change in the North Atlantic/European sector. Int. Journal of Climate, 20: 463–471.

Whetton, P.H., Fowler, A.M., Haylock, M.R. und A.B. Pittock (1993): Implications of climate change due to the enhanced greenhouse effect on floods and droughts in Australia. Climatic Change, 25: 289–317.

Whetton, P.H. und I. Rutherfurd (1994): Historical ENSO teleconnections in the Eastern Hemisphere. Climatic Change, 28: 221–253.

Wibig, J. (1999): Precipitation in Europe in relation to circulation patterns at the 500 hPa level. Int. Journal of Climate, 19: 253–269.

Wigley, T.M.L. (2000): ENSO, volcanoes and record-breaking temperatures. Geophysical Research Letters, 27: 4101–4104.

Wielicki, B.A., Wong, T., Allan, R.P., Slingo A., Kiehl, J.T., Soden, B.J., Gordon, C.T., Miller, A., Yang, S.-K., Randall, D.A., Robertson, F., Susskind,

J. und H. Jacobowitz (2002): Evidence for large decadal variability in the tropical mean radiative energy budget. Science, 292: 841–295.

Wolde-Georgis, T., Aweke, D. und Y. Hagos (2001): The case of Ethiopia. Reducing the impacts of environmental emergencies through early warning and preparedness: the case of 1997–1998 El Niño. In: Glantz, M., Hrsg.: Once Burned, Twice Shy? Lessons Learned from the 1997–1998 El Niño. Tokyo: United Nations University Press.

Wolde-Mariam, M. (1986): Rural Vulnerability to Famine in Ethiopia. 1958–1977. London: Intermediate Technology Publications.

Wolter, K. und S. Hastenrath (1989): Annual cycle and long-term trends of circulation and climate variability over the tropical oceans. Journal of Climate, 11: 1329–1351.

Wooster, W. S. (1958): El Niño 1957. California Cooperative Oceanic Fisheries Investigations, Reports. Vol. VII, New Series, 1175: 557–559.

Wyrtki, K. (1965): Surface currents of the Eastern Tropical Pacific Ocean. Inter-American Tropical Tuna Commission. Bulletin 9: 270–304.

Wyrtki, K. (1973): Teleconnections in the Equatorial Pacific Ocean. Science, 180: 66–68.

Wyrtki, K. (1974): Equatorial currents in the Pacific 1950 to 1970 and their relations to the Trade Winds. Journal of Physical Oceanography, 4: 372–380.

Y

Yoshino, M. M. (1963): Rainfall, frontal zones and jet streams in early summer over East Asia. Bonner Meteorologische Abhandlungen 3, 126 S.

Yoshino, M. M. und T. Yasunary (1986): Climatic anomalies of El Niño and Anti-El Niño years and their socio-economic impacts in Japan. Science Reports of the Institute of Geoscience University of Tsukuba. Section A Geographical Sciences, 7: 41–53.

Yoshino, M. M. und A. Murata (1988): Reconstruction of rainfall variation in the Bai'u rainy season in Japan. In: Gregory, S., Hrsg.: Recent Climatic Change: A Regional Approach: 272–283.

Z

Zhang, J. und T. J. Crowley (1989): Historical climate records in China and reconstruction of past climates. Journal of Climate, 2: 833–849.

Zielinski, G. (1995): Stratospheric loading and optical depth estimates of explosive volcanism over the last 2100 years derived from the Greenland Ice Sheet Project 2 ice core. Journal of Geophysical Research, 100: 937–955.

Zwiers, F. W. und A. J. Weaver (2000): The causes of 20th century warming. Science, 290: 2081–2083.

Register

A

Acosta, Joseph de 27, 36
Ägypten 103 f.
Afrika 13, 18, 20, 21, 26, 50, 58, 59, 61 f., 72, 79, 83 f., 86, 99, 103, 104, 123, 125
Agassiz, Alexander 37
Aleuten-Tief 46
Alpen 119, 125, 126
Altiplano (Bolivien) 14, 26, 51 f., 80, 124, 134
Amazonasbecken 14, 17, 20, 26, 54, 57, 132, 133, 136 f.;
– Insekten 26
– Sprachen 136 f.
Anchovy s. Sardellen
Anden 17, 25, 31, 39, 50, 51 f., 80, 129, 130, 131, 133 f.
Anti-Niño (s. auch La Niña) 32, 34, 35, 37, 79
Antillen (Inseln) 62, 83, 84, 88, 99, 112
Antizyklonen (Hochdruckzellen) 12, 13, 14, 15, 20, 43, 46, 47, 50, 62, 68, 71, 118, 126
Argentinien 17, 26, 43
Arktische Oszillation (AO) 15, 113, 116, 119
Armada (spanische) 47, 107, 128
Ascheschleier 125, 149
Asien 21, 51, 63, 70, 108 f., 113, 116, 123, 124, 130, 144
Atlantischer Ozean 9, 13, 16, 19, 20, 30, 39, 43, 46, 47, 48, 50, 51, 54, 55, 58, 65, 70, 81, 83, 84 f., 95, 104, 105, 106, 107, 109, 114 f., 124, 125–128, 130, 134, 144, 149
Australien 9, 10, 13, 19, 20, 24, 26, 63, 69, 70 f., 104
Azoren-Hoch 55, 83, 85, 113, 114, 119, 126, 127, 128
Azteken 76

B

Bai'u-Regen 108, 110
Banchero, Luis 35
Barthel, Thomas 143, 144
Baumringanalyse 29, 106, 129
Bayern 119
Beresina, Fluss (Schlacht an der –) 98
Berlin 96, 119
Bjerknes, Jacob 10
Blockierung (antizyklonische) 50, 71, 72, 73, 106, 111
Bolivien 17, 26, 32, 51–54, 134, 135, 137
Brände (s. auch Waldbrände) 73, 74, 75;
– von London 105, 107
Brasilien 13, 17, 21, 32–33, 85, 124;
– Nordost- 26, 46, 50, 51, 54 f., 58, 60, 108, 113, 124, 126, 136–138.
Britische Inseln 32, 47, 48, 95, 106, 119, 126, 127

C

Carranza, Luis 28, 37
Carrillo, Camilo 28, 37
Chicama (Peru) 28, 79
Chichón (Vulkan) 112
Chile 14, 17, 20, 23, 24, 25–27, 41, 79, 80, 145
Chaostheorie 81 f., 150
Chimbote 35
Chimúkultur (Peru) 131–133
China 10, 18, 24, 51, 57, 63, 108–110, 124
Chiripá-Kultur (Bolivien) 135
Chronisten der Indies 28, 29, 36, 76, 127, 134
Clausewitz, Karl von 98
Columbus, Christoph 87
Cook, James 104, 142
Coseguina (Vulkan) 112
Costa Rica 23

D

Dalton-Minimum 125
Dänemark 32, 48
Darwin, Charles 36
Dendrochronologie 125, 129
Desertifikation 80–81
Deutschland (u. Deutsche) 47, 91, 92, 93 f., 95, 107, 119–121, 123, 126
Donau 119 f.
Dresden 120
Dreyfus, Auguste 35
Dürren 13, 20, 49 f., 51, 135, 136;
– in Äthiopien 99 f.
– in Australien 71 f.
– in Bolivien 52–53
– in Chile 81
– in China 57, 124
– in Indien 29, 57, 62–68, 124
– in Indonesien 74 f.
– in Mexiko 75–78

– in Nordost-Brasilien 17, 32, 54 f., 124
– in Peru 132 f.
– im Sahel 58 f., 103
Dust Bowl 89, 112

E

Ecuador 10, 11, 12, 16, 17, 18, 19, 22, 23, 24, 25, 27, 30, 34, 37, 43, 55 130
Eguigurén, Víctor 28
Eisberge 106 f.
Eiskernbohrungen 130, 134
El Niño s. Niño
Elbe 120
England 47, 65, 96;
– Weinbau 106
Englert, Sebastian 143, 145
ENSO (El Niño – Südliche Oszillation) 13, 14, 23, 29, 37, 40, 41, 46, 47, 48, 58, 59, 60, 65, 69, 71, 72, 75, 76, 86, 89, 90, 91, 93, 95, 103, 104, 108, 111, 113, 121, 128, 136, 148, 149
Epidemien 25, 26, 28, 57, 100
Erdbeben 32, 36
Erwärmung
– der Nordhalbkugel 89 f.
– der Ozeane 148 f.
Europa 7, 14, 15, 18, 21, 27, 32, 37, 42, 47, 48, 82, 95, 105–108, 109, 113, 121 f.
Europäische Winter u. Sommer 121 f., 124, 126, 128

F

Fische 9, 24, 34, 37, 80, 136, 139
Fischereien 23, 24, 25, 35
Fischmehl 23, 25, 35
FitzRoy, Robert 36 f.
Flohn, Hermann 10, 13, 108
Florida 19, 25, 83, 88
Flüchtlinge 57, 60, 102
Flussoasen (Peru) 25, 32, 80, 130, 131, 133
Fortaleza (Brasilien) 54, 55, 57
Fronten 43, 47, 70, 106, 124
Frost 76, 78, 108

G

Galápagos-Inseln 10, 21, 23, 37, 130
Garnelen 22, 23, 73
Gegenwärtige Wärmeperiode 122, 124
Genua-Zyklone (Vb-Tief) 119, 120
Gesellschaftsinseln 39, 40, 139
Globale Erwärmung 110, 115, 149
Golfstrom 9, 105, 106, 118, 202
Grande Armée (Napoleon) 96, 98
Grönland 105, 113, 114, 118, 119, 126
Großwetterlagen 93, 94, 95, 118, 119
Guanay s. Kormorane
Guano 21, 23, 34 f., 142
Guayaquil, Golf von 9, 10, 30, 31, 36

H

Hadley-Zirkulation 14, 15
Haile Selassie 26, 99–101, 102
Hanta-Virus 26
Harmattan (Winde) 51, 83, 99
Hawaii-Inseln 12, 19, 40, 138
Heuschrecken 83, 90, 100, 126
Heyerdahl, Thor 144
Hirten-Nomaden 51, 59, 60, 61, 100, 103
Historische Quellen 27, 105, 147
Hitler, Adolf 91–93, 97
Hoth, Hermann 93
Huaicos (Erdrutsche) 25
Huascarán-Eiskappe 133
Humboldt, Alexander von 27, 36
Humboldtstrom 9, 10, 28, 36, 37, 79, 85 f., 134
Hungersnot 21, 26, 105, 106, 147;
– in Afrika 58, 59, 60
– in Äthiopien 100–103
– in China 109 f.
– in Indien 13, 29, 62–67
– in Japan 111
– in Mexiko 76 f.
– in Nordostbrasilien 54, 57
Hurrikane 20, 62, 81, 84, 87 f., 104, 126;
– Beziehung zur Nordatlantischen Oszillation (NAO) 115
– Beziehung zur Südlichen Oszillation 88
– Großes Hurrikan-Jahr (1780) 89

I

Indianer 30, 31, 34, 53, 131–133, 136–138
Indien 12, 13, 18, 20, 26, 50, 57, 62–68, 70, 71, 72, 104
Indischer Ozean 44, 50, 63, 72, 149
Indonesien 18, 50, 63, 69, 70, 72, 74 f., 79, 127;
– -Tief 12, 13, 18, 63, 68, 72
Inka 30, 31, 34, 75, 131, 133, 134, 135
Innertropische Konvergenzzone (ITCZ) 12, 18, 50, 54, 55, 62, 77, 78, 83, 84,
Insekten 26, 57, 75
Inseln des Datumswechsels (Date Line Islands) 10, 21

Instrumentale Zeitreihen 27, 28, 61, 71
Island 105, 106, 111, 113, 126;
– -Tief 46, 55, 115, 116, 119, 126, 128
Isotopen (Wasserstoff) 129, 133, 134

J

Jahr ohne Sommer (1816) 123, 125
Jakarta 69f.
Jamestown (Kolonie/Virginia) 106
Japan 10, 24, 108, 110f.
Java 129
Jerez, Francisco de 30–31, 33, 128
Jet stream 14, 15, 18, 19, 20, 50, 68, 79, 83, 113, 117

K

Kälteeinbrüche 21, 78, 93, 105f.
Kalifornien 13, 22, 45f., 78, 130
Kanada 17, 22, 26, 106
Kanarische Inseln 88, 89
Kanus 138, 141, 144, 145
Kap Hoorn 42, 45
Kapstadt 43f., 69
Kapverdische Inseln 83f., 88
Karibische Inseln 9, 17, 83, 87, 126, 135, 137
Karibisches Meer 76, 78, 85, 118, 130, 135
Karpaten 119
Kaukasus 92, 93, 94, 95
Kelvinwellen 11, 16f., 40
Kirmet-Regen 99, 102, 103
Kleinasien 144
Kleine Eiszeit 47, 64, 69, 77, 88, 90, 104, 105f., 109, 110, 122, 126, 127, 133
Klimakatastrophen 27, 57
Klimakrisen 27, 29, 30, 56, 91, 100, 136, 137, 147
Klimarekonstruktion 123, 125, 126
Klimaschwankungen 27, 49, 56, 70, 77, 90, 109, 118, 124, 128, 133, 149
Kohlendioxid 9, 122, 148, 149
Kolumbien 17, 22, 30, 34, 85, 137
Konvektionsregen 69, 79, 117
Korallen 22, 141
Korea 110
Kormorane 23, 37
Krakatau (Vulkan) 112, 125
Krankheiten 25, 26, 57
Krusenstern, Alexei 36
Kuro-Shio-Strom 10, 110

L

La Pérouse, François 142
Labrador-See 106, 118
Lamb, H. H. 32, 33, 47, 48, 65, 106, 107, 144
Lewis, M. und W. Clark, Expedition (1804–1806) 48

M

Madden-Julian-Oszillation 14, 68, 69
Magellan-Straße 42, 45
Makrelen 24
Mali 33, 58, 59, 61, 83, 85
Manila-Lima-Galeone 36
Marquesas-Inseln 39, 40, 138, 141, 143, 144, 145, 146
Maunder-Minimum 126, 127
Meerestemperaturen 10, 11, 12, 14, 16, 17, 18, 20, 27, 28, 36, 40–41, 50, 62, 71, 74, 79, 85, 114f., 117, 119, 129, 147, 149
Mega-Niño 129, 133, 134, 136, 137, 145
Mei-Yu-Regen (Pflaumenregen, China) 108
Mengistu Haile Mariam 102f.
Mexiko 17, 19, 20, 45, 74f., 85
Minard, C. J. 97–98
Mittelalterliche Wärmeperiode 104, 106, 109, 129, 133
Mittelamerika 17, 34, 77, 78, 85, 87
Mittelmeer-Region 34, 95, 96, 114f., 120, 127, 144
Moche-Kultur (Peru) 33–34, 131–133
Monheim, Felix 52
Monsunwinde 50, 62–63, 74, 103, 108, 110
Moskau 92, 93, 95, 96, 97

N

Namias, Jerome 46, 55, 115
Napoleon Bonaparte 96, 98f.
Neuguinea 10, 69, 70, 79, 138
Neuseeland 40–41, 138
Nicaragua 85
Niederlande 47, 69, 96
Nil 29, 62, 103f., 144
Niña, La (kühler Pazifik) 11, 12–13, 19, 20, 27, 68, 79f., 83, 95, 107, 110, 118
Niño, El 7, 11, 12–13, 19, 21, 25, 27, 28, 29, 30, 32, 36, 37, 38;
– einzelne Jahre: **1525–26:** 30; **1531–32:** 30, 32, 88, 128; **1539–41:** 128; **1552:** 32, 104; **1567–68:** 85, 128; **1578:** 32, 128; **1589–91:** 33, 128; **1624:** 33, 47, 65, 76, 127; **1652:** 56, 69; **1687–88:** 33, 127; **1701:** 41, 65, 110; **1720:** 33, 104, 110, 126; **1728:** 33, 76, 104, 110, 126; **1782–84:** 126; **1791:** 33, 36, 56, 65, 76, 100, 104, 107, 126;

1804–05: 36, 57, 65, 71, 99, 109, 125; **1811–12**: 77, 99, 100, 125; **1824–25**: 57, 77; **1828**: 34, 110; **1844–45**: 37, 42, 75, 125; **1877–78**: 35, 37, 39, 41, 42, 46, 52, 65, 72, 75, 77, 89, 104, 109, 125; **1891**: 37, 41, 42, 46, 48, 53, 56, 57, 65, 69, 72, 77, 100, 109, 124; **1899–1900**: 43, 46, 48, 57, 65, 89, 104, 121, 124; **1911–12**: 10, 44, 59, 75, 112, 124, 137; **1925–26**: 10, 37, 46, 48, 66, 75, 124, 130, 137; **1932**: 37, 57, 75, 89, 112, 124; **1940–41**: 37, 52, 53, 72, 75, 89, 93, 112, 123, 137; **1953**: 37, 75; **1957–58**: 10, 38, 72, 101; **1965**: 42, 44, 46, 67, 72, 75, 77, 89, 101, 121, 123; **1972–73**: 17, 18, 20, 22, 25, 32, 36, 37, 46, 48, 52, 58, 67, 70, 72, 75, 86, 102, 113, 123, 130, 131, 136, 137; **1982–83**: 21, 22, 23, 25, 32, 36, 38, 39, 40, 41, 42, 43, 45, 46, 48, 52, 53, 58, 61, 67, 72, 73, 75, 77, 86, 102, 112, 113, 123, 130, 136, 138, 142, 144, 145; **1992–94**: 26, 32, 43, 45, 48, 58, 61, 73, 123, 136; **1997–98**: 11, 22, 25, 26, 38, 43, 45, 58, 77, 80, 103, 130, 134
Niño-Gegenstrom 37
Niño-Zyklen 14, 82, 145
Nordamerika 9, 13, 14, 15, 16, 18, 19, 20, 22, 33, 46, 78, 81, 83, 106, 108, 119, 126, 129
Nordatlantische Oszillation (NAO) 15, 46, 106, 113, 120, 128
NAO-Verbindung mit ENSO 116, 117
Nord-Pazifik-Oszillation (PNA) 46, 117, 119
Nordsee 32, 47, 48, 106
Nortes (Nordwinde) 78

O

Ökosysteme 21, 124
Österreich 96, 98, 119
Östliche Wellen (easterly waves) 83, 85, 86
Orinoco 137
Osterinsel 84, 132, 135, 138, 139, 142, 145;
– Legenden 142 f.
– Moais (Steinstatuen) 142, 143, 145, 146
Ostwinde 84, 134, 138, 139, 142

P

Pallcacochasee (Ecuador) 133
Panama (Land u. Isthmus) 23, 78, 90, 130
Passatwinde 12, 43, 50, 55, 62, 70, 78, 79, 82, 90, 138
Paulus, Friedrich 92 f.
Pazifischer Ozean 9, 11, 13, 16, 21, 29, 39, 52, 56, 65, 72, 79, 89, 104, 108, 116, 119, 122, 127, 128, 130, 138, 149
Pazifische Dekadale Oszillation (PDO) 119
Pazifik-Nordamerika-Telekonnektion (PNA) 15, 117, 119
Pazifik-Südamerika-Telekonnektion (PSA) 15
Peking 109
Peru 9, 10, 11–14, 16–19, 20, 22–24, 25, 27, 28, 29, 35–38, 41–43, 47, 52, 53 f., 72, 79, 80, 127 f., 129, 130;
– Eroberung 30–32
– Küstenkulturen 33, 131–133
Pest 25, 100
Philippinen 10, 50, 79, 131
Pizarro, Francisco 30–32, 127
Plankton 21, 33
Pollenanalyse 129, 130, 136, 137, 145
Polynesien 39, 40, 129, 138–141, 144, 145, 146
Preußen 97, 98
Proxydaten 28, 29, 39, 109, 147

Q

Quasi-Biennale Oszillation (QBO) 90, 147, 150
Quelccaya-Eiskappe 133, 134
Queensland (Australien) 73
Quinn, William 17, 29, 74, 103, 104;
– Chronologie 17, 29, 41, 46, 47, 55, 65, 77, 105, 109, 129

R

Rarotonga 138, 139
Raupenplage 56
Reis 24, 75, 110, 111, 112
Río-de-la-Plata-Becken 12, 20, 130
Roanoke Island (Kolonie) 106
Roggenween, Jakob 142
Rossby-Wellen 15, 113, 116, 117
Russland 92, 96

S

Sachsen 119 f.
Sahara 51, 58
Sahel 36, 58–61, 83, 99, 124
Samoa 138, 140
San Francisco, Bucht 17, 22, 45
Sardellen (Engraulis ringens) 18, 23, 35
Sardinen 23, 24
Schaltkreise (Teleconnection patterns) 15 f., 116 f.
Schweigger, Erwin 10, 58
Schweiz 125, 126, 127
Schiffsunglücke 37–39;
– Australien 41

- Chile 41–43
- Kalifornien 45–46
- Neuseeland 40–41
- Nordsee 46–48
- Südafrika 43–45
Schiffsverkehr 42, 45, 88
Schottland 48, 105
Sêcas s. Dürren in Nordostbrasilien
Sedimente 95, 103, 129, 130, 134
Seevögel 20, 21, 140, 145
Serra, Adalberto 55
Sertão 54
Sierra 52, 76, 77
Skandinavien 47, 95, 105, 106, 113, 116, 125, 128
Sojabohne 24
Sonnenflecken 14, 123, 125, 126, 127, 129, 148, 150
Sowjetunion 23, 26, 92, 102
Spanier 27, 31, 32, 34, 45, 47, 51, 76, 128, 135
Stalin, Joseph 91, 92
Stalingrad (Wolgograd) 48, 91 f.
Stürme 32, 39 f., 47, 48, 95, 105 f., 126
Sudan 39, 61, 102, 103, 144
Südafrika 33, 43 – 45, 69
Südamerika 9, 10, 11, 12, 13, 15, 19, 20, 23, 24, 25, 26, 28, 29, 30, 36, 41, 50, 71, 79, 85, 124, 145, 147
Südliche Oszillation (SO), Südlicher Oszillationsindex (SOI) 12–13, 18, 29, 36, 41, 66, 68, 70, 71, 72, 73, 79, 80, 82, 88, 95, 103, 104, 105, 108
Südostasien-Oszillation (SEO) 15
Suwasee (Japan) 119

T

Tahiti 12, 13, 19, 138, 141
Taifune 40, 109
Tambura (Vulkan) 125
Tektonische Bewegungen 36, 133
Telekonnektionen 14 f., 55, 95, 103, 113, 118
Thermisches Gedächnis der Ozeane 9, 147
Thermohaline Zirkulation 116
Thermokline 10–11, 79, 82
Thunfische 22, 33
Titanic 106, 124
Titicacasee 51, 132, 134 f.
Tiwanaku-Kultur 51, 134 f.
Tokio 110
Totora-Schilf 23, 53, 146
Trockengrenze 59, 60
Tropische Stürme 88, 118
Tschad-See 59
Tuamotu-Archipel 39, 140, 141

U

Uaupés (Fluss) 136
Über dem Winde, Inseln (Windward Islands) 85
Übergänge von El Niño zu La Niña 82, 88, 93, 95, 99, 121, 123, 126
Überschwemmungen 25, 29, 32 f., 68, 76, 78, 108, 109, 119, 120, 123, 126;
- Allerheiligenflut 47
Uhle, Max 134

V

Valparaíso (Chile) 28, 42
Variabilitäten 29, 30, 46, 52
Velazco-Alvarado, General Juan 35
Venezuela 17, 85, 90, 137, 138
Vereinigte Staaten von Amerika (USA) 17, 19, 22, 24, 26, 39, 86, 87, 89, 125
Vereinigte Ostindische Gesellschaft 69
Vidal-Gormaz, Francisco 42
Vulkanausbrüche 36, 82, 111, 125, 126, 127, 149

W

Wärmehaushalt der Erde 148
Waldbrände 73, 74, 128, 136, 137, 149
Walker, Gilbert 12, 20, 66, 68, 71, 115;
- -Zirkulation 15, 19, 20, 50, 148
West-Pazifische Telekonnektion (WP) 15
Westwinde 41, 70, 95, 105, 106, 113, 140, 142
Whetton-und-Rutherfurd-Zeitreihen 29, 65, 104
Wikinger 129
Wirbelstürme (s. auch Hurrikane) 81, 83, 126
Wirtky, Klaus 10
Wolga 92, 93
Wolgograd 91

Z

Zeitreihen 13, 27, 28, 29, 52, 59, 61, 62, 65, 71, 88, 104, 106, 108, 109, 110, 111, 133, 136;
- instrumentale 27, 28, 61, 71
Zyklogenese 40, 95, 114, 118, 126
Zyklone, tropische 7, 14, 39, 40, 72, 73, 83 f., 85, 86, 89, 118, 140
Zyklonische Tiefs 14, 31, 39, 40, 43, 44, 48, 49, 70, 71, 73, 88, 90, 95, 99, 106, 118, 119, 124, 126